序一

经过四十多年的城镇化历程，中国的城市已进入高质量发展阶段。城市建设和治理越来越注重人民对美好生活的向往，而孩子的养育则是每一个家庭最为关切的话题。儿童的需求是儿童身心健康发展的动力，是作为父母都应“看见”并给予关爱的成长密码。儿童友好城市建设正当其时地回应了孩子们和家庭的需求，是解决千家万户急难愁盼问题的一剂良方，是践行人民城市和可持续发展理念的温暖实践。

深圳是拥有2000多万人、近200万儿童的高密度超大城市。2015年，深圳率先提出全面建设儿童友好城市，这是深圳高质量发展和先行先试的选择。经过七年多的实践，儿童友好城市建设由深圳、长沙等城市的探索上升为国家战略，体现了党和国家对儿童发展的殷切关怀，正如习近平总书记所说“让孩子们成长得更好，是我们最大的心愿。”

本书立足对儿童友好城市的“认识”和“行动”两大板块，结合深圳、北京、广州、珠海、长沙、成都、南京等地的实践，对儿童友好城市的内涵和建设方法进行了深入浅出的阐释。随着“十四五”期间儿童友好城市在全国的推广普及，书中的指引为更广泛的城市实践提供了务实的操作建议。

本书从实践中来，立足对儿童的尊重和关爱，以儿童友好空间建设作为关注的重点。作者希望将成功的经验传递给全国城市；希望更多的父母可以安心地将孩子托付给“城市”；希望孩子们可以在城市中自由地玩耍，健康地成长。

儿童是国家的未来。普及儿童友好理念，能够为孩子们营造更加健康、温暖的城市生活，让城市回归本原、服务于人！

孟建民

中国工程院院士

序二

儿童是祖国的未来，民族的希望。儿童优先发展是新时代国家战略部署，意义重大而深远。2021年，国家“十四五”规划首次将“儿童友好城市建设”列为重大工程，提出开展100个儿童友好城市建设试点。同时，规划到2035年，全国超过50%百万以上人口城市将开展儿童友好城市建设。特别值得一提的是，国家发改委发文，在全国推广深圳“率先创建儿童友好城市”的创新举措和经验做法。在这个“从无到有”的过程中，深圳以“闯”的精神、“创”的劲头、“干”的作风，担当了先行示范的先锋角色。

首先是敢闯善闯，融入城市治理顶层设计。2015年，在打响改革开放第一炮的蛇口，深圳市妇联在一次调研中了解到国外儿童友好城市的情况，经过认真研究，将其作为统筹创新儿童工作的重要抓手，并努力争取纳入党委政府中心工作。随即深圳确定“建设中国第一个儿童友好城市”目标，先后列入市委常委会工作要点、历次市委全会报告和市“十三五”“十四五”规划，由市妇儿工委牵头组织实施，闯出了一条特色鲜明的儿童友好城市建设之路。

其次是开创共创，建立多元参与共建机制。作为人口超千万、儿童三百万的超大城市，深圳儿童友好城市建设没有先例可循，唯有因地制宜，努力创新。深圳探索建立了自上而下的党政主导与自下而上的社会多元参与共建机制，统筹协调各区各部门、社会各界形成工作合力，在这个过程中，所有涉及的单位及个人，无一例外都给予认同、支持和参与，儿童友好成为城市治理的最大公约数、城市文明最温暖的底色。

再次是实干快干，制定地方标准规范实施。儿童友好，意味着“尊重”：尊重儿童权利、尊重儿童需求。深圳秉持“从一米高度看城市”的理念，以儿童优先视角制定政策，拓展空间，提升服务，促进参与，形成从市委文件、《战略规划》《行动计划》到九大领域建设指引、《儿童友好公共服务体系建设指南》地方标准等政策体系，并着力落地落实，建设了一大批儿童友好社区、学校、公园、医院、图书馆、母婴室、实践基地、儿童议事会……儿童优先理念更加深入人心，儿童空间、设施、福利、服务得以保障，儿童参与度和获得感得到大幅提升。

儿童友好城市的中国实践

刘磊　雷越昌　任泳东　司马晓　吴晓莉
深圳市城市规划设计研究院有限公司　编著

Chinese
Practice of
Child-*friendly*
City

中国建筑工业出版社

序

PREFACE

千斤重担众人挑，众人拾柴火焰高。感恩一路上众多志同道合的伙伴，本书作者刘磊和他的团队就是其中的优秀代表。从最初1.0版战略规划到2.0版地方标准的编制，他们深度参与，贡献良多。用刘磊的话讲，是从一个项目到一个事业再到一种使命，这也是我们共同的心声。儿童友好是一份爱的事业，需要用心用情，久久为功。希望此书能够开卷有益，让更多的人成为同道者，为儿童创造更好的环境、更好的明天，让我们一起向未来！

深圳市福田区人大常委会党组书记、主任

2022年6月9日于深圳

目录

CONTENTS

导言

INTRODUCTION

当我们聊起自己的孩子，我们会聊些什么？大概率会聊起育儿费用高，孩子学业重、逆反和对望子成龙的焦虑。

当我们聊起自己的童年，我们会聊些什么？大概率会聊起快乐的玩耍时光，童年的趣事，父母的关爱，伙伴的故事和老师的鼓励。

我们更倾向以快乐的方式回忆自己的童年，却因压力担忧孩子的成长。我们更倾向于保留鼓励、温暖、关爱的话语和记忆，屏蔽指责、谩骂、埋怨的言辞。但我们依然控制不了把压力和担忧转移给孩子。

这份压力是我们的生活所面临的现实问题。而其中最根本的原因是我们不懂得对儿童的“尊重”。这份“尊重”就是温暖、关爱、倾听、包容，是放下成人的自我，是一米高度看世界，是真实儿童友好的核心。

我们生活在现代主义大都市中，其特点是“高效率”，但高效率却容易使我们忘记对人的关爱。几十年大规模的快速城镇化中，城市发展没能充分考虑儿童的需求，缺少对儿童这一弱势群体足够的尊重，对儿童的不友好在大城市中随处可见：远离自然的生活环境、不适合儿童步行的道路、稀少的游戏场地、凤毛麟角的儿童专属公共设施、拥挤的校园、嘈杂的医院、高密度压抑的社区，还有除了空间以外公共服务的不完善不充分、教育资源紧缺、医疗资源拥挤、婴幼儿照护缺乏、社区儿童服务欠缺，等等。所有不友好最终都传递给家庭这艘小船，当本就脆弱的婚姻关系越来越不被年轻人所信任的时候，再加上生育、养育的巨大压力，于是越来越多的年轻人选择不生育，人口危机由此出现。

人口危机已然成为威胁国家和民族复兴的重大问题，这背后的原因是错综复杂的，绝不仅来自养育的费用，解决这一问题是复杂而系统的使命。除此以外，当前还面临儿童教育所引发的创造性人才培养问题、青春期儿童的心理健康问题、特殊儿童的关爱问题等。

儿童友好城市建设本质上不是在建设城市，而是针对当下所面临的问题开出的一剂良药。儿童友好是一个重要的发展视角，其含义影响从偏微观层面的儿童人格发展，到偏宏观的城市、社会和国家发展，甚至到中华民族的伟大复兴。因此，广义的儿童友好包含了儿童发展的所有问题，虽然目前所实践的儿童友好城市建设并不能包含所有儿童发展问题，但其内涵的广度和深度已大大超越过去对儿童的认知，通过阶段性的持续迭代，必将更广泛地、更深入地涵盖所有儿童发展领域。从时间维度看，儿童友好不只是针对当下社会儿童群体的静态概念，随着时间的推移，30~50年后，如今受益于儿童友好的孩子们将成为建设国家的中青年或老年人，从发展意义看，即是对全体人民的友好，一代又一代的人将因此获益。

本书从质朴的热情和实践中来，从爱和尊重中来，期望以微小的故事，引发读者的共情，触动读者认识和尊重儿童的需求，以平实的语言和真实的实践，提供回应儿童真实需求的行动指引和参考案例，助力全国儿童友好城市建设，助力全国儿童身心健康成长。

本书以“儿童友好城市的中国实践”为标题，其意图在突出中国特色和实践行动两个含义。所谓中国实践，一方面是指儿童友好城市理念与中国城市发展现状和儿童需求相结合的在地化中国特色，另一方面是指在儿童友好城市先行先试阶段国内各城市根据各自特征所实践的不同领域和方法。突出“实践”是因为儿童友好城市建设是具有烟火气的、有温度的、涵盖从公共政策到精细小事件的一系列实在的行动，而非纸上谈兵的口号。此外，实践本身蕴含着创新、探索和试错的过程，先行的全国实践可以为全国城市所参考，但不一定完全适合，也不一定完全准确，需要全国各城市在未来的深入行动后进一步提升。

本书的主旨、框架和内容主要包含以下五个方面。

一、翔实系统地讲述了儿童友好城市的理念和目标，以及在中国的实践历程

儿童友好城市建设应从儿童权利、儿童友好以及儿童友好城市的基本理念开启，虽然国内第一批城市经过了五年多的儿童友好城市实践探索，但是儿童友好的基本理念距离广泛地为人所熟知还相差甚远，因此本书系统深入地介绍了相关理念，期望读者都能够深入理解儿童友好的内涵，并广泛地传播出去。伴随儿童友好城市建设的持续推进，使儿童友好的内涵深入千家万户，最终实现全民共晓，全民参与，全民共建。

此外，本书讲述了探索阶段国内各城市的主要实践方向，并涵盖了各城市的探索历程、目标和主要方式。这些实践历程可以为国内其他儿童友好城市建设推进工作提供基本的示范和学习样本。

二、着力于中国特色儿童友好城市的实践，并放眼国际先进经验

“儿童友好城市”最早由联合国儿童基金会提出，并于全球广泛实践，当它在中国落地后的首要问题，就是寻找符合中国特色的儿童友好城市建设之路。儿童友好来源于联合国《儿童权利公约》，这是全人类对儿童发展所达成的共同认识，是人类命运共同体的重要组成部分，当它与中国相遇，便与兼容并蓄、博爱、自信的中华文明融汇一体。经过五年多的实践，以深圳、长沙为代表的全国主要城市从不同领域探索了适合中国的儿童友好城市建设策略、方法和路径，使得儿童友好的理念与中国的文化渊源、政治制度、经济水平、城市发展特征、儿童需求等完全融合。

本书立足于中国特色的儿童友好城市实践，所提出的原则、空间体系，策略、指引及实施机制等各方面研究成果，都与我国城市发展的实际情况和儿童需求相契合，是在中国大地上生长起来的一棵茁壮树苗，它扎根祖国的土壤，沐浴祖国的春风雨露，历经持续的生长，定能成为参天大树，以树荫庇护全国儿童健康成长，以果实养育中华民族伟大复兴的接班人。

同时，书中还吸纳了许多优秀国际案例，以期为我国的儿童友好城市建设打开国际视野，博采众长，吸取国际经验，更好地深入探索中国特色儿童友好城市建设方法。

三、以空间为重点，构建儿童友好城市的空间建设体系，并具有持续延展性

儿童友好城市从空间角度可大致分为空间领域和服务领域，空间领域主要涉及为儿童服务的所有城市空间，包括自然体验空间、游戏空间、公共服务设施、街道空间、社区空间等，服务领域则涵盖了教育、文化、卫生等非物质空间的各类公共服务。两者同等重要，并非非此即彼，之所以将儿童友好空间单独提出并成为本书的重点写作方向，是因为在实践中发现，我国的城市建设对儿童友好空间的供给严重欠缺，急需补足。

国内儿童友好空间建设几乎是一个填补空白的过程。中国城市发展经历了从大开发的增量到目前的存量更新时期，在近乎四十年的大规模城市建设中，除了针对儿童的基本公共服务设施外，缺少与儿童全龄人格发展相适应的空间供给。这主要是因为，儿童对空间的需求没有被成人所了解和尊重。一方面是儿童需求因表达途径原因，不容易被成人所关注；另一方面是由于儿童对空间的需求不是直接的，它是人格发展过程中，需求所产生的一种间接投射，需要成人对儿童人格发展规律的深度理解和回应。第三，城镇化早期的大城市仍然存在着许多未建设的空地，这些空地间或存在于各种城市社区之中，此时的城市还没有达到随处是“房子”的密度，孩子们可以在空地游戏，空地代替了游戏空间，空地上尚未清除的植被成为自然的游戏空间；但随着城镇建设密度加大，社区周边空地越来越少，直至消失，代之以的是高层高密度建筑群，儿童对空间的需求彻底失去了机会。这一游戏空间从“有”到“无”的过程没有引起成人的关注。

城镇化的过程是儿童游戏空间被逐渐侵蚀的过程，游戏空间如此，街道空间也是如此，儿童专属的公共设施数量和布局更是与孩子们的生活行为不相吻合。自然体验空间一方面被建设用地蚕食，另一方面被精致化的“盆景”式公园所取代。

正因为如此，在深圳全体系推进儿童友好城市建设之初，便提出先以儿童友好空间为突破口，正视成人社会所忽视的问题，补短板，增空间。实践表明，儿童友好空间的突破是正确的，儿童游戏场地的大量增加满足了儿童对游戏空间的需求，同时也大大增强了社区凝聚力，友好和温度往往来自细微的点滴小事，儿童友好空间的补足极大地提升了社会效益。当每个游戏场地都充满孩子和家庭的欢声笑语时，人民城市为人民的意义即刻不言自明。因此，当儿童友好城市推向全国，可以借鉴这一经验，在短期内首先补足空间短板，同时逐步深化加强儿童友好公共服务体系建设，在阶段性的持续进程中，最终实现空间和服务的完全一体化。

此外，本书所讲述的儿童友好空间建设体系具有持续发展的特征，可以随着儿童友好城市的持续推进而不断增加内涵，并与儿童及家庭需求的精准化同步细化空间要素。

四、突出实践与行动，提供了广泛覆盖各空间领域的策略与指引，对实践工作具有一定的指导作用

儿童友好不是高大深刻的理论，而是朴实真挚的行动；不是停留在宣传和口号上的文字表达，而是真抓实干的精细工程。因此本书的最初宗旨即是突出行动的特征，突出实用特征，为儿童友好城市建设提供切实有用的操作指引，有效助力社会各领域参与实践工作。为此，本书的体例在空间框架构筑后，针对各章节较为全面和深入地编写了行动策略和行动指引。这些策略和指引是在笔者多年研究、实践、反思基础上形成的，相信会对从事儿童友好城市建设的同仁有所裨益。

五、总结梳理了近五年来国内各城市先行探索的经验和案例，为儿童友好城市建设提供丰富的参考依据

本书整理了大量国内外的实践案例，案例的选择以儿童友好原则为基本准则，严格把关，精细梳理；并将案例归类，与空间建设各个领域相对应，方便读者有针对性地阅读和参考。此外，本书对案例进行了针对性的点评，推荐可资借鉴的关键做法，使案例的价值更容易被读者所获取。这些案例编写一方面为读者对应策略、指引开展学习提供了更直观、高效的方式；另一方面为读者提供了调研的参考依据，读者可以根据需要选择参访相关城市和案例，进一步深入了解优秀经验；此外，读者可以在案例所达水平的基础上，根据所在城市的特点进一步深入探索儿童友好城市的建设方法。对于儿童读者，本书的案例提供了直观选择的机会，儿童可以通过图片选择与需求一致的做法或场景，并缩小抽象需求与实体空间的表达差距，提升认知水平，为儿童参与做基础性养成；本书的案例也可以单独抽离出来作为儿童参与的培训资料。

本书不特定适合于某一专业读者，而是无边界、无限定地适合于广泛的全民读者群。从儿童友好城市的主管领导到家长，乃至于儿童，都能从中获得有益的营养。对于尚不了解儿童友好城市的读者，可以通过本书系统地了解到儿童友好城市的理念和主要内容；对于儿童友好城市建设的主管领导和相关部门领导可以了解到儿童友好城市空间建设的框架、内容和方法；对于从事不同板块建设工作的读者，可以针对性地阅读所需板块的内容；对于家庭可以了解到基于儿童友好城市核心理念出发的育儿方向和家庭支持的意义；对于12~17岁的儿童，可以阅读感兴趣的篇章，特别是儿童参与的意义和方法；6~12岁的儿童，可以翻阅案例，看看哪些是自己喜欢的游戏场所；3~6岁的儿童，可以看图选择喜欢的游戏场地和设施，告诉父母喜欢去什么样的地方玩。

稿件于2021年编写，彼时全国儿童友好建设实践刚刚起步，一些优秀的实践尚在进行，故本书可能还存在许多未尽之处；因笔者的视角和水平所限，难免存在纰漏和错误，敬请广大读者批评指正。

每一个孩子心中都有热情和善的种子，当这些种子被家庭和社会的关爱所哺育，他们将成为无数光耀的太阳，并以无限的能量回馈于社会，利益他人，奉献国家和民族；相反，如果这些种子不能被正确地哺育，他们将在封闭中追求自我中心，空心、孤独、忧郁，丧失人生的真实意义。哺育这些种子需要温暖的阳光和雨露，而这便是儿童友好，是尊重，是无私的关爱。随着“十四五”规划期间全国一百个儿童友好城市的示范推进，儿童友好将逐步深入人心，“人民城市人民建，人民城市为人民”，儿童友好城市即是人民城市理念下的最佳实践，我们期望和本书的读者一起，为立德树人的目标而努力，为实现第二个百年目标和中华民族的伟大复兴而砥砺前行！

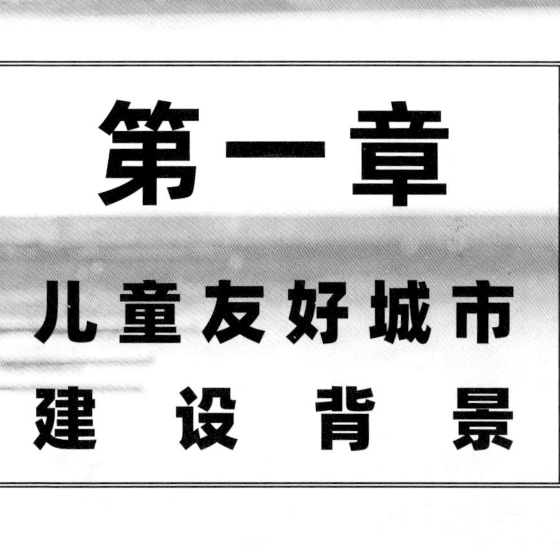

第一章

儿童友好城市建设背景

Chapter I

Background of Child-friendly City Construction

“让孩子们成长得更好，是我们最大的心愿。”

——习近平总书记

为每一个孩子，建一座儿童友好的城市。
所有儿童都有权在一个他们感到安全和有保障的环境中成长，他们可以获得基本服务和清洁的空气与水，他们可以玩耍、学习和成长，他们的声音能被听到并产生影响。

——《儿童友好型城市倡议手册》
（联合国儿童基金会）

1.1 儿童与城市

我们正在迎来一个全世界绝大多数儿童在城市中生活的时代。尽管影响儿童发展的因素非常多，如水源、粮食、信息技术等，但越来越多的城市也意识到城市环境在儿童成长过程中的重要性。每个人性格的最关键时期起始于童年的个体化初期阶段，在城市中的直接生活经验对儿童的成长和发展影响最大；在以联合国《儿童权利公约》为基础的政策框架下，城市政府在教育、健康、公平、政策等层面也将为儿童提供更多的发展成长机会。而现代主义与城市化相伴行，权力与资本成为塑造现代主义城市空间的重要力量。现代主义城市中不能以空间形式实现的权利不具有真实性，而儿童权利的实现必须体现在儿童的居住地——城市。

在国内，根据历次人口普查数据，儿童城镇化率由1982年的16.6%上升到2020年62.94%，儿童城镇化率与全国城镇化率的差值由约5%缩窄至约1%，2020年儿童总人口约2.98亿，儿童城镇人口约1.87亿（图1-1）。根据魏佳羽[①]的研究，2.98亿儿童人口当中，流动儿童规模达7109万人，平均约每4个儿童中就有1个是流动儿童；这些流动儿童约48.7%居住在城市、41.5%居住在镇区。城市不仅是本地户籍儿童的生活环境，也越来越成为“流动儿童”[②]成长发展最重要的外部环境。

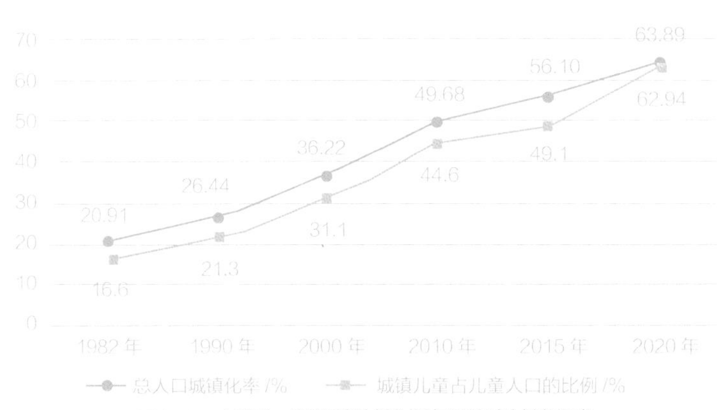

图1-1 1982—2020年城镇化率和儿童城镇化率

资料来源：结合历次人口普查数据和《2015年中国儿童人口状况：事实与数据》绘制

① 魏佳羽.在一起！中国流动人口子女发展报告 2022 [BE/OL].[2022-07-04].https://mp.weixin.qq.com/s/PaTgXe2t4AtZnfsKssl5dA

② “流动儿童”定义为“父母双方或一方流动，留在原籍不能与父母双方共同生活在一起的儿童”。

1.2　城市中儿童发展面临的问题

现代城市的问题是现代化的物质空间与变化的生活和工作方式。孩子在家庭、社区、学校、公共空间等多维度中依照约定的时空秩序生活，被动地去适应城市。现代主义空间观信奉通过改造建筑布局、城市结构、人的活动方式等手段达到改造社会的目的。服务于快速城镇化下的规划建设，是践行现代主义空间观的直接手段。它忽视了空间中“人的主观能动性”，将居民作为均质的整体对待，对不同人群实际需求与主观决策考虑不足，难以及时、精细地响应城市问题。出于“儿童脆弱、易受伤害形象”这一普遍认同，成人正通过“空间禁忌”来规训“儿童本性”，儿童逐渐成为“成人控制的社会化过程中的被动主体”，在成人构筑的现代主义城市中尚未获得平等的权利，被“排除”于成人社会和城市社会；儿童为现代主义所鼓吹的文化富足和城市管治付出了沉重的生理和心理健康代价。据统计，全国约有16.33%的孩子有自然缺失症倾向，儿童课余活动正被电子产品所取代，“宅”，在儿童日常行为中更趋普遍，儿童户外活动的减少，使得儿童肥胖率显著，6~17岁的儿童青少年超重肥胖率接近20%。

在城市空间使用上，管理策略更倾向于如何使公共空间不被容易惹麻烦的年轻人所占据；基于风险焦虑和机动交通依赖，儿童单独出行和有限制的出行呈下降趋势，儿童步行更趋困难，儿童活动日益远离户外而进入封闭且“被保护起来”的空间，呈现出驯养化特征。城市公共服务设施中亦缺乏儿童专属的活动空间，学校空间过分强调知识性的“九年制义务教育”，健康的儿童早期教育被扭曲；社区服务空间供给的儿童活动空间被各类成人活动设施占据。更需注意的是，对于生活质量认知的差异或者社会再生产的机制惯性，以及现代主义城市的“无根性”，使其缺乏兼顾父母工作和育儿需求的服务空间，只能寄望于“代际抚养”；城市“寄养儿童”的抑郁症、焦虑症等心理疾病不断增多。此外，快速城镇化带来的城市流动儿童，更加凸显城市应对外来人口的婴幼儿照护设施、教育设施和健康措施不足。

城市中儿童的典型生活状态

望母儿童：父母陪伴孩子的时间少。父母的陪伴有助于孩子健康成长，但城市繁重的工作以及快节奏的生活，剥夺了许多父母陪伴孩子的时间。据相关部门统计，七成中国父母没有足够的时间陪伴自家孩子，超过一半的儿童由长辈帮忙照顾，仅一成儿童拥有邻居家的小伙伴；近三分之二的儿童只能与手机、ipad为伴，且亲子互动少，超六成儿童周末在兴趣班度过。中国50%的爸爸，每周陪孩子平均不足5小时！每天跟孩子有效的沟通时间不超过6分钟。

待机儿童：婴幼儿照护设施跟不上人口的迅猛发展。以深圳为例，婴幼儿照护设施（尤其是0~3岁托儿所）缺口严重。根据调查，2021年7月，深圳共有托育机构423家，可提供托位1.8万个；若要达到国家“十四五”规划千人托位数4.5个的目标值，深圳到2025年要提供约8.5万个托位，缺口达6.7万个。

塑料儿童、电源插座儿童：现代主义城市在追求经济发展与高度集约的过程中，户外儿童游戏设施呈现出标准化、塑料化特征，使得儿童只能被动地选择和塑料游戏设施玩耍。同时，没有考虑儿童身高及残障儿童需求的设施，使户外空间吸引力大大降低，电子产品成为儿童脱离不开的玩伴。

自然缺失症儿童：城市建成区趋于高密度发展，儿童游戏空间被商业化、标准化的游戏设施所限制，城市公园逐步增多，但儿童可利用的空间和设施却不足，日常生活可接触的自然空间越来越少，儿童“自然缺失症”现象突出；根据红树林基金会2015年发布的《城市中的孩子与自然亲密度的调研报告》，全国 16.33%的孩子有自然缺失症倾向。这种自然缺失，一方面使得儿童再难以体会对自然的感动，缺少了感受幸福的能力；另一方面儿童也难以享受自然绿地对精神压力的舒缓作用。

肥胖儿童：户外活动空间的缺少和不好玩，使得儿童逐渐在家“安静”下来，锻炼的减少使得儿童肥胖问题愈发突出。《儿童蓝皮书：中国儿童发展报告（2021）》显示，2010—2019年中小学生超重肥胖率上升了8.7个百分点，2019年小学生、初中生和高中生超重肥胖率分别为26.2%、23.1%、21.0%，男生超重肥胖率始终高于女生。

汽车后座儿童：儿童交通安全备受威胁。据交通部门统计，2013年中国共发生交通事故472.7万起，其中涉及人员伤亡的道路交通事故20余万起，中小学生因交通事故死亡比例为2.21%。相关数据表明，我国每年都有超过1.85万14岁以下的儿童死于交通事故，该数据是欧洲的2.5倍，是美国的2.6倍。

心理健康问题儿童：《2021年世界儿童状况》显示，10~14岁儿童精神障碍患病率为24.7%（估算），15~19岁儿童精神障碍患病率高达28%（估算）；自杀是10~19岁青少年死亡的五大原因之一。在国内，根据《中国国民心理健康发展报告（2019—2020）》调查显示，2020年青少年的抑郁检出率为24.6%，其中，轻度抑郁的检出率为17.2%，高出2009年0.4个百分点；重度抑郁为7.4%，与2009年保持一致；青少年正遭遇“心理危机”，而且由于国内心理健康服务供给和规范化建设等方面仍存在短板，以及社会对心理疾病的污名化和儿童对心理健康的耻辱感等，使得儿童心理健康问题愈发严峻。

参考资料：

1. 搜狐网.震撼亲子数据：7成中国父母都说没时间陪孩子！成长错过了真的不会再来了！[EB/OL]. [2021-09-15]，https://www.sohu.com/a/134025727_349689.
2. 深圳新闻网.我市今年将新增30家托育服务机构 明年实现每个街道建一家普惠型托育机构.[EB/OL]. [2021-09-12]，http://k.sina.com.cn/article_1895096900_ 70f4e2440200186cz.html。
3. 中国科学院心理研究所.中国国民心理健康发展报告（2019—2020）[M].北京：社会科学文献出版社，2021.
4. 联合国儿童基金会.2021世界儿童状况：提升、保护和照料儿童心理健康[R]. New York，2021.

1.3 儿童友好城市的提出与发展

城市的本质是优质的公共空间与公共服务，让城市里的每一个人都有幸福感，愿意组建家庭，生养孩子。城市是否宜居，要先看是否有很多的人来到这个城市，再看这个城市里的人是否组建了家庭并很本能很自然地生养了孩子，然后孩子快乐地成长。儿童友好城市是发展到一定阶段的城市政府之“痛的领悟”。为满足儿童与青少年的需求，确保儿童生活环境更加安全，尊重儿童环境认知的视角、创造力和认知能力，在《儿童权利公约》基础上，1996年联合国儿童基金会和联合国人居署首次提出“儿童友好型城市”（child-friendly cities）理念，建议将儿童的根本需求纳入街区或城市规划中，实现儿童在环境、社会和参与方面的需求与权利，认为“儿童福祉是评价健康生活环境、民主社会和明智政府最终的指标”；此后“儿童友好型城市倡议”（CFCI）开始在全球得以推广和实施。2004年联合国儿童基金会（UNICEF）制定“建设儿童友好型城市：行动框架”（Building Child Friendly Cities：A Framework for Action），明确了儿童友好城市建设的九大板块（图1-2），提出“确保在每一个关乎儿童福祉的决策层面实现儿童权利，为所有年龄段的儿童创造安全的环境和空间条件”；“儿童友好型城市倡议”的解决办法可为地方政府实施《2030年可持续发展议程》提供间接支持、推动地方发展。

	基本模块	核心组成部分
1	儿童参与：倡导儿童积极参与影响儿童的事项；倾听他们的想法，在决策过程中充分考虑他们的意见	市级儿童权利政策和法律框架
2	儿童友好型法律框架：确保立法、监管框架和程序始终倡导和保障所有儿童的权利	增进成年人和儿童对儿童权利的认识和理解
3	全市儿童权利战略：以《儿童权利公约》为本，为构建儿童友好型城市制定详细全面的战略或日程	保障儿童权利的全市战略或行动计划，包括相应的预算方案
4	儿童权利部门或协调机制：在地方政府设立常设机构，确保优先考虑儿童的观点	儿童参与——机制、机会、尊重儿童的文化
5	儿童影响评价和评估：确保在实施前后和实施过程中，以系统化流程、评价法律、政策、实践对儿童的影响	平等、包容、无歧视——机制、机会、尊重儿童的文化
6	用于儿童的预算：确保为儿童投入足够资源并做好有关儿童的预算分析	领导、协调机制、伙伴关系
7	定期发布本市儿童状况报告：确保对儿童状况及其权利给予充分监测，采集足够的相关数据	宣传推广和公共关系战略
8	广泛宣传儿童权利：确保成年人和儿童具备儿童权利意识	监测和评估——包括本市或本社区儿童权利报告
9	有关儿童权利的独立倡导机制：支持非政府组织，设立独立人权制度——任命专事儿童事务的儿童监察员或特派专员——开展推广儿童权利工作	有关儿童权利的独立问责机制，如：通过非政府组织或类似监察员的制度，充分代表儿童利益

图1-2 UNICEF儿童友好型城市建设九大板块
图片来源：《联合国儿童基金会构建儿童友好型城市和社区手册》

实际上儿童有一种去探索、邂逅、成长、参与世界的强烈需求，并能够借助游戏、占据地盘和想象力来对抗以成人意志为中心的建筑环境，儿童有权利、有能力参与自己所生活的空间规划和建设。倘若从儿童权利的视角去思考城市发展，或者说，从价值立场的扭转上重估既往的城市建设，“儿童友好城市”的提出乃是必然。儿童友好城市的建设意味着我们开始摆脱过去将儿童视为由成人控制的社会化过程中的被动主体，儿童的健康发展开始转向由内而外的生成过程，而非由外而内的塑造（规训）过程，更强调儿童独特的社会参与和内心世界，认识他们与成人不同的活动场所和空间价值观；是以联合国《儿童权利公约》为基础，通过对儿童四大权利的保障来促进儿童在城市中的健康成长，实现对儿童友好。

1.3.1　国外儿童友好型城市的提出与发展

根据蒂姆・吉尔2017年对若干欧美儿童友好城市建设经验的研究报告，城市政府参与儿童友好城市倡议的理由无非有三，“一是着眼于儿童权利与福祉，二是致力于振兴城市经济和人口，三是将儿童友好城市倡议与可持续发展的长远行动相联系”。实际上，儿童友好城市表达的是“一个明智政府在城市所有方面全面履行儿童权利公约”理念，这在现代主义的全球城市化进程中显得极为重要；“弱者的利益需要权利确认和保护，权利具有通过倾斜性保护平衡利益的功能，以对社会弱势群体的利益给予特别保护，消解强者与弱者的利益冲突”。在具体实践中，各个国家结合联合国儿童基金会提出的建设板块，根据国情制定了不同的宏观策略。在高收入国家及地区，城市规划、安全、绿色环境和儿童参与成为关注的重点，儿童福祉的保障更注重从“儿童天性”着眼，帮助儿童发展自我的创造力，完成健康的个体化发展过程，强调儿童参与权和发展权；低收入国家则优先发展基础服务，如健康、卫生、教育以及儿童保护（表1-1）。

联合国儿童基金会授予的“儿童友好型城市”称号，则更多的是表彰在改善儿童福祉上做出有成效改善的城市。根据其统计，截至2019年，“儿童友好型城市倡议”已深入全球40个国家，3000多个城市和社区，覆盖3000多万儿童，并在国际上呈现逐年大幅增长之势。

1.3.2　国内儿童友好城市的提出与发展

（1）2015年前，以儿童发展纲要为引领改善儿童福祉

中国自1991年底正式加入《儿童权利公约》以来，一直致力于促进儿童健康发展。尤其是发布的三版《中国儿童发展纲要》为儿童权利的保护和儿童生存、保护、

国外儿童友好型城市倡议重点实践领域　　表 1–1

国家	儿童友好型城市倡议重点
德国	儿童参与、公平和不歧视、伙伴关系、监督和评估
法国	福祉和生活环境；不歧视和平等获得服务；儿童和青少年的参与；安全和保护；养育；健康、卫生、营养；残疾；教育；获得玩耍、运动、文化与休闲活动的机会；国际团结
加拿大	儿童参与；儿童友好法律框架；全市儿童权利战略
西班牙	将儿童权利纳入市政公共政策；跨部门协调；儿童参与作为社会变革的工具；加强地方和社区之间的合作
芬兰	让儿童权利为人所知；平等和不歧视；参与规划、评估和服务发展；参与公共空间的规划与发展；参与制定议程和影响决策；参与民间社会活动；参与同伴和成人关系；重视儿童和童年；战略规划、协调机制和儿童影响评估；广泛的知识基础
日本	接近原始的联合国儿基会《儿童友好型城市倡议》框架。 儿童参与；对儿童友好的法律框架；全市儿童权利战略；儿童权利单位或协调机制；儿童影响评估；儿童预算；关于本市儿童状况的定期报告；宣传儿童权利；儿童独立提案；在地方一级处理与儿童有关的具体问题
韩国	儿童参与；对儿童友好的法律框架；全市儿童权利战略；儿童权利单位或协调机制；儿童影响评估和评价；儿童预算；定期的城市儿童状况报告；让儿童权利为人所知；儿童独立提案；安全的空间环境
巴西	2017—2020年周期，关注促进幼儿发展；防止学校排斥；促进青少年的性权利和生殖权利；减少青少年他杀
蒙古	建立省长领导的儿童理事会，改善部门间的协调； 加强儿童在地方政府议会中的参与； 加强地方政府制定适当政策和提供儿童服务的能力
越南	缩小公平差距，向边缘化儿童提供社会服务，保护所有儿童免受暴力侵害；促进城市环境安全、可持续发展；调整城市中关于儿童的规划和预算；加强弱势儿童和青少年的发言权和参与权；加强城市区域政策研究的实证基础
白俄罗斯	为儿童发展创造有利环境；促进围绕儿童相关问题的跨部门合作； 使儿童和青年有意义地参与决策过程
印度	重点关注建筑环境（住房、学校、开放空间）；服务和设施（物质基础设施、社会基础设施、特殊设施）；安全和流动性（人身安全、交通安全、流动性）；环境和灾害管理（风险和不断变化的环境条件）
几内亚	与地方治理、免疫、卫生、社区卫生服务、营养、公民权利、教育、儿童参与等相关的14个重点领域

注：根据联合国儿童基金会官网和《联合国儿童基金会构建儿童友好型城市和社区手册》整理

发展的环境和条件的改善提供了自上而下的可落地政策保障，实践领域与联合国儿童基金会提出的“儿童友好型城市倡议”方向相吻合。2006年以来，国务院妇儿工委办、联合国儿童基金会驻华办事处多次召开研讨会，探讨“儿童友好型城市”基本情况。

总体来说，这一时期儿童健康、法律保护、福利等社会保障领域已取得了长足发展；但受经济社会发展水平制约，国内儿童事业发展仍然存在不平衡不充分问题。儿童仍是受保护的对象，儿童权利没有被平等对待，没有享有跟成人一样的权利；儿童安全问题依然突出；儿童公共活动空间有限，公共服务和公共空间资源配置优先向儿童倾斜仍显不足；建成环境适儿性不足，儿童不喜欢户外体育活动、劳动；自然空间逐步缺失，儿童身心健康问题突出；儿童课业压力仍较为突出，教育培训、电子设备侵占了儿童的时间，儿童没时间出来玩。

（2）2015—2020年，以深圳等为代表的儿童友好城市先行实践

2015年，以深圳等先行发展地区为代表，在追求城市内涵式发展、不断满足人民日益增长的美好生活需要等背景下，开始关注并回应城市中儿童发展需求，倡导“从一米的高度看城市”“让城市为儿童而建”目标，推进儿童友好城市建设开始成为深圳等地的共识和统一行动。从国内各城市实践领域来看，主要集中于服务、空间、参与三个领域；其中，儿童友好的空间实践涉及社区、学校、医院、图书馆、上下学步径、公园等儿童日常生活的主要场所。以深圳为代表的先行地区探索提出的自上而下和自下而上相结合的全社会共建模式，形成了广泛的热议和儿童友好城市建设热潮，“儿童友好”理念开始迅速在全国传播。2020年，武汉市、威海市等地在政府工作报告提出积极创建儿童友好城市；中国社区发展协会发布《儿童友好社区建设规范》T/ZSX3—2020团体标准，并积极开展了中国儿童友好社区建设首批试点评选工作。

（3）2021年以来，国家层面全面推动儿童友好城市建设

第七次人口普查尤其反映出全国人口结构深刻变革。儿童（18岁以下）人口从1982年4.1亿峰值后总体下降至2020年的约2.97亿；儿童占总人口比例由1962年最大峰值46%，下降至2020年占总人口约21%；从出生率来看，由2015年的12.07‰下降至2020年的8.5‰，全国老龄少子化趋势愈发显著。

实际上，在深圳、长沙等地儿童友好城市实践引起广泛关注的同时，国家一直在着力调整人口中长期发展战略和政策，更精准、更全面地补齐民生“短板”，并开始系统性解决儿童全面发展问题，“强调当代中国少年儿童既是实现第一个百年奋斗目标的经历者、见证者，更是实现第二个百年奋斗目标、建设社会主义现代化强

深圳主要做法

开展顶层设计，明确儿童友好城市建设框架和路径。2015年起，为推动将儿童友好城市建设与地方施政纲领结合起来，深圳市委多次将儿童友好城市列入全会报告，并写入深圳市国民经济和社会发展“十三五”“十四五”规划。2018年发布了我国首个地方性建设儿童友好城市顶层设计与行动纲领性文件——《深圳市建设儿童友好型城市战略规划（2018—2035年）》和《深圳市建设儿童友好型城市行动计划（2018—2020年）》，针对深圳短板和重点，确立儿童社会保障、儿童参与、儿童友好空间三大策略体系，是编制和实施儿童友好城区、街区、社区规划的基础依据。2021年，国家发展改革委将“率先创建儿童友好城市”列入深圳经济特区创新举措和经验做法47条清单，向全国推广。

出台十大领域建设指引，指导基层落地实施。深圳市广泛发动各区各部门和社会各界力量，先后开展建设儿童友好城市需求、公共场所母婴室状况、儿童参与状况等专题调研，以问题和需求为导向，选取与儿童生存和发展紧密相关的社区、学校、图书馆、医院、公园、交通、母婴室、基地等九大领域开展试点，并于2019年9月，先后发布了中英文版《深圳市儿童友好型社区、学校、图书馆、医院、公园建设指引（试行）》《深圳市儿童友好出行系统建设指引（试行）》《深圳市母婴室建设标准指引（试行）》等七大领域建设指引，指引内容侧重设计、建设和运营维护；2021年以来进一步发布了《儿童友好公共服务体系建设指》《深圳市儿童参与工作指引（试行）》《深圳市儿童友好实践基地建设指引（试行）》。截至2021年5月已授牌市级各类儿童友好基地201个、区级159个；32个儿童友好社区、26个儿童友好学校和公园、25个儿童友好医院/社康中心。

鼓励全社会参与共建儿童友好。一方面，政府通过新闻报纸、自媒体等立体化宣传儿童友好城市，普及儿童优先理念，如“儿童友好”地铁专列、深圳市儿童国际论坛、世界儿童日亮点深圳活动等；另一方面，通过《行动计划》搭建了全社会共建平台，鼓励全社会申报儿童友好项目，如开展“儿童友好实践基地”评选活动，吸引了企业、科研院所等多元机构参与。此外，深圳市妇女儿童发展基金会、深圳市绿色基金会等社会组织联合社会各方力量，开展儿童友好相关政策、活动和空间实践。

强调儿童参与的机制建设。构建了社区、区、市三级儿童代表制度，以制度创建保证儿童参与社区和城市相关事务之中；在儿童参与具体公共事务方面，通过确立需求表达、方案制定、决策公示、评估反馈四个关键环节，建立儿童需求从表达到落实的完整机制；并通过整合儿童代表制度与公共事务参与机制，建立了常效性的需求表达和决策反馈机制。2021年，深圳市妇女儿童工作委员会正式出台了《深圳市儿童参与工作指引（试行）》。

长沙主要做法

2015年，长沙市委市政府提出建设儿童友好型城市，2016年长沙市第十三次党代会将建设儿童友好型城市列为城市发展目标，由市自然资源和规划局、市教育局和市妇联共同牵头推进，建立市委市政府领导下的多部门多主题联动机制，构建了从凝聚共识、顶层设计、制定标准、共谋共建、项目推进、试点创建六大实施路径建设儿童友好型城市。2018年提出《创建“儿童友好型城市”三年行动计划（2018—2020年）》，围绕“政策友好、空间友好、服务友好”展开10大行动、42项任务。2019年，长沙市发布了国内首个儿童友好建设白皮书——《长沙市“儿童友好型城市”建设白皮书》，向公众介绍全市儿童事业现状、行动计划的实施进展、成效亮点、困难问题及措施；并开展了儿童友好学校、儿童友好社区、儿童友好型企业、妇女儿童之家、母婴室等领域试点，并编制出台了《儿童友好微空间案例赏析》图集。2019年11月，长沙芙蓉区丰泉古井社区、雨花区万科魅力之城社区入选中国儿童友好社区首批试点。2021年，长沙市“十四五”规划明确提出，开展“老年友好型、残障人士友好型、女性友好型、儿童友好型、军人友好型”等“五好城市”建设行动。

成都主要做法

2008年，国务院妇儿工委办与联合国儿童基金会在成都等地建立了40多所“儿童友好家园”，帮助灾区儿童消除地震带来的心理影响、培养社会发展能力，2010年四川省政府妇女儿童工作委员会办公室发布《关于儿童友好家园可持续发展的实施意见》（川办函〔2010〕125号）。

2018年以来，成都市妇联依托儿童之家示范项目建设启动了儿童友好社区试点工作，推动儿童政策友好、文化友好等在社区落实落细，为儿童友好社区实践提供试点经验；2021年1月，成都四个社区入选全国首批“中国儿童友好社区建设试点”。

2021年2月，成都市委、市政府在开始实施的《成都幸福美好生活十大工程实施方案》和《成都市国民经济和社会发展第十四个五年规划和2035远景目标纲要》中明确提出“到2025年，建成儿童友好型城市”，“实施儿童友好型城市创建五年行动计划”，儿童友好理念从社区试点上升为全市性“儿童友好型城市”发展战略，以政策友好、空间友好、服务友好、文化友好的原则，关注儿童友好社区、托育体系、公共空间、儿童心理健康、儿童参与等领域，努力为孩子们开心健康成长打造“儿童友好幸福场景”。

南京主要做法

江苏省自“十三五”规划以来，为创新驱动儿童发展规划全面落实，提出在全省开展儿童友好城市建设项目。2019年，江苏省妇儿工委办联合南京互助社区发展中心正式启动编制《江苏省儿童友好城市及社区营造指南》，并选取南京市建邺区莫愁湖西路作为试点，开展“莫愁湖西路儿童·家庭友好国际街区”建设，以期对南京市乃至江苏省儿童友好型城市、街区、社区规划做示范，重点关注空间友好、文化友好、服务友好三个层面；并发布了《儿童参与规划设计活动的组织实施》《儿童友好空间户外小微设施图例》等指引性文件。2021年2月，江宁区提出持续推动儿童友好城市建设，着力打造10个儿童友好示范点；江宁区首个儿童友好公园即将开工。

2021年4月，《南京市国民经济和社会发展第十四个五年规划和2035远景目标纲要》明确提出“强化儿童友好城市发展”，“在公共场所普及提升儿童友好的服务设施，发展一批儿童友好实践基地和研学教育基地”。

国的生力军”。2019年，习总书记在第二届“一带一路”国际合作高峰论坛圆桌峰会上提出“关爱儿童、共享发展，促进可持续发展目标实现”的倡议，倡议承诺让儿童和青年“能在儿童友好城市和环境中成长”。此后，国家层面进一步出台了《关于促进3岁以下婴幼儿照护服务发展的指导意见》（2019年）、《关于进一步减轻义务教育阶段学生作业负担和校外培训负担的意见》（2021年）等一系列改善儿童福祉的相关政策。

2021年3月，《中华人民共和国国民经济和社会发展第十四个五年规划和2035年远景目标纲要》将儿童友好城市建设列入重大工程，这是“儿童友好城市”首次纳入国家中长期发展战略并列为重点建设项目，并明确“开展100个儿童友好城市示范”“加强校外活动场所、社区儿童之家建设和公共空间适儿化改造，完善儿童公共服务设施”。在此基础上，2021年10月，国家发改委联合22部委出台了《关于推进儿童友好城市建设的指导意见》（发改社会〔2021〕1380号），从“社会政策、公共服务、权利保障、成长空间、发展环境等5个方面提出24条重点举措，围绕托育、教育、医疗卫生、文化体育、人身安全、福利保障、交通出行、城市空间、社会环境等领域”提出具体措施；明确提出“建设儿童友好城市，为儿童成长发展创造更好的条件和环境……是各级政府和全社会的责任所在、使命所系”，文件提出“展望到2035年，预计全国百万以上人口城市开展儿童友好城市建设的超过50%，100个左右城市被命名为国家儿童友好城市”（图1-3~图1-5）。

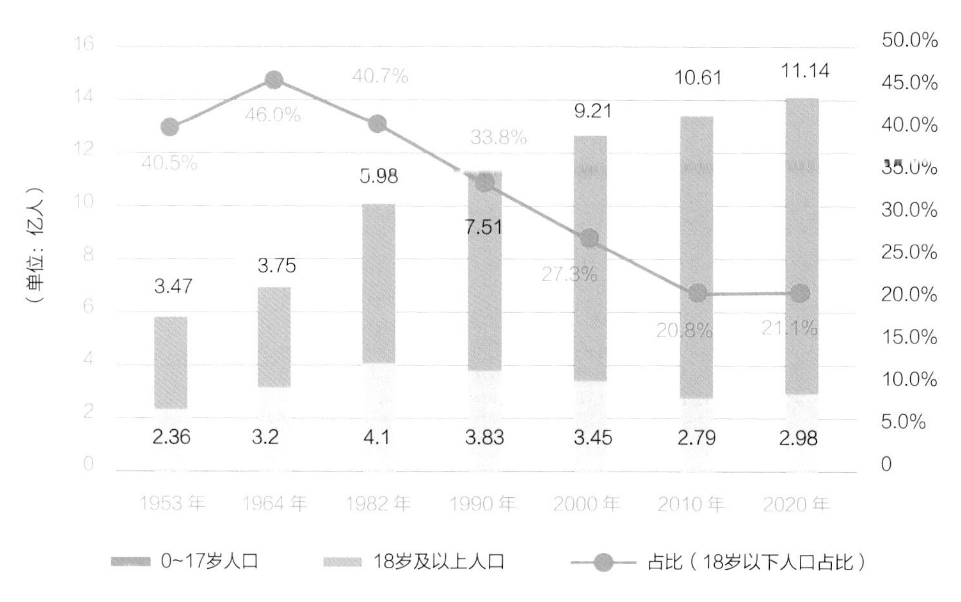

图1-3 1953—2020年中国0~17岁儿童人口规模变化趋势

资料来源：根据国家统计局各年统计数据和普查资料整理，其中2020年数据来自七普数据。

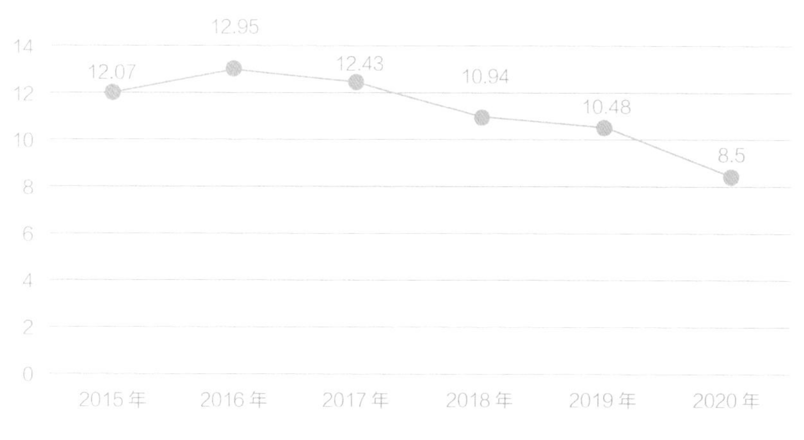

图1-4 2015—2020年中国人口出生率情况 / ‰

资料来源：国家统计局

1991年 **中国加入《儿童权利公约》**

1996年 **联合国儿童基金会和联合国人居署正式提出“儿童友好型城市倡议”**

- 2006年以来，国务院妇儿工委办和联合国儿童基金会驻华办事处多次召开研讨会，介绍“儿童友好型城市”基本情况

2015年 **深圳率先提出“建设中国第一个儿童友好城市”目标，倡导“从一米高度看城市”理念**

2016年 **深圳、上海等地将儿童友好型城市纳入地方发展规划**

- 深圳将“积极推动儿童友好型城市建设”纳入市委常委会2016年工作要点和《深圳市国民经济和社会发展第十三个五年规划纲要》

2017年
- 2017年，上海市发布《上海市妇女儿童发展“十三五”规划》提出“创建儿童友好型城市”
- 2017年，《江苏省儿童发展规划（2016—2020年）》提出“践行儿童友好城市理念、促进儿童健康、全面发展”
- 2017年，深圳举办儿童友好型城市建设研讨会，邀请国务院妇儿工委办相关领导、德国儿童友好城市建设专家、联合国儿基会驻华办副代表、国内儿童专家等共谋发展

2018年 **深圳发布全国首个建设儿童友好型城市战略规划和行动计划**

- 2月，经深圳市政府批准、深圳市妇儿工委发布《深圳市建设儿童友好型城市战略规划（2018—2035年）》和《深圳市建设儿童友好型城市行动计划（2018—2020年）》
- 5月，深圳市、长沙市受邀参加联合国儿童基金会东亚和太平洋地区办事处在印度尼西亚泗水市举办的“在城市中成长”（Growing up Urban）会议，分享儿童友好城市建设做法

2019年 **国家层面开始关注儿童友好城市建设**

- 4月，习近平总书记在第二届“一带一路”国际合作高峰论坛圆桌峰会上提出“关爱儿童、共享发展，促进可持续发展目标实现”的倡议，倡议承诺让儿童和青年“能在儿童友好城市和环境中成长”
- 6月，深圳建设儿童友好型城市的创新实践荣获首届中国城市治理创新奖优胜奖
- 7月，第三届国际城市可持续发展高层论坛“儿童友好与未来城市专题对话”中，深圳做主旨发言
- 深圳率先对外公开发布中英文版《深圳市儿童友好型社区、学校、图书馆、医院、公园建设指引（试行）》《深圳市儿童友好出行系统建设指引（试行）等七大领域建设指引；长沙市发布《长沙市创建“儿童友好型城市”三年行动计划（2018-2020年）》
- 10月，深圳市受邀参加联合国儿童基金会在德国科隆举办的“2019儿童友好型城市倡议峰会”，分享深圳建设儿童友好型城市的主要做法
- 11月，国家发改委社会司到深圳参加建设儿童友好型城市现场会和世界儿童日亮灯纪念活动，调研深圳儿童友好城市建设情况

2020年 **儿童友好城市建设开始在全国形成热潮**

- 武汉市、威海市等地在政府工作报告提出积极创建儿童友好城市
- 1月，中国社区发展协会发布《儿童友好社区建设规范》T/ZSX 3—2020团体标准
- 10月，国家发改委社会司与联合国儿童基金会驻华办事处主办“面向‘十四五’的儿童保护与关爱”研讨会，国家发改委社会司相关领导提出“支持有关地方创建儿童友好城市，推动建设儿童友好型社会”
- 11月，长沙市成立“儿童友好型城市”创建工作领导小组
- 12月，深圳市委领导主持召开深圳市儿童友好型城市建设现场会，总结推广经验做法，部署安排下一步工作

2021年 **儿童友好城市建设写入国家“十四五”规划纲要，掀开国内儿童友好城市工作新篇章**

- 3月，国家“十四五”规划纲中将“儿童友好城市建设”列入重大工程，提出到2025年，在全国范围内开展100个儿童友好城市建设试点
- 4月，国家发展改革委来深圳实地调研，并在长沙组织召开全国儿童友好城市建设专题调研及座谈会。来自北京市、上海市、深圳市等15个省（直辖市）发展改革委和妇儿工委的有关同志参加调研和座谈
- 7月，国家发改委印发《关于推广借鉴深圳经济特区创新举措和经验做法的通知》，将深圳建设儿童友好城市写入深圳特区创新举措和经验做法清单进行全国推广；深圳市委全面深化改革委员会印发《关于先行示范打造儿童友好型城市的意见（2021—2025年）》；深圳已建成各类儿童友好基地360个、妇女儿童之家713个、公共场所母婴室超千间
- 8月，深圳市妇女儿童工作委员会出台新一版《深圳市建设儿童友好型城市行动计划（2021—2025年）》
- 9月，国务院颁布《中国儿童发展纲要（2021—2030年）》，新增“建设儿童友好城市和儿童友好社区”内容
- 10月，国家发改委联合22部门印发《关于推进儿童友好城市建设的指导意见》
- 12月，苏州市人民政府办公室印发《苏州市建设儿童友好城市战略规划（2021—2035年）》和《苏州市建设儿童友好城市行动计划（2021—2023年）》
- 深圳、广州、长沙、成都、重庆、南京、温州、苏州、扬州、威海等地《国民经济和社会发展第十四个五年规划和二〇三五年远景目标纲要》提出开展儿童友好城市建设（创建）

图1-5　国内儿童友好城市建设推进历程

参考资料：根据新闻报道和政府文件整理

第二章

儿童友好城市基本认识与倡导

Chapter II

Basic Understanding and Values of Child-friendly City

2.1 基本认识

2.1.1 保障权利

儿童友好城市建设需要建构一个思考的逻辑起点：什么是儿童本性？什么是儿童权利？先深入地研究儿童的权利与本性，摸清儿童健康发展的真实需求，再用空间这一载体完成对儿童的养育及本性的引导。联合国《儿童权利公约》以儿童的生存权、受保护权、发展权和参与权为准绳，这些权利是为了适度地恢复儿童的本性或天性。中国1991年正式批准加入《儿童权利公约》，经过30多年的发展，现阶段国家层面儿童权利保护显著特征在于"推行利于儿童优先发展的国家保障战略"，成就集中体现在儿童福利的水准及其维护上，表现为儿童生命健康与教育发展水平显著提高。国家社会经济水平的提升和人民对美好生活的向往，使国内儿童权利的保障将逐步由"补缺型"向更为广泛的普惠型权利转变；而儿童友好城市表达的"一个明智政府在城市所有方面全面履行儿童权利公约"理念，实际上就是在尊重儿童作为权利主体地位的前提下，更为广泛的儿童权利保障和儿童发展实践。这需要政府创新建立顶层治理机制，同时对政府官员、专业人士、社会组织等在日常工作生活中开展持续的能力建设和培训，加强对儿童权利的纵深理解，为更为广泛的儿童权利保障提供政策支撑。由于国内外经济文化差异和国内各地所处的社会经济发展阶段不同，城市需要完善的社会服务体系及空间载体不同，待完善的儿童基本权利侧重点也存在差异；这需要各地开展个性化探索、差异化建设路径和建设模式，解决各自儿童发展面临的迫切问题。

2.1.2 尊重需求

对儿童需求的尊重首先是对直接需求意见和建议的尊重。对儿童直接需求表达的尊重是儿童友好的基础，儿童在社会中习惯性地被认为是应该"听话"的孩子，作为被监护对象，天然处于需求尊重的弱势地位。他们容易被忽视，缺乏力量，缺少表达需求的通道，缺少能力去维护自己的权利。所以更需要成人去主动尊重儿童的需求，用"平等心"去倾听儿童的需求表达，尊重儿童的意见和建议。唯有如此，才能在成人和儿童间建立良性的沟通渠道，获得真实的需求意见，提供满足真实需求的服务供给。

对需求尊重的深层逻辑是对儿童身心发展规律的准确认识与尊重。身体的发展规律比较容易认识，难点则是在人格和心理发展层面。虽然儿童的心理发展有一定的通则规律可循，但因每个孩子与生俱来的心理特征不同，成长中所处的环境也不相同，所以儿童心理发展不能简单地以年龄、性别、地域、家庭情况等轻率地下定结论。这点在儿童友好城市建设为不同空间和社会层面儿童提供服务供给时，就会显示出与其真实需求相应与否的精准度差异。如当为千万级特大城市从城市层面提供儿童公共服务设施时，更多的是了解全市该年龄段儿童通行的需求特征，此需求会较为粗放。当在为一千人的社区提供服务时，所需儿童需求的精细度就因为儿童个体心理发展特征的不同而大大提升。在实际工作中，因为儿童主要的生活区域依托于社区，所以精细、精准、个体差异的需求属性就必须获得重视。

所以，儿童需求的直接表达是个体心理发展的一个外在的“相”，我们真正要尊重的是儿童个体心理发展的“状态”，这个状态是一个“月光宝盒”，需要用心去尊重，用方法去打开，而一旦这一个个“月光宝盒”被正确地打开，带来的将是无限惊喜和真正的儿童友好。

2.1.3　平等普惠

所谓平等是相对的概念。儿童友好涉及广泛的领域，公共政策自上而下主导的儿童友好城市建设，一个重要的属性就是“平等”特征。这种平等特征通过公共服务供给贯彻落实，在儿童层面体现在两个方面。

一是儿童与儿童之间的平等。无论儿童身体健全还是特殊，无论儿童所在家庭的财富差异、社会地位差异、地域差异、文化差异，无论男童女童，都能无歧视的享受公共服务。

二是成人对应儿童发展权利的平等心。它与尊重看上去很相似，区别是尊重更强调成人对儿童需求的态度和方法，而平等心则更强调成人对儿童友好的根本认知和认同。其包含两个维度和意义，一方面是成人能与儿童最大程度地以平等关系相互沟通和游戏，即“站在一米的高度”的平等性。另一方面是成人应对所有儿童一视同仁，无论是谁家的孩子、男孩或女孩、贫穷或富贵、健康或残障、幸福或苦难，无论民族、文化、地域等，作为儿童友好工作者都应该平等相待。

儿童友好城市建设需要全社会的广泛参与，我们不能要求所有参与的主体和提供的服务都具备广泛的平等性，比如特定资本驱动下提供的服务可能只具备为局部特定条件儿童服务的条件。但这并不影响儿童友好城市建设的整体公共属性，在以政府主导的公共服务框架内，补充社会各层面的非公益性或特定条件儿童服务，有益于儿童友好城市建设的全面和持续发展。以平等为基础，儿童友好公共服务供给自然可以普惠所有儿童。

2.1.4　优先发展

推行利于儿童优先发展的国家保障战略，是我国儿童权利保护的显著特征。在儿童尚无制度渠道表达、争取自身权益的现实背景下，通过优先保障儿童利益，展现的是国家对儿童的关爱程度；对于儿童来说，以对社会弱势群体（儿童）的利益给予特别保护可以弥合成人与儿童的利益冲突与对抗。全面推进和贯彻儿童优先发展，在公共政策中彰显儿童优先共识、公共财政优先向儿童事业倾斜、公共资源优先向儿童配置。这种优先并不意味着对其他特殊人群的资源侵占，而是一种兼容，用发展的眼光看待儿童群体，以儿童视角来重新审视城市和社会转型的问题，把儿童友好城市建设作为创新社会治理的抓手，统筹解决快速城镇化背后人民美好生活需要的日益广泛和要求的日益增长，一个适宜儿童日常生活的环境也对所有人友好。

2.2　八大倡导

2.2.1　广泛真实的儿童参与

儿童参与是儿童友好城市建设的基石和灵魂，是尊重儿童权利、尊重儿童需求、落实儿童友好的必要途径。可以说，没有儿童参与的儿童友好建设不具备真正的儿童友好特征，没有儿童参与的儿童友好城市只是成人眼中的儿童友好城市。

我们倡导广泛意义的儿童参与：从儿童参与城市、社区、学校的相关议事到游戏场地或公共设施的建设，从需求调研、方案参与、公示意见到评估反馈的全流程参与过程；在参与过程中成人能够准确获取儿童的真实需求，儿童能获得成人尊重和支持。

儿童参与不是一场热闹的活动，切忌儿童参与活动化和形式化。

2.2.2　回归自然的生活场所

人类来自自然，自然的种种要素深深地印刻在人类基因之中，无论中华文明还是西方文明，都在不同程度上证明了人与自然融合的重要，区别只是在本体还是作用上。当我们与纯自然越远，我们距离所希望的身心健康就越远；当我们与纯自然越近，我们的身心就越容易获得在纯自然环境影响下的平静与安详，哪怕只是诵读寄情于山水之间的诗词，都可以令人获得极大的身心放松；哪怕只是片刻凝望绿意的花草树木，都可以治疗心灵的创口。重塑回归自然的场所，不是奢侈的服务，而是儿童天然应有的权利，是每一个人的基本权利，是人民的真实需求，是建设儿童友好城市环境的重中之重。

倡导利用一切条件最大程度为儿童提供自然化的空间和场所。在森林公园、城市郊野公园和生态林地中布局各类主题的郊野路径，布置露营地，让儿童回归纯自然的山水环境，将身心融于自然生态之中；利用城市公园培育自然生境，让各类植被自然生长；利用城区内和城郊农田建设都市农园，给城市儿童提供乡村生活和农耕生活体验，将自然、农耕文明、劳作、游戏融为一体；在城市社区内尽可能地提供儿童可以深度参与的社区花园和都市农园；以自然材料和自然色彩营建儿童游戏场地和游戏设施。

2.2.3　有趣好玩的游戏空间

关于儿童游戏有各种研究，有人说游戏是儿童借以发泄体内过剩精力的方式，是远古时代人类祖先的运动习惯和生活特征，是儿童对未来生活的无意识准备，是一种天赋的本能练习活动；弗洛伊德认为，游戏冲动来自儿童内部需要与外部客观环境的矛盾，游戏有潜意识成分，是补偿现实生活中不能满足的愿望和克服创伤性事件的手段；温尼科特认为，游戏是人格发展的“过渡性客体”，儿童通过游戏建立心灵内部与外部世界的联系；皮亚杰的认知发展理论认为，游戏是智力活动的衍生物，儿童游戏的动力基础与智慧的发展形式息息相关。所有心理学理论研究都指向一个方向，即儿童即游戏，游戏即儿童，游戏就是儿童的一切，是儿童的最基本权利，是快乐的源泉，是创造力的来源，是抑郁情绪舒缓的通道，是社会交往的平台，是人格健康发展的必需。

倡导激发天性的自主游戏方式，而非功利化的规定游戏模式。减少对儿童游戏行为的过度限制和干预，允许冒险元素存在，让孩子在安全边界内拥抱风险，培养儿童的想象力和冒险意识，挑战身体和脑力；

倡导建设自然化、有趣、好玩、激发儿童创造游戏方式的全龄段、足够数量和规模的游戏场地；

倡导建设符合所服务范围内儿童心理发展特征的游戏场地，根据儿童心理特征和游戏行为组织游戏场地设计和设施设计，鼓励有条件的地区设计定制化的游戏设施；

倡导学校和家庭为儿童提供更多的游戏时间，尤其是有伙伴的游戏时间。

2.2.4　安全无忧的生活环境

安全是儿童在城市中生活的基础，也是他们所有活动的边界，这个边界有类别，也有松紧。缺失的类别边界，如网络安全，可能会导致儿童身体的伤害或心理发展的脱轨。不当的松紧也会导致显性或隐性的诸多问题，过松的安全边界会带来安全隐患，过紧的安全边界又会导致人格发展缺陷。安全是保护，是温暖的港湾，是对成长的呵护，也正因为如此，系统而适度的儿童安全策略非常重要，既不能莽撞地视安全于不顾，也不能将港湾变为溺爱的桎梏，因为痛苦的伤痛容易感知，而甜蜜的危害则不容易察觉。

倡导安全的城市环境。为儿童提供人行独立路权的步行道；营建安全的滨水空间，管理不适合游戏的水域，营造适合儿童戏水的水域；预防和控制跌倒、跌落、烧伤、中毒等各类儿童伤害；建立安全的防灾系统；校园安全而可游戏；公园、儿童游戏场地及设施安全且具有可探索的冒险性；儿童常去的场所在夜晚有足够的照明保障。

倡导安全的社会环境。建立高效的儿童走失报警和侦查系统，严厉打击拐卖儿童；对校园暴力零容忍；健全法律法规，降低未成年人犯罪率；保障全龄儿童的食品、药品和学习用品的安全。

倡导安全的网络环境。营造适合儿童的网络环境；严格规范网络游戏平台；手机等智能电子设备应开发适合不同年龄段儿童的操作界面，App按儿童年龄分级管理，提供适合且优质的服务，鼓励软件开发企业开发丰富有趣的儿童服务程序，提供丰富有益的资讯，以疏导的思路而非一概禁止的思路优化网络和智能设备环境。

倡导适当的安全教育。在城市防灾、交通、防拐、防诈骗等多个安全板块开展各种类型的安全教育，倡导有趣、符合各阶段儿童认知水平的互动教学方式。

2.2.5　公平普惠的公共服务

成人总是习惯于在第一眼就识别对方和自己的各种差别，或相貌，或地位，或财富，或健康，如此等等；随后无意识地代入所需的差别化交往态度，或真诚，或客套，或虚伪，或冷漠。儿童与成人截然不同，他们没有那么多分别和防卫，一个小小因缘即可令他们迅速从陌生人成为伙伴，越小的孩子越是如此无差别，越未进入竞争激烈学校的孩子越是如此，越低年级的孩子越是如此。儿童，天然所具有的平等心要远远优于成人。新加坡的一个公共水乐园里，不同种族、不同民族、不同国家的孩子可以玩成一片；德国的一个社区里，难民儿童可以和本地儿童快乐嬉戏。儿童天然的平等心启示我们，每一个孩子都有无限潜力，都是一个潜在的宝藏，平等对待，才能收获对社会有益的硕果；再者，我们都不愿意在儿童这片因平等而平静的心灵水面上去激起波澜，而是支持这静水无痕，映射最蓝的天空。

所以我们倡导基于对儿童公平性的基本认识，努力实现提供普惠性的各类基本公共服务供给，包括教育、医疗、文化体育、儿童福利、游戏场地等涉及儿童服务的各个方面。

2.2.6　温暖友善的社区营造

现代城市解体了家族式的聚居模式，移民城市中，家庭更为明显地作为独立单元在社会之中漂泊，单一家庭承担了儿童的全部养育责任。独立承担一个孩子的全程养育是需要巨大付出的，这不仅仅需要金钱，还需要值得信任的亲属或家政服务的协助，需要对婚姻关系的信任，需要无私的牺牲精神，需要能够化解来自外部和自身焦虑的能力、勇气和智慧。更何况是养育第二个、第三个孩子。因此，越来越多的年轻人选择不婚、不育，这是个系统性的复杂问题，在儿童友好城市建设之中，能对其有所缓解的一个重要单元就是儿童友好社区。

一个孩子生活的核心空间和社会范围是家庭、学校、社区。家庭是私生活的封闭领域圈，学校是集体生活的封闭领域圈，而社区则是包容家庭和学校的开放领域圈。家庭、学校、社区这三者之间能量流动的开放度越高，友好度就越高，儿童的生活就越快乐幸福。

社区对儿童成长的意义有以下几个方面。

助力养育。单个家庭难以负担多个儿童的养育责任，公共服务应该承担儿童养育的一部分责任，通过社区服务助力家庭。

促进社交。社区是儿童的主要活动场所，通过社区促进儿童社会交往，有利于儿童人格健康发展。

引发游戏。社区的游戏场地和各种空间是儿童日常游戏的主要场所，优质的社区游戏空间会激发儿童的创造力，大大增强社区居民的幸福感和获得感。

学习社会。小社区，大社会，儿童参与社区建设，能够从小体验社会的多元性和复杂性，在社会环境中学习为人处世的方法，同时又能凝聚社区力量，以小手拉大手促进社区其乐融融。

因此，我们提出以下倡导：

倡导提供儿童需求的社区空间。这包括社区儿童游戏场地、社区公园、社区花园、安全步道等户外空间，还包括社区儿童服务中心这样的室内空间。儿童服务中心可以是社区中心的一部分，主要包括儿童议事会办公室、0~3岁托幼、儿童体验馆或小型博物馆、心理咨询室、少儿图书馆等全部或部分功能。

倡导社区提供优质的服务。空间是载体，服务是内容，社区应利用各类空间和社会资源，组织儿童参与各种活动、课程，同时针对不同年龄、特征的儿童提供所需的服务。

倡导社区治理的创新探索。探索适合儿童友好社区的治理创新模式，如社会组织的引入，社会企业的培育和管理，居民自组织的形式和多元组织方式等。儿童友好社区营造需要优质服务持续跟进，这需要不断创新社区治理模式；否则，若只有空间和偶发活动的社区，便无法形成持续的服务机制，就很难形成友好的黏合力。

倡导立德树人的家庭教育。通过家庭、学校、社区的互动关系，建立家庭教育体系，推广儿童友好的核心理念，培养良好的亲子关系，营造温馨的社区氛围，将优秀的育儿理念深入千家万户。

2.2.7 身心健康的成人支持

“祝您身体健康”，这应该是过年时候最普通、频率最高的祝福词汇之一了。可为什么没有人祝福“衣食无忧”呢？因为所祝福的都是渴求而难得的，比如“健康”“顺利”“幸福”，等等。

现代城市里，儿童的身心健康出现了很多问题。身体方面，由于远离自然环境，学业压力重，户外游戏时间少，电子设备耗费时间和精力，体能锻炼太少，导致各种身体疾病出现，肥胖症、视力安全等问题越来越多。心理方面，儿童抑郁症和自杀比例居高不下，抑郁倾向检出的年龄段越来越趋向低龄化，孩子的心理健康已然成了所有家庭都要面对的一项大考，所有忽视都可能造成一个家庭的灾难。

儿童友好城市不仅不能忽略身心健康，恰恰是正向促进身心健康发展的途径，其所倡导的理念和方法与健康的身心完全相应，是系统思维下缓解身心问题的良药。

儿童身心健康，尤其是心理健康，从发展的方向看是儿童人格的完整性，这离不开家庭、校园的成人支助，因为这两个地方是儿童成长的核心圈。此外，当问题出现时，心理咨询师和医生的帮助也尤为必要。因此我们倡导：

促进食育进社区，促进家庭全面了解儿童健康营养饮食的意义和方法。

加强儿童医疗服务水平，完善儿童健康服务体系，预防并减少“小眼镜”“小胖墩”等各类有健康问题的儿童出现。

低龄段儿童应以增强户外游戏为主促进身体健康发展，高龄段儿童可以体育锻炼为主要方式促进身体健康。

在家庭层面，通过各种宣传方式将儿童友好的理念和意义宣传到家庭，让父母和孩子都了解什么是儿童权利，什么是儿童友好。通过家庭教育渠道，让家庭深入了解儿童身心健康发展的相关知识。

在校园层面，开展宣传和培训课程，让教师了解心理健康相关知识；校园设置心理咨询室，配备心理咨询教师；改进功利主义的教学理念；校园建设应组织儿童参与，将学生的需求纳入设计方案，贯彻到建设工程，校园设计应遵循儿童友好的核心理念，给予学生更多的游戏空间和绿色空间；改进以安全为名义，严苛监管学生行为的错误方式。

心理防治层面，规范心理咨询行业，培养更多的心理咨询人才，社区应配备心理咨询室和咨询师，所在城市应对心理咨询行业给予资金、技术培训等支持；培养心理咨询医生，大城市应根据需求，增设心理科病床或医院；重视儿童性教育和性健康服务。

2.2.8　持续发展的儿童友好

儿童友好一定是持续的，也必须是持续的。因为儿童是人类的永恒主题，只要有人类存在就一定存在儿童，存在养和育，存在慈与悲，存在儿童这个群体的需求和权利，存在人类社会向善发展的方向，也就存在了儿童友好。

由于我国已进入老龄化和低生育阶段，生育的意愿决定了人口的数量和结构，影响着中华民族伟大复兴的进程，儿童友好城市能够持续而真实地发展下去，才能促进生育意愿。未来，城市之间的人口争夺战将越演越烈，一个对儿童不友好的城市，将不会被人才家庭所选择，也就不会有发展的希望。此外，国家对儿童工作所涉及的方方面面十分重视，这是儿童友好城市建设可持续的顶层保障。

我们倡导，儿童友好城市的持续发展务必建立在对儿童真实需求尊重的基础上。因为能够以满足儿童真实需求为基础的儿童友好城市一定是真实利于儿童的城市，是人心所向的城市，是全心全意为儿童服务的城市，是持续友好的城市。

倡导不断完善保障儿童权益的法律法规，加强执法和司法工作。

倡导全社会共建儿童友好城市。在城市政府层面，自上而下不断完善儿童友好相关公共政策，创新社会治理结构和方式，搭建儿童友好城市的共建平台，指导并支持儿童友好的相关事宜。鼓励各类社会力量共同参与，广泛覆盖儿童友好各个领域。支持研究机构、高等院校、社会机构创建儿童友好城市相关研究团队，对上协助政府制定公共政策，对下助力社会各层面提供支持和指导。

倡导更广泛的宣传，让儿童友好的核心理念深入每一个孩子的童心，深入学校、深入社区、深入家庭。

公园中快乐玩耍的一对小伙伴

第 三 章

儿童友好城市的空间建设框架

Chapter III
Spatial Construction Framework of Child-friendly City

必须在国家、区域和地方各级政府进一步发展包容性城市规划能力；扩大儿童和青年的城市规划现在是一项全球性的当务之急。

——UNICEF，2018

3.1 儿童友好空间认知

儿童友好城市的建设是一个全域尺度的城市重构性转型，不只是空间与设施供给的问题；但从经济意义上来说，对于一个现代化的城市，空间是很贵的：社区里的沙池、街道上的学径、郊外的自然保留地，这些本被忽视的，因儿童友好的理念而被重新划定，这一“空间划定”的行为本身，就是极为重要的，即把以前现代主义城市所“抢走”的空间，重新夺回来还给孩子们。从这个意义上来说，儿童友好型城市要首先在“空间与设施”层面补短板，然后才能考虑其他。如何构建儿童友好的城市空间，这需要踏实实地从儿童的视野与生活方式来反思现代城市的空间到底哪里出现了问题，这涉及社区、学校、医院、图书馆、公园等儿童日常生活空间的系统性构建；如果说城市的本质是优质的公共空间与公共服务，儿童友好城市则是父母可安心安全便捷地将孩子予以托付的“城市”：上学的路上很安全，不用家长接送；离家不远有一个小公园或游戏场地，可以尽情玩耍；周末跟着父母去城外的郊野公园，在自然的野趣中，孩子们相互追逐嬉闹；城市的医院、图书馆、博物馆等都有针对儿童的活动及空间；孩子们可以在自己生活的空间中构建一个城市意象网络，并因通过独立地发现自己的生活空间并逐渐扩展它们而成长。

但城市仅仅站在成人角度考虑儿童空间供给是不够的，成人通过空间设计的方式规训和塑造了孩子们的日常生活和发展；而儿童有一种去探索、邂逅、成长、参与世界的强烈需求，并能够借助游戏、占据地盘和想象力来对抗以成人意志为中心的空间环境。从本质上来说，儿童友好城市建设的核心是以儿童参与为前提，在城市中构建一个体现儿童权利的空间体系，让儿童在一个愿意承担责任、帮助儿童实现权利的社会里成长，并通过与成人间的共同设计而改变空间，从而与空间产生认同感。而社会对儿童权利认知的高度，又决定了儿童友好空间体系的完整性以及空间建设的可实施性。

即伴随儿童权利认知的发展，儿童友好空间建设实际上是一个进阶的金字塔：第一阶段是对儿童基本权利的保障，由成人提供基本医疗、教育、福利等基础服务设施供给；第二阶段，由成人主导、儿童部分参与活动空间设计，伴随着成人对空间发展的自我反思，其中最难的问题在于成人的真正尊重和儿童的真正参与。最高阶段为赋予儿童平等参与权利，通过儿童参与，将儿童自身真实需求表达至物理空间，进而建立儿童视角下的城市人文环境、公共服务和空间环境的综合供给，在整个城市范畴寻求儿童幸福水平提升，促进儿童健康成长。

3.2　儿童友好城市空间领域划分与实践

3.2.1　分类逻辑

为进一步精细化供给儿童相关空间与设施，国内外对空间建设体系分类的逻辑大致分为两类：一类是按照儿童出行距离、空间尺度大小分类的空间层次分级方法；另一类是考虑项目类型、场所性质差异的空间类型分类方法。

（1）空间层次分级方法

就儿童在不同年龄阶段对应的成长发展需求及其对应的空间、设施、场所需求而言，0~3岁婴儿尚处于需要家庭照看的阶段，主要活动场所为家庭和住区绿地、早教中心及儿童游戏场；3~6岁幼儿已具备独立行走能力，有游戏和交往需求，主要活动场所为家庭、住区绿地与儿童游戏场；6~12岁少儿对应小学阶段，除了居住区和小学以外，对社区级公共设施的使用需求有所增加；12~17岁青少年逐步趋于成年，空间使用趋向全谱系，对体育设施、郊野公园等出现较高频使用需求（图3-1，表3-1）。为此按照儿童出行距离、空间尺度大小分类的空间层次分级方法，具有一定的科学性，按此分类方法进行探索的国家及城市（组织）有联合国儿童基金会、澳大利亚、耶路撒冷、南京等。

图3-1　城市孩童经历的空间和尺度

资料来源：《儿童友好型城市规划手册：为孩子营造美好城市》

《儿童友好型城市规划手册：为孩子营造美好城市》中的空间类型　　表 3-1

尺度/出行距离	细分	尺度/出行距离	细分	尺度/出行距离	细分
街道尺度/200m范围	幼儿园	居民区尺度/400m范围	小学	城市尺度/2000m范围	中学
	社康中心		图书馆		医院
	社区游乐场		社康中心		城市公园
	婴幼儿照护机构		社区活动场地		市民中心
	住区庭院		住区/社区公园		自然公园
	自行车停车点		公交站点		生态郊野/农林地
	便利店		垃圾转运站		TOD站点

（2）空间类型分类方法

为适应政府部门管理职能和事权，部分国外城市以及大部分的国内城市的探索采用了空间类型分类方法。例如，住区类的建设及管理事权集中于住建部门，绿色空间类的建设及管理事权集中于绿地管理相关部门，道路交通类的空间建设及管理更多地集中于交通部门，设施类按照其类别归于住建、教育、文体部门。具体实践如德国雷根斯堡（表3-2）、加拿大温哥华、印度及国内的深圳、长沙等地。

《雷根斯堡市游戏总体规划》关于儿童活动空间的分类和目标　　表 3-2

类型	细分	质量目标
住房/居住环境	多层租用住房建筑里的花园和庭院	让在家庭中的居住适宜儿童成长且对家庭友好
	私人花园和庭院	
出行灵活性	街道	应当保证儿童和青少年能够独立、安全出行
受基础设施制约的自由空间	游戏场	规划原则：决定住宅区吸引力的并不是单个游戏场，而是一系列有各种主题定位的场所；基于DIN18034的标准，在各城区为不同年龄层的儿童提供充足的不同面积、不同用途的场地
	分散的青少年聚会地点	
	中小学校园	
	日间托儿所的户外场地	
绿色基调的自由空间	住宅区周围的景观区	绿色基调的自由空间可以成为几代人的游戏、体验和休闲区
	绿地、公园	
	休耕地	
	滨水空间	
城市里的自由空间	步行区和广场	广场和步行区（尤其是老城区里的）应当成为高质量的公共空间，供几代人休息
鼓励运动和活动	足球场	所有儿童和青少年在日常生活中应当进行充足的锻炼
	运动设施	

3.2.2 关注重点

虽然由于语言差异与国情差异，各地对空间的称谓与归纳有所偏差，但也有一些共性的认识和关注重点。如伴随城市化发展，儿童的活动空间的确在发生迁移，在室内活动的时间逐渐增多，变得越来越以家庭为中心，社区逐渐成为绝大多数儿童居住和玩耍的地方。为此，深圳提到的“儿童友好型社区”、长沙关注的“生活环境”、珠海关注的“小区公共空间”、印度关注的“住房等建筑环境”、鹿特丹关注的“友好住区”、雷根斯堡关注的“住宅环境”都可以归类为“居住空间”一类。此外，链接社区与学校之间的出行路径、公共游戏场地、公共生态空间、公共的文体卫设施等也都是儿童频繁出现的场所。所以，若将各城市关注的空间进行近义词条归类，可发现各城市关注的空间重点集中于以下五类：住宅空间、社区空间、出行空间、游戏及公共空间、自然和绿色空间。尤其是“居住空间”与“出行空间”是几乎每个城市都会关注的重要空间内容。此外，由于各地具体情况差异，部分城市会出现一些额外关注的空间板块，如深圳会额外关注“城中村儿童活动空间”，长沙会额外关注“学习空间”等（图3-2）。

图3-2 已有儿童友好空间建设实践领域分布

参考资料：孟雪，李玲玲，付本臣.国外儿童友好城市规划实践经验及启示[J].城市问题，2020（3）：95-103.

3.3 儿童友好城市空间建设体系

为了更好地对国内儿童友好城市的建设进行经验归纳与优化引导，本书结合国内外城市的分类经验，从儿童游戏、体验、成长出发，以公平化、包容性、自然化、游戏化、多元化为核心导向，考虑我国部门事权的划分因素，优先采用空间类型分类方法，本书的空间建设框架主要分为五大部分：自然空间、儿童游戏空间、公共服务设施、街道安全空间、社区交往空间。其中部分板块（如儿童游戏空间、公共服务设施）考虑儿童活动方式、空间尺度大小等因素，可进行结合空间层次的分级指引。同时，考虑到儿童参与空间建设是儿童能否平等地使用和塑造城市空间的一种“城市权利”，在第九章探讨了儿童参与空间的方法和制度建设建议，以期通过儿童需求的自我表达，供给儿童所需的空间（图3-3）。

图3-3 儿童友好城市空间建设体系

3.3.1 自然空间

回归自然，回归生命的回路。亲生命性假说（Biophilia Hypothesis）认为：“儿童越多参与到自然中，他们则越能与自己的进化本源建立联系，进而会变得更健康、更安乐。”注意恢复理论（Attention Restoration Theory）从认知角度出发，认为自然对认知功能（特别是注意力）有恢复作用。诸多例证都强调了自然环境对儿童的身心发展非常重要，同时也是重要的户外活动及科普教育场地。为此，对于自然公园，包含郊野公园、森林公园、湿地公园，以及其他河湖水系、山地、林带等空间，应被视为研究对象的一部分。该部分内容将主要体现在第四章“回归自然空间”篇章中。

3.3.2 儿童游戏空间

从生理角度而言，游戏可以促进儿童的爬、跳、跑等身体协调能力与新陈代谢能力；从心理角度而言，爱利克·埃里克森认为，游戏可以降低或者控制焦虑，补偿性地满足儿童的愿望。为此，游戏可以促进儿童身心健康全面发展。本书将重点研究我国城市综合公园、专类公园、社区公园、城市广场等空间中的儿童游戏场地空间的建设，以营利为目标的商业化儿童游戏场以及大型主题乐园不在本书讨论范畴。该部分内容将主要体现在第五章“好玩普遍的游戏空间”篇章中。

3.3.3 公共服务设施

现行的规划建筑规范对文化、体育、医疗等公共服务设施已提出了包括选址、规模、服务人口等多方面的要求，但基于儿童全成长发展周期下的公共服务设施支持体系仍有待完善，已有儿童类公共服务设施在趣味性、体验性、特色性等方面有欠缺。本书将详细探讨我国在公共服务设施上的儿童友好型探索与实践，基于儿童视角，对18岁以下儿童所需的公共服务设施进行梳理，提出儿童类公共服务设施体系，重点增补养育照看、儿童博物馆类设施等；此外，对为儿童提供服务的公共设施，从设施布局、建筑设计、运营服务等方面提出优化建议。该部分内容将主要体现在第六章“普惠共享的公共服务设施”篇章中。

3.3.4 安全的街道空间

街道是连接家庭与社会的过渡空间，虽然在过去街道是儿童玩耍的主要空间，但伴随机动车路权的改变，街道逐渐被认为是不安全的场所，儿童游戏被逐渐赶出街道。实际上，街道可以给周边各年龄段的居民提供就近的、共同的、可聚集的空间，从而增强社区责任感与安全感；可以成为儿童学习社交技能、了解周边世界的“旅程起点”，也能为父母提供就近的“半监督式、半放养式”的育儿机会。我们希望能够恢复儿童在街道上安全玩耍的权利。立足我国目前对儿童友好街道的探索，本书针对儿童使用频次较高的主次干道、支路旁的慢行空间，提出了以安全为前提的街道游戏设计指引。该部分内容将主要体现在第七章“安全的街道空间”篇章中。

3.3.5 社区营造

现如今智能手机塑造了一个强大的虚拟世界，与前几代人的童年不同，今天的孩子们已经开始从户外游戏转移到了室内久坐不动的插电游戏，新冠疫情下的居家隔离产生大量的网络授课场景，父母额外增加的线上辅导课，也让孩子们有了和电子产品更多的接触机会。社区作为离家庭最近的公共活动空间，在社区居民的共同“监视”下比城市公园更为安全，理应为孩子们争取更多户外活动的机会，从而让孩子们变得更有活力、更积极健康。为此，社区周围的景观区、绿地、公园、休耕地、滨水空间、社区屋顶花园等是儿童产生社区交往行为的主要空间，也是我国儿童友好城市建设的重点。该部分内容将主要体现在第八章“儿童友好的社区营造”篇章中。

在郊野公园溪水中玩耍的一家人

第四章 回归自然空间

Chapter IV Back To Nature Space

缝合少年与自然间已破裂的纽带是有益的：不仅仅出于美学或正义需要，更重要的是我们的身心及精神健康都依赖于自然。

——理查德·卢夫（Richard Louv）

余忆童稚时，能张目对日，明察秋毫，见藐小之物必细察其纹理，故时有物外之趣。夏蚊成雷，私拟作群鹤舞于空中，心之所向，则或千或百，果然鹤也；昂首观之，项为之强。又留蚊于素帐中，徐喷以烟，使之冲烟而飞鸣，作青云白鹤观，果如鹤唳云端，为之怡然称快。余常于土墙凹凸处，花台小草丛杂处，蹲其身，使与台齐；定神细视，以丛草为林，以虫蚁为兽，以土砾凸者为丘，凹者为壑，神游其中，怡然自得。

——沈复《童趣》

回归自然，回归生命的回路。

孩子五岁的一天，笔者陪他去深圳梅林水库游玩，在一条只能一人通过的林间小路上，阳光的斑点散落在松软的、铺满落叶的土路上，他走在前面，脚下是莎莎的踏过树叶的声响，呼吸间是清新的、带有泥土芳香的气息。突然，他转过头，停下脚步说："你给我拍张照片，我喜欢这样的路。"笔者明白，孩子在表达一个儿童的真实需求。自此，无论我们走过哪座山，路过哪条河，只要有土路的地方，那都是他的坚定选择，并且可以快乐和坚毅地走上一天，乐此不疲。

人类用几十万年，学会了用眼睛去看，用耳朵去听，用鼻子去嗅，用舌头去品，用身体去感受，但却在这两百多年里越发强化了用意识去想，而逐渐忘却了去统合感受这个世界，在这个星球上，有多少人忙碌着，"终日吃饭而不知一粒米"。在城市里，人们更容易强化了意识，而忽略了感官，但这不是生命本应具有的线路图，孩子们天然热爱大自然，因为他们的意识还没有成人那么多、那么杂、那么乱，他们在用眼、耳、鼻、舌、身去感受这个世界。而最好地满足这一生命发展需求的外部环境是大自然。

大自然的一切，让我们的感官触受回归这个世界，回归生命的本真。

4.1　在自然中滋养天性

4.1.1　亲近自然是本能，能促进孩子们的身体发育

“自然”在不少孩子心中是“遥远、令人敬畏、具有异国情调”的空间。但人类在森林、原野、草原上曾生活过数十万年的时间，直接和间接的自然经验刻在我们的基因里，亲近自然几乎是孩子们的本能。天然的不规则地形、非人工的树种排列都能给孩子们提供进行攀爬、跳跃、低卧、奔跑和平衡等运动的机会，可以促进身体机能得到更充分、更健康地培育与调动；在自然环境中经常玩耍的儿童表现出更高的运动适应性、身体协调性、平衡性和敏捷性；而更多地接触本土物种可以加强孩子们的免疫系统，降低儿童生病的频率（图4-1）。

图4-1　自然空间可以为孩子们提供更多样的体能锻炼机会

4.1.2　丰富多变的自然，能启迪孩子们的智力发展

大自然四季常变、物种多样，为孩子们提供了观察、提问、实验和探索的多样机会。《林间最后的小孩》的作者理查德·卢夫曾指出，“大自然中的户外游戏和运动

还可以激发孩子在数据、语言和技术等多领域上的成就”。与自然世界的接触，可以帮助儿童将事实理解与经历经验进行比较，比如可以了解到只有在某些温度下才会下雪，只有某些时刻喇叭花才会绽放，只有某些石头下才会有螃蟹和蛤蜊……在大自然中，孩子们可以尽情理解书上讲到的“遥远”的理论，包括四季轮转能量循环等非常抽象的概念（图4-2）。

图4-2 自然空间的“软性魅力”
孩子们喜欢潮湿、多岩石、砾石的地面，自由流淌的水流能激发孩子们的好奇心

4.1.3 舒缓放松的环境，有利于孩子们的心理健康

在数字媒体和信息技术刺激下，儿童保持长时间专注是非常难的，而自然空间最重要的价值是可以为孩子们提供无组织、自发的游戏，已有相当多的研究证实大自然对儿童注意力、自闭症等有恢复性作用。患有注意力缺陷多动障碍（ADHD）症状的儿童与大自然接触后能够更好地集中注意力。与大自然有较多接触的儿童在专注力和自律方面的测验得分更高。环境心理学家瑞切尔（Rachel）和斯蒂芬·卡普兰（Stephen Kaplan）曾提出“注意力恢复理论”，认为大自然的“软魅力”可以让孩

子们非常轻松地获得“无意识的注意力”，同时舒缓精神疲劳，即使简单地在公园散步或亲身接触大自然都会产生积极的效果。

4.1.4 超越自我中心论，促进形成更谦逊的生命观

苏多克雷姆（Sudocrem）调查发现，如今只有三分之一的人可以叫出植物的名字，有将近一半的人无法叫出五种地里的水果和蔬菜。自然空间为孩子们提供了辨认五谷的野外生存技能，也能够支持孩子们建立超越以自我为中心的世界观，通过为孩子们提供与毛毛虫、蜥蜴、小鸟、花草等多类动植物积极接触的机会，让孩童们可以更好地理解动植物作为独立个体的价值，从而培养孩子们未来照顾和反哺自然的能力。英国知名博物学家大卫·阿滕伯勒爵士（Sir David Attenborough）曾说过：“没有人会保护他们不在乎的东西，也没有人会在乎他们从未经历过的事情。”在多样化的自然环境中玩耍可以减少或消除暴力、霸凌、故意破坏和乱丢垃圾等反社会行为，大自然可以为儿童展示一种与世界融为一体的和平感觉。

4.1.5 本书中的“自然空间”

本书中的“自然空间”聚焦于城市中或城市郊野的自然生态系统、自然遗迹和自然景观。该类空间往往具有生态、观赏、文化和科学价值，承载着森林、海洋、湿地、水域、冰川、草原、生物等多种珍贵自然资源，具有政府指定的自然保育作用的同时，也兼顾着郊野康乐、户外教育的功能。对儿童而言，自然空间的公共开放性允许孩童对环境进行自由探索，自然材料的非结构性如石头、沙、种子、松果、水、泥土、歪倒的大树、中空的乔木等也为孩童提供灵感与环境再塑的机会。

4.2 问题：自然缺失的城市生活

目前国内基于促进儿童全面发展视角下的自然空间营造仍处于起步阶段，存在趣味性、适儿化建设不足，与城市公园同质化发展，管理职权尚不清晰，常态化公开咨询平台尚未建立等情况。

4.2.1 诸多探索，已出台相关的规范标准

国内最早制定自然空间相关管理规定的城市是香港。香港1844年颁布《良好秩序及洁净条例》，禁止损害乔木和灌木。1976年香港总督麦理浩会同香港行政局颁布

的《郊野公园条例》生效，翌年6月24日划定第一批受法律保护的郊野公园，包括城门、金山、大潭、狮子山及香港仔；1977—1979年间，建立了以《郊野公园条例》《海岸公园条例》为核心，《郊野公园和特别区域管理条例》《野生动物保护条例》《林区及郊区条例》《露营区指引》等多部法规为补充的法律保障体系。

2001年，深圳市成为建设部城市绿地系统规划编制的试点城市，开始尝试将城市绿色空间管理的对象从公园扩展至水域、湿地等广义生态资源。2003年，《深圳市近期建设规划（2003—2005）》划定了基本生态控制线；2004年，深圳市审批通过了《深圳市绿地系统规划（2004—2020）》，进一步划定了21个郊野公园；2005年11月，深圳市政府同期配套出台了《深圳市基本生态控制线管理规定》；2011年制定了《深圳市绿色城市规划设计导则》；2013年编制了《深圳市公园建设发展专项规划（2012—2020）》，规划强化生态用地的公园化建设；2016年，通过编制《森林（郊野）公园规划编制技术规范》强化森林（郊野）公园的生态化建设。为提升绿道建设品质，提高市民绿色福利，2020年深圳市城管局出台《深圳市郊野径建设指引》与《自然教育中心建设指引（试行）》。目前，深圳市已建成了“自然公园+城市公园+社区公园”的三级公园体系。

2012年，上海市政府正式批复了《上海市基本生态网络规划》，用以锚固城市生态空间，促进城市的全面健康可持续发展。2014年颁布了《上海市郊野公园建设设计导则（试行）》。2017年上海市启动了《绿地设计标准》DG/TJ08—15—2009（修订）和《郊野公园设计规程》的编制工作，实施建设市域大型郊野公园，拟建21个郊野公园。2020年4月公示的《上海市生态空间专项规划》进一步提出，上海市将在市域范围内建成30片以上大型区域公园（郊野公园），开放给市民休闲、游憩使用。2020年8月，上海市绿化和市容管理局编制的《绿地设计标准》被批准为上海市工程建设规范，覆盖原《绿地设计规范》。为全面发挥郊野公园推动上海生态文明建设，保障城郊生态空间稳定，2020年10月，上海市住房和城乡建设管理委员会批准《郊野公园设计标准》，以促进农业生产、增加农民收益，为市民提供郊野休闲场所。

综上，为了促进生态空间的保育，我国各个城市都掀起了建设公园城市、郊野公园等大量探索，也出台了一系列法律政策及行业标准，以推进自然空间的建设发展有所边界、更加科学。

4.2.2 源于保育，逐渐延伸康乐教育功能

纵观国内的自然空间，其设立的出发点往往都是立足于生态空间的保育，强调生态优先、尊重自然风貌，以控制城市建设边界为首要目标。在当前国土空间规划的背

景下，更是作为国土综合整治的创新路径。例如深圳、北京、南京、天津等地的郊野公园，都以较大篇幅规定了城市发展的“生态控制线”，着重“生态涵养区”“生态保育区”的建设。但自然空间作为独特的城市开敞空间，不仅具备生态多样性的价值，还具备可满足多样化人居与休憩需求的经济社会属性，伴随“以人为本”和回归市民生活的思想发展，自然公园/郊野公园的用途开始逐渐由单纯的生态保护向康乐郊野功能延展。

以深圳为例，深圳自然空间的早期建设也是以保护为主，依托1994年国务院颁布的《中华人民共和国自然保护区条例》，根据土地生态敏感性的高低，将自然空间分为核心区、缓冲区、实验区三个分区。2003年，深圳市城管办重点规划了21个郊野公园，提出了游憩设施规划，但更多的工作重点偏向聚焦于开发强度控制、生物多样性保护规划等内容。2013年，深圳市编制了《深圳市公园建设发展专项规划（2012—2020）》，规划强化生态用地的公园化建设，明确提出自然公园应该“既是深圳市绿地网络系统生态资源保护重要组成部分，又是市民亲近自然的重要游憩场地”。2014年，深圳市城管局受香港郊野公园自然教育功能的启发，开始强化自然公园的教育功能，先后成立了华侨城湿地自然学校等8所自然教育学校。2016年，深圳市《森林（郊野）公园规划编制技术规范》中明确将在生态系统敏感度较低的区域建设有限的配套设施，如管理、游览、服务等，丰富与扩展绿色空间在户外休闲体验、教育科普宣传等方面的功能与作用；此后，在大脑壳山、西丽湖、塘朗山、大小南山等公园的提升改造中，融入周边地区开展城市设计咨询，以期从居民休憩生活的角度更好地发挥自然空间魅力（图4-3）。

4.2.3　细节不足，趣味度与人性化较欠缺

国内城市自然空间规划设计的先进代表为香港，其建设理念远远超前于内地大部分城市。虽然内地大部分城市以香港为学习范本，但在设施的人性化、趣味性、精细化等方面均与香港有一定差距（图4-4）。深圳市公园管理中心参照香港，于2019年启动了郊野径建设，当年11月底建成梅林山一期示范段，2020年底建设完成塘朗山、梅林山和银湖山段二期工程，总长达24.74km，并同步完善了步道标识系统，新增路线图、标距柱、指示牌、动植物科普牌等标识牌共171处，为徒步市民提供了良好的指引，丰富了徒步体验。但总体而言，内地其他城市的郊野径、远足径的设计建设工作在细节上依旧较为欠缺。

从设施趣味性上，国内如上海、中山、惠州、三亚等城市近年来也已经开始探索露营地的建设，允许游客携带或者租借过夜设施如帐篷、天幕等康乐设施，但在营地

图4-3 深圳市郊野公园分布（部分）

图片来源：深圳市城市城管和综合执法局便民地图

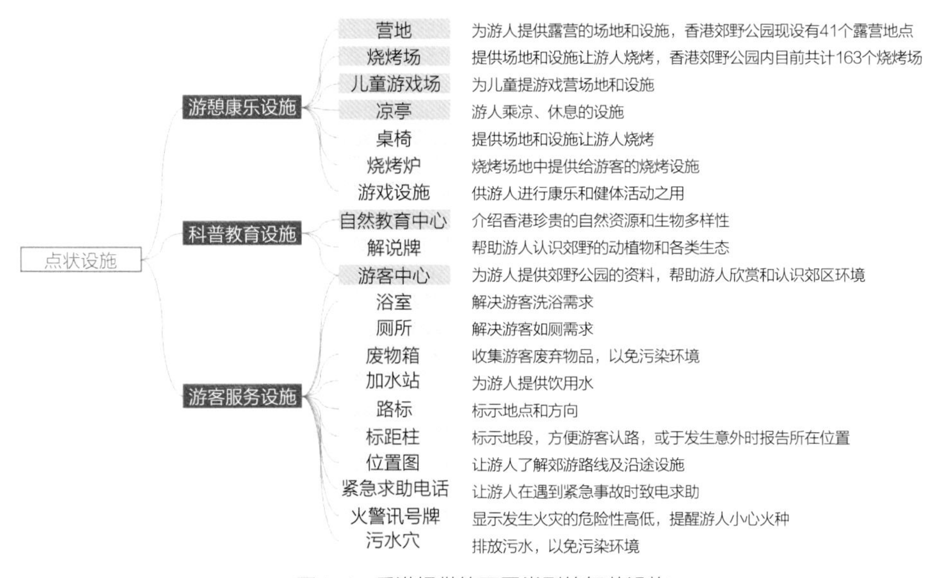

图4-4 香港提供的不同类型的细节设施

图片来源：根据香港特区政府渔农自然护理署官网整理

类型的供给上，康乐游憩设施较为缺乏，适合不同儿童游戏的户外拓展设施与空间也较为不足。

在设施细节性上，内地大部分城市在设施的供给方面缺乏细节性的考虑，缺乏游览指引牌、标距柱、给水站、救援电话等服务设施，满足游客科普教育需求的自然教育中心、解说牌等科普教育设施供给总体不足。

4.2.4　过犹不及，与城市公园同质化严重

有别于精致化、人工痕迹较重的城市公园，自然公园/郊野公园等自然空间最大的魅力在于它的野性与广阔，为此，国外优秀的自然公园/郊野公园往往会保留自然的原真性，尽量减少非必要的人工化设施与建设痕迹，如美国红杉森林公园的车行道路建设（图4-5）。中国香港受英国郊野公园设计影响，建筑尽量采用与环境相协调的石材、木材、混凝土，包括桌椅、凉亭、儿童游戏设施也都力求自然、朴实，与整体环境相协调。

图4-5　美国红杉国家公园的道路建设会尽量保留自然原貌
摄影：小红书@旅胶囊

通观全国，目前大部分内地的郊野公园会“羞于”保留自然原貌，甚至有些公园会舍弃原生植物树种，改种更加美丽、更加鲜艳的外来花种，这种园林化、人工化的美化外显工作其实是种过犹不及的“努力”，让自然公园丧失了原本的粗犷美、生态美，出现了与城市公园景观同质化的遗憾（图4-6）。

图4-6　部分郊野公园与城市公园同质化严重
左图来源：飞猪·澳门·石排湾郊野公园；右图来源：飞猪·上海·浦江郊野公园

4.2.5　宣传有限，缺乏公开咨询预约平台

对比香港轻松可获取的自然公园、郊野径、自然教育信息，总体而言，内地大部分市民在自然公园信息咨询、到访预约、路线查询、设施查询等方面仍缺少可获取的公开途径，且现行的公开资料更多的是通过书籍、小册子、地图等传统方式而非更便民的网络公开方式（图4-7、图4-8）。

图4-7　郊野径的相关信息可以非常轻易地在香港渔护署官网检索获得
渔护署网站上有关于郊野公园的各种介绍，内容包括到达方式、游览路线、活动计划、参与方式等，并提供了各个游客中心的链接。
图片来源：香港渔护署官网

图4-8　长沙自规局出版儿童城市读本系列介绍“山水洲田垸”自然空间
图片来源：《自然之歌：自然资源与长沙》

4.3　回归自然的措施建议

4.3.1　措施一：原真即美，避免过度人工化开发

保留自然空间的原真性，保护自然空间原生物种的多样性，建设行为要考虑野生动物迁徙走廊，避免建设不必要的人工痕迹，提供服务设施、营建基地时应尽量采用与自然环境相协调的材质，如石材、木材等，保持粗犷、浓郁的原野气息，保护自然生态系统和历史文化遗产的完整性，彰显其自然、古朴、野趣的大美，发挥其积极的生态运行机制。

①尽可能地保护自然系统，尽量尊重地形、地貌和气候，尊重动植物生长、衰变的自然规律。

②通过整合的设计，努力实现建设手法、材料、存储、设计和使用的统一和谐；结合材料的耐用性、节能性、安全性对各细节进行规划。

③在规划前期，相关部门宜评估自然空间内的物理（地貌、地形）及生物（动物、植物）特征。避免在湿地和濒危物种栖息地等环境敏感地区留下任何人工痕迹；在环境已被破坏的区域应采取生态修复的缓解措施，减少或者避免负面影响。

深圳市梅林山郊野径

深圳自2018年起开始开展“深圳绿道升级策略与行动”，受国外“无痕山林”运动的影响，2019年出台深圳市郊野径建设指引，启动塘朗山郊野公园、默林山公园、银湖山公园等手作郊野径建设，以手作形式，如运用土坎、砌石阶梯、导流横木、土木阶梯等工法，施作过程中因地制宜、就地取材，减少混凝土水泥、人工石材等对自然环境冲击较大的修建工法，尽量保持路面原生态，保留山林现有特色。现开放的梅林山郊野径手作步道吸引了大量家庭前去游玩，并广受赞誉（图4-9）。

图4-9　返璞归真的设施选材与建设手法

④大面积的人行步道宜选用可渗透的材质，局部山林台阶可选用当地原石（而非混凝土）、砖石，避免或者减少使用石灰石、塑胶等对环境有害、会渗透到土壤的材料。

⑤尽量保留现有的大树，减少对成熟树木的移除。若出现必要的挖掘工程，应以手工或不会损坏树木、树根的方式进行，树木的移除工作应尽量不要选择在鸟类交配季节。

⑥谨慎新种植，避免整个地区种植单一类型的植物，尽量选择当地树种组合；减少人工园艺区和非本土物种的种植，无需像城市公园一样“干净”，可保留原木等木质残骸。

4.3.2　措施二：鼓励自由探索，提供自然化游戏设施

在大自然中的无边界玩耍可以为孩子们带来许多利于身心发展的好处，大自然本身的多变性与丰富性，也可以成为孩子们产生敬畏心和好奇心的源泉，从而拓展孩子们思考问题、解决问题的能力。我们鼓励在自然（郊野）公园中给孩子们渐进的挑战和冒险机会，希望不同年龄、不同性别、不同体型、不同能力、不同智力的孩子们都能不受限制地发挥创造力和想象力。

（1）场地设计：宜结合当地环境特色，并能提供多感官体验机会

①设计宜结合周边自然环境特色，如树桩、岩石、小溪、山丘等。

②设计宜尽可能调动孩子们的多感官体验，尽量使用可操作的非结构性材料，如沙子、泥土、砾石、水、松果、贝壳和树枝等。

③采用可回收、可持续的材料，良好的游乐场所不一定是整洁的，灌木丛、枯枝、落叶、杂草都能给孩子们额外的玩耍机会。

（2）安全性：在保证基本安全的同时，尽力维持自然化与趣味性。

①尽量保留原木，但可以进行打磨以消除尖锐的边缘。尽量种植无尖锐叶子或无刺植物。尽量使用环境中可获取的材料作为跌落面铺装材质，如落叶、沙子、草地、木屑等自然、松散的材料，在减少跌落伤害的同时，也保证了环境的自然性与趣味性（图4-10）。

②游戏区域应保证视线不受遮挡，以便于监督。游戏区域周边应有遮阳座位，以便父母监督，如树冠下的长椅或者近距离的集体野餐区。

③在公园入口处显示安全系统通知。在每个游戏区的入口处提供年龄指定标识，说明游戏设备使用的年龄范围。场地周边不应存在有毒植物。

④宜在儿童游戏场地周边200m范围内设置厕所。鼓励在游戏场地附近提供符合饮用标准的加水站。

（3）游戏类型：宜提供不同难度的自然类冒险游戏

①有趣往往从冒险中来，儿童需要冒险才能学习新技能，不要试图消除所有的风

图4-10 深圳人才公园里以沙、原木等自然材料为主的儿童游戏场地

沃尔珀尔荒野的树顶漫步

沃尔珀尔荒野（Walpole Wilderness）位于丹麦和沃尔波勒之间的卢普国家公园，有雄伟的桢楠森林，但由于桢楠根部较浅，人们在树木周边行走或者驾车会对其产生不利影响。1994年，人们开始提出树顶漫步的设计提案，以保护桢楠森林。为了将对森林的影响降低到最小，建设时将机械使用率降至最低，没有采用起重机，而是用脚手架、索具、千斤顶和绞车。最后形成6座60m长、最高处40m高的轻型桥梁，采用特别设计使桥体在人们走路时会有轻微摇摆（图4-11）。

图4-11 沃尔珀尔荒野的树顶漫步

资料来源：Department of Parks and Wildlife. Construction of the Tree Top Walk [R]. Australia, 2016.

险，鼓励孩子们通过冒险类游戏了解、管理风险。

②冒险类游戏可包括摇摆、旋转、双手交替、左右攀爬、平衡挑战、高空活动、滑动、感官发育、爬行、想象力、冒险等活动，依托周边自然环境，可提供一些独具特色的游戏活动，如树顶漫步（tree top walk）、树木攀爬等冒险游戏。

③结合周边树木的直径、长度，如果树木值得攀爬，应留下一棵没有树枝的树干供孩子们攀爬。

4.3.3　措施三：关注情感，培育自然教育中心

自然教育鼓励孩子们在自然中体验学习，与自然建立更为真实的链接，更关注情感启迪和提升，通过把教育融于自然之中，让孩子们了解自然运转的规律、激发孩子们的环保意识。鼓励结合地方特色自然环境，依托社会组织，培育自然教育类中心，提供游走于自然的认知体验，并作为拓展学生户外教育的重要组成部分。

米兰达鸻鹬类鸟类中心

1990年建立的米兰达鸻鹬类鸟类中心位于新西兰泰晤士河河口西南海岸，这里是迁徙水鸟的国际重要栖息地。中心给自己设定了简单明了的愿景：让鸟类源源不绝地到来（Keep the birds coming）。米兰达鸻鹬类鸟类中心的使命是希望能积极保护生态环境。为实现这个愿景，中心其中的两项工作便是监测鸟类数量，以及通过教育和培训来提升公众意识（图4-12）。

图4-12　米兰达鸻鹬类鸟类中心的目的——让鸟类源源不绝地到来
资料来源：米兰达鸻鹬类鸟类中心官网（Pūkorokoro Miranda Shorebird Centre）

（1）前期准备

①避免对生态特征造成不可逆影响。确保敏感栖息地和野生物种不受访客干扰，需考虑的干扰因素应包括来自停车场的光、户外活动的噪声等。

②建设之前应通过总体规划的方式，认真思考教育中心的目的与实践愿景、访客人流量大小、位置选择、教育方式与类型、员工与志愿者人数、运营成本等问题。

（2）场地建设

①建筑及场地的规模大小应结合愿景、环境敏感性、财政预算等多方面因素判定。

②可依托游客中心空间建设部分室内设施，如森林博物馆、自然博物馆、标本馆、图书馆、森林创意坊、森林教室等，应设计绿化屋顶以提供动物栖息地及实现隔热；用雨棚和百叶窗等敏感窗口设计，将天空的倒影减到最小，以减少鸟类误撞建筑的风险。

③也可依托自然环境拓展室外教育空间，如依托自然观察径、活动平台、露营地、步道、攀岩设施、观景台、树屋等。

④用以自然体验、学习、观察的自然观察径宜修建在林分类型多样、生物多样性丰富、儿童容易到达的地方，宜采用木屑、碎石、沙子等软质铺装，陡峭的地段可使用木栈道、石阶降低通行难度，在踏步面前缘宜作防滑处理。

（3）教育内容

①紧密结合自然空间内的特色农林资源，形成多样化、主体化的自然教育基地。

②自然教育中心的教育内容宜聚焦于在地的生态环境信息，挖掘在地的自然资源特色。教育主题的选择和设计应注重与本地信息联结，与生态价值联结，与真实生活经验联结，避免空洞化。

③鼓励打造各具特色的自然教育中心，避免千篇一律或低水平简单复制（图4-13）。

④可以开展的教学活动包括但不限于自然认知（如观鸟、辨识植物、昆虫等）、自然美育、生态解说、环境保护活动（如育鸟、清山、净滩、手作步道等）、野外生存、环境类节日活动（如爱鸟周、地球日、环境日活动等）、与学校合作的教学活动（包括进校园的活动，以及邀请学校学生来中心进行的教育活动）。

（4）讲解人员及设施

①讲解人员应熟悉生态系统相关知识，并对植物、动物、昆虫、鸟类、地质、水文等多方面有一定了解，或对专一领域极其擅长。鼓励邀请专业技能的教师、专业人员作为讲解志愿者。

②熟悉不同年龄层孩子们的特点和需求，并掌握一定的沟通交流技巧。

图4-13　自然美育与野外技能培训都是自然教育的一部分
左图来源：小红书@儿时美觉；右图来源：森林学校官网（forest school）

③讲解人员宜能够根据环境变化、季节变化对体验活动的内容进行创新。

④适当配置如指示牌、标识牌、解说牌等类型的解说设施（图4-14）。

⑤洗手间、小吃店、便利店等设施宜集中于主要建筑物周边，以将干扰尽量集中。

图4-14　可互动的自然讲解牌
图片来源：pic-bois图片网站

4.3.4　措施四：允许过夜，提供多种类康乐设施

据美国夏令营协会（ACA）统计，美国共有1.2万多个营地；世界营地协会（ICF）的数据显示，世界上营地数量最多的国家是俄罗斯，共5.5万个营地，日本也有3500多个营地，澳大利亚拥有990家营地，不少国家将营地教育与学校教育紧密结合，并将其纳入了国家教育体系。可过夜、沉浸式的露营对孩子们而言，不仅仅是一场星空下的活力冒险，还是一种创造性、有教育意义的户外生活体验。未来应在合法

合规的前提下，通过营地、生态旅舍等康乐设施，为孩子们提供可在大自然中过夜的机会；同时，建议适当对康乐路径、康乐设施按照难易程度进行划分，以便为不同年龄段的孩子们提供清晰、可预料、可规划的出行计划。

（1）露营地建设指引

①禁止在各级自然保护区的核心区、缓冲区，各级森林公园的生态保育区、缓冲区，湿地公园的生态保育区、恢复重建区、宣教展示区，沙漠公园生态保育区、宣教展示区内选址建设露营地。切勿在危崖峭壁、军事练靶场附近和密林草丛之间扎营。此外，应避开滑坡、洪水、巨浪、悬崖、雷电多发区等易发生自然灾害的地段。露营活动不得干扰本地居民正常的传统文化。

②露营地应该在生态承载力之内确定营地规模和接待容量。充分利用所在地现有的交通、电力、电信、给水排水、环境卫生等基础设施。露营地规划需满足露营者安全、卫生、环保等对环境的具体要求，并有对使用中发生紧急情况和意外事件时的应对措施。

③营区内应设计明晰的标识指引系统。营地的绿化尽量采用乡土植被，不宜栽种有毒植物。应选择绿色建材，优先选择可重复利用的环保材料。

④可在公园外面的停车场配置一定数量的水电桩，以供房车旅行者使用。可结合儿童冒险类游戏场地设置，如攀石墙、高墙等内容作为营地户外拓展的一部分。如果设计了篝火、烧烤炉等设施，在篝火、烧烤炉200m范围内应配备消防设备。应在合理位置配备盥洗间、淋浴间、厕所、垃圾收纳箱等。厕位、便池宜采用环保免冲式或水冲式（图4-15）。

图4-15　中山市五桂山镇大尖山露营公园

大尖山露营地供应水、煮食炉、烧烤炉、公厕、淋浴间、垃圾收集，可租露营装备。

图片来源：ben/露营蜂摄影

香港童军总会基维尔营地（Gilwell Campsite）设施

基维尔营地内的活动设施类型丰富，包括露营区、金禧屋、不留痕咨询馆、活动广场、升旗场、烧烤场、营火场等，既可服务于学校、社会团体的集体活动，又可服务于露营游客。出于安全考虑，烧烤场设置在距离露营区较远的营地北侧，烧烤场内有7个烧烤炉，每个可供8~10人使用，不设桌椅。专门设置了适合少年儿童的户外拓展设施，包括攀石墙、高墙等。此外，营地内还配置有停车场、卫生间、浴室、垃圾收集点、办事处等各类服务设施（图4-16）。

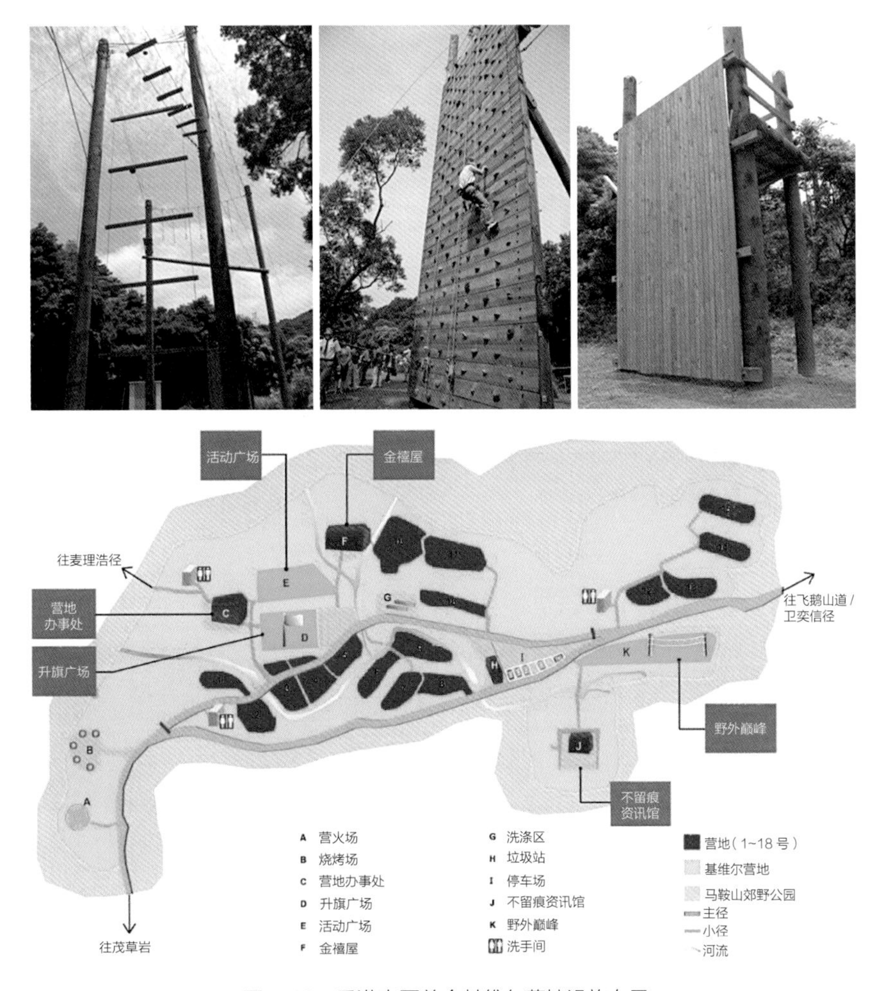

图4-16　香港童军总会基维尔营地设施布局
资料来源：香港童军总会基维尔营地官网

（2）康乐郊游径建设引导

①针对不同年龄段儿童群体，构建多样化康乐郊游路径，方便家长根据孩子的兴趣爱好、游览时间、年龄阶段选择不同路径。

②3~6岁儿童可选择休闲科教类低难度、较为平整的游览路径，如家乐径、郊游径、自然教育径、树木研习径、文化遗迹径。集中布置儿童游乐设施和非剧烈运动型康乐设施、观景平台。其起点与终点应与外围交通设施、配套设施结合密切。铺装可选用平整、自然土路，采用自然碎石、沙子等材质，建议长度为0.7~2km。

③为6~12岁儿童提供增设有一定坡度的健身类游览路径，如设施健身径、野外均衡定向径、缓跑径。沿途可布置健身设施、儿童游乐设施、冒险性康乐设施、自然解说牌等设施。铺装可选用平整、自然土路、自然碎石、沙子等材质。建议长度为1~3km。

④为12~18岁儿童增设挑战更大、难度更高的越野单车径。路径可结合现状地形设置为不同难度等级组合的路径，其起点和终点与外围交通设施、配套服务设施有密切的结合。沿途可布置健身设施、自然解说牌、标距柱、安全指引牌等设施。建议长度为1~10km（图4-17）。

图4-17 建议可根据难易程度、资源类型对路径进行分类指引

4.3.5 措施五：提升服务，增设必要性服务设施

参考先进城市经验，坚持生态优先，彰显自然特色，重点补充多品类设施，如桌椅、野餐地点、烧烤炉、废物箱、凉亭、营地和厕所等生活服务类设施，以及灭火

器、消防水池、报警求救系统、手机充电站、报警电话等安全指引类设施。扩展公园的服务范围，使更多的游客选择在郊区参加不同于城市公园的野外活动。

（1）生活服务类设施

①在露营区、儿童游戏场地、厕所、游客中心等附近要提供饮水机；位于儿童游戏场地附近的饮水机，要满足父母监护视线无遮挡。

②垃圾收集箱数量适宜，应结实耐用，防雨、防腐、防燃，实施分类收集，分类包括不可回收资源、纸张、金属、玻璃、餐厨垃圾、有毒垃圾（各种电池、电子设备）；垃圾桶需附盖并尽可能每日清理；垃圾箱的设计要考虑野生动物的生活习性，避免对野生动物造成影响。

（2）安全指引类设施

①应设有山火控制中心，管理处设便携式灭火器、消防水池、山火瞭望台。

②保障游客安全。完善游客报警求救系统，提供无线对讲设备出租服务、手机加油站业务，对特殊季节的特殊游客做特殊安全装备指引，每一段路径旁有报警电话，以备不时之需。所有郊野山径基本都覆盖移动通信网。

③路线指示牌应该保持在必要的最小尺寸，以便减少环境影响，同时可以清楚地指示和告知游客信息。

④任何带有叙述性信息的图形/解释性元素显示器都应该位于坐着的个人观看效果最好的地方（图4-18）。

图4-18　安全指引类设施示意

图片来源：香港渔护署官网

4.3.6 措施六：开放宣传，网络信息平台同建设

强化自然公园网络便民平台建设，通过线上线下相结合，多举措、多渠道、多形式开展自然教育宣传推介。

①平台内容可包括自然空间的到达方式、游览路线、游览难度、适宜年龄、活动计划、参与方式、自然教育课程安排、自然环保、户外安全须知等内容，宜提供各游客中心的链接。

②推出营地预订系统，加强营地管理，并在露营地点提供设施及器材租赁服务，方便营友和访客，减少废物。

③加强公众教育活动，利用郊野公园和特别地区作为户外学习平台，促进自然保育和环境可持续发展（图4-19）。

总览	游客中心	教育服务	游览须知
介绍自然公园总体情况，包括数量、规模、位置、特色等	介绍自然公园各游客中心的位置、开放时间、提供服务类型、举办活动情况等	介绍依托自然公园开展自然教育的情况，提供活动信息和参与方式	介绍游览自然公园需注意的事项，包括安全防护、环境保护等方面
公园介绍	**远足路线**	**烧烤地点**	**露营活动**
介绍各自然公园的具体情况，应包括： 公园概况 公园位置 服务设施 交通资讯 公园地图 公园特色	介绍各远足路线的相关情况，应包括： 路线位置 路线特色 路线长度 路线时间 路线难易程度 交通资讯 路线地图	介绍布置有烧烤设施场地的具体情况，应包括： 烧烤场位置 服务设施 交通资讯 烧烤场地图	介绍露营相关情况，应包括： 露营安全指引 露营地位置 露营地简介 露营地设施 露营地邻近景点 露营地交通资讯

图4-19　线上平台可检索的内容建议

4.4 实践案例

4.4.1 香港郊野公园康乐教育提升计划

香港自1976年颁布《郊野公园条例》以来，经过40多年的不断发展，郊野公园及特别地区的认定、发展和管理日趋完善；郊野公园及特别地区不仅成为动植物的栖息地，也成为广大市民开展康乐活动和自然教育的目的地。根据《香港渔农自然保护

署年报2018—2019》，截至2019年，香港共划定了24个郊野公园及22个特别地区（11个位于郊野公园内），总占地44312hm^2，约占全港陆域用地的40%，2018—2019年度游客数量达1200万人次。

为满足公众对郊野康乐活动日渐增加的需求，作为郊野公园和特别地区的管理单位，香港渔农自然护理署（AFCD）于2017年启动郊野公园康乐教育功能提升计划。该计划旨在为郊野公园制定更具可持续性的发展建议，在不抵触生态保育的基础上，更侧重对现有资源潜力的善用以及为市民提供更多元化和更完善的设施和服务，如为市民提供远足径、路标、洗手间等基本设施。政府会继续投放资源保育郊野公园的自然环境，力求在保育自然和推广户外康乐活动及自然教育计划之间取得平衡。

（1）委托编制建议方案，并开展详细现状评估和全流程的公众咨询

2017年香港渔农自然护理署委托顾问机构着手编制提升计划，在对香港郊野公园现状设施、景点、活动、运作情况等评估的基础上，参考了澳大利亚、加拿大、日本、马来西亚及英国等11个国家及城市的实践经验。整个提升计划在编制的各个阶段均进行一系列公众咨询活动（包括与利益相关者会面、公众意见调查和专家咨询等），如2017年5月至8月期间，香港渔护署访谈了63个不同领域的利益相关方；2017年11月至12月期间收集到2000多份来自市民及郊野公园使用者的有效问卷；2018年3月邀请相关利益相关方参加工作坊等。在充分评估和公众咨询的基础上，香港渔农自然护理署于2019年2月正式推出“提升香港郊野公园及特别地区康乐及教育潜力”建议方案，重点提出了“优化现有设施”“可供观赏遗迹的开放式博物馆”“树顶冒险”“升级露营地点和生态小屋”四大提升建议；建议方案通过各种渠道和媒体收集公众意见，包括咨询文件和小册子、专用网站、社交媒体、广告、组织公众参与活动和问卷调查等。香港渔农自然护理署在收集到的1100多份公众意见基础上，进一步完善了建议方案；2020年3月，香港立法会环境事务委员会研究讨论“提升香港郊野公园及特别地区康乐及教育潜力”方案。根据2021年香港渔农自然保护署的工作报告，为期一年的短期实践预计于2021年下半年开始实施，之后会对短期实践情况进行评估，以确定长期实施的策略。

（2）在保育自然环境的基础上，提供多元化的郊野设施

根据现状评估报告和市民调查问卷及利益相关者调查结果，几乎所有受访者都主张应尊重自然的原真性，用天然材料改善远足径，优先保护郊野公园及特别地区的自然环境，而非康乐或教育用途。在此基础上，香港渔农自然护理署对过夜设施、冒险活动、康乐休闲/教育设施及其他设施的细化设施进行了偏好的初步首选。如过夜设施，更偏好建设野外露营点、可租赁设备的露营点、生态旅舍、房车营地、露营网站

等；冒险活动版块，更偏好草地滑行、树顶探险/爬树、定向越野、水上活动等；康乐休闲/教育活动板块，更偏好徒步、景观美化、自然教育导赏、节庆活动、历史文物观赏、观星活动。

①倡导自然化的游戏设施，并提供一定的冒险历奇活动

重点补充树顶探险设施，通过在大自然中提供独特的冒险体验，可以让游客亲眼观赏野生动物，体会生物的多样性；还可以视乎环境情况开展多元的探险活动，如树冠漫步、爬树、滑索和草地滑行等，为不同年龄段的儿童和成人提供更多元的活动。

②提供露营点和生态旅舍等多元过夜设施

鼓励提供一些融入自然环境、更加舒适的露营设施，如让人们露营体验更加舒适的“帐篷旅店”和生态旅舍，并设立多样化的过夜设施，方便不同年龄组别的露营者与大自然接触。

③补充多类安全性与服务性的配套设施

为丰富游客体验，提高游览的便利性和舒适性，提高游客对自然的认识和欣赏，香港提出改善现有设施，以迎合不同年龄、经验和能力的游客。重点措施如：提供一站式服务的游客中心、营地预定系统、增设新的观景平台等。未来将重新设计北潭涌地区的旅游配套，将其发展为西贡郊野公园及香港联合国教科文组织世界地质公园的重要门户。增设15个新的饮用水站，鼓励市民自带水杯，减少一次性塑料水杯的使用；提高设施的无障碍水平，未来将与相关机构合作，研究路径和配套设施的改善，以方便轮椅使用者前往指定的残障人士专用地点。同时会更新和改善现有公共交通设施及配套（图4-20~图4-22）。

图4-20　香港大屿山昂坪戴维森国际青年旅舍帐篷房
区别于传统露营区，香港已出现有Wi-Fi、设施较为齐备的野营。
图片来源：香港青年旅舍协会官网

01

过夜设施
Overnight Facilities

如加拿大班夫国家公园的生态露营地、马来西亚Kinabalu国家公园的生态旅舍、美国黄石公园的帐篷酒店等。值得提出的是，帐篷酒店（Glamping site）有别于传统的露营地（Camp Sites），它拥有更好的场地和设施。

02

康乐活动/设施
Leisure Activities / Facilities

如加拿大班夫国家公园（Banff National Park）的夜间散步及野生动物观赏活动、马来西亚基纳巴鲁国家公园（Kinabalu National Park）的空中行走和树冠行走活动、澳大利亚卡里基尼国家公园（Karijini National Park）的天文观星活动、英国布雷肯比肯斯国家公园（Brecon Beacons National Park）节庆活动等。

03

教育活动/设施
Educational Activities / Facilities

带有教育信息或者展示信息的游客中心往往位于公园的主要入口附近，提供公园信息或指导，可以让游客了解景点的自然资源和历史发展，附近也会有相关服务设施，如停车场、便利店和餐厅。游客中心内往往还会有其他的教育设施，如专题博物馆、展览中心、学习中心或工作坊。

04

冒险历奇活动
Adventurous Activities

不少郊野公园也会提供各种冒险活动和相关设施（例如攀岩、山地自行车、树顶探险、滑草和定向运动）。

05

其他设施
Other Ancillary Facilities

其他设施如咖啡厅、纪念品商店、餐厅等。

图4-21　香港郊野公园提升计划中涉及的五大版块
图片来源：《香港郊野公园康乐教育提升计划》
（Enhancing the Recreation and Education Potential of Country Parks and Special Areas in Hong Kong）

图4-22　香港郊野公园中的加水站
图片来源：可口可乐公司官网

（3）建设历史文化教育中心和自然教育中心

针对香港郊野公园和特别地区内值得保育的文化遗产（如战争遗迹和历史村落等），渔护署提出应设立开放的文化遗产博物馆，一方面可以加强文物保护，另一方面可以让市民加强对本地历史的认识。如：持续组织南港岛区的文化遗产导赏团活动，后续将推出更多元化的导览活动，以加强推广生物多样性和文化保护；改建昂坪自然中心设施，并提供更多郊野径与绿化景点资料，加强服务中心的导赏服务。在远期，渔护署将与教育局合作推行幼儿园教育计划，培养儿童在自然环境中探索和学习的兴趣，并将在下一阶段制订以中小学生为对象的自然教育课程。

（4）进一步完善网络信息平台建设

建设“一站式信息平台”是市民调研和相关利益座谈中被广泛提及的需求之一。目前，香港渔护署正在荃湾营地推行预订系统试验计划，通过引入电脑预订系统，方便市民预订露营场地及设施，并为海外旅客设定名额。未来，香港渔护署将进一步研究北潭涌游客的服务需求，包括旅客咨询、导赏服务、远足及露营设施的销售及租赁、餐厅/咖啡厅、游客中心的建设（图4-23）。

图4-23　香港已出现“两手空空去露营”的帐篷旅店
不用自己搭帐篷、准备食物，配置6人床铺、营灯、茶几及Wi-Fi。
图片来源：香港青年旅舍协会官网

4.4.2　深圳郊野公园

可借鉴要点：自然化手作步道、自然教育、区分难度整体规划的郊野径、多品类服务设施、智慧信息平台

受香港建设郊野公园的影响，深圳市于2004年颁布《深圳市绿地系统规划》（2004—2020年），该版规划划定了21处郊野公园。经过多年发展，2020年深圳市郊野公园数量已达33处，并已规划全长186km的郊野径，建成多所自然学校，在配套设施人性化、管理精细化上也有了长足进步。

（1）“无痕山林”理念下的郊野公园建设

深圳在郊野公园的建设中经历了由“过度开发”到“无痕山林”的观念转变。早期的登山径多为柏油路、水泥路或石材路，人工痕迹较重，虽便于使用但野趣不足。2019年以来，深圳不断推进郊野径手作步道建设，手作步道提倡就地取材，利用风倒木、现地石材等材料，以自然手法进行建设。手作步道成本低廉、易于维护，相较于传统步道更适合人体行走，与周边自然环境相协调（图4-24~图4-26）。

图4-24　深圳市梅林山郊野公园手作步道中玩耍的儿童

图4-25　深圳市梅林山郊野公园手作步道1
左图来源：公众号@深圳潮生活；右图来源：作者自摄

图4-26 深圳梅林山郊野公园手作步道2
左图来源：网易号@攻略全深圳；右图来源：作者自摄

（2）依托郊野公园开展自然教育

郊野公园自然资源丰富，是开展自然教育的绝佳场所，深圳通过设立自然学校、沿郊野径设置动植物科普牌等方式引导儿童亲近自然、认识自然。深圳已建成17家自然学校、36个环境教育基地，以公园、自然保护区为载体开展了一系列面向儿童的自然教育活动，如红树林保护区自然学校开展的“认知红树林”“红树林观鸟”活动，沙头角林场自然学校开展的“争当梧桐山之王”“铃儿花——小精灵的邀请”“在自然中成长”“梦想森林”活动等（图4-27）。

图4-27 深圳沙头角林场自然课堂
图片来源：中国绿色时报副刊官网

（3）连贯、区分难易的自然郊野径

深圳市已规划全长185km的4段郊野径，包括西部径、中部径、东部径和大鹏环岛径，其中中部郊野径已建成开放。中部郊野径包含塘朗山、梅林山、银湖山三段，依照步道长度、步行时间与海拔变化等进行了路线强度划分，有助于游客合理安排游览计划。郊野径交通便利，入口邻近地铁站、公交站，并设置停车场。郊野径采用自然建造手法，串联郊野公园内各个景观节点，野趣十足（图4-28）。

图4-28　深圳中部郊野径路线图

图片来源：公众号@深圳发布

（4）方便游客使用、保障游客安全的服务设施

深圳郊野公园内设置有多种配套设施，其中便民服务设施包括游客中心、亭廊、园椅、标识标牌、卫生间、垃圾桶、活动场地等，管理设施包括管理处、管理站以及提供消防用水的森林消防水塔等。为保障游客的人身安全，公园内还设置有生命急救箱、提示牌、标距柱、救援信息牌等，既能够指示方位，又能在突发情况下帮助游客获得救援（图4-29）。

图4-29　深圳梅林山郊野径服务设施

来源：左图公众号@深圳潮生活，右图：作者自摄

（5）智慧化网络信息平台

深圳作为科技之都，在郊野公园的建设上不断探索智慧化信息服务。“美丽深圳”微信公众号专设“公园里的深圳”版块，设置逛千园、赏百花、走绿道、建花园、亲自然、秀风采六个频道，市民可通过该平台查看深圳各个公园的简介、便民服务信息、公园气象、交通信息、VR游园等。该平台还能够获取最新的活动信息、在线预约自然教育活动、获取自然科普知识等，极大提升了游客的体验感（图4-30）。

图4-30　美丽深圳微信公众号截图

图片来源：公众号@美丽深圳

4.4.3　上海郊野公园

可借鉴要点：保留自然空间的原真性、自然教育、提供露营场所

（1）不断完善的规划传导和管控体系

2012年为落实国家生态文明的战略、改善城市规模扩大所带来的生态空间匮乏的困境，上海市政府批复了《上海市基本生态网络规划》，明确提出在郊区规划布局21处郊野公园，总用地面积约400km^2。2012年底，上海市委、市政府明确提出推进以郊野公园为重点的大型游憩空间和生态环境建设，上海郊野公园建设工作正式启动，明确了近期5个郊野公园建设试点。在具体建设过程中，试点郊野公园所在的区政府（管委会）成立了由主要领导挂帅的郊野公园建设指挥部，并开展了公园规划方案国际征集。

2014年，在5个试点郊野公园规划编制经验的基础上，上海市绿化和市容管理局出台《上海市郊野公园建设设计导则（试行）》（2014年），对郊野公园从总体到要素，从设计、建设到运营管理提出了全面的控制与引导。2020年，为进一步规范上海市郊野公园开发建设和工程设计，上海市城乡建设和交通委员会批准发布了《郊野公园设计标准》（DG/TJ08—2335—2020）。

2021年，为进一步提升本市郊野公园运营管理水平、增强郊野公园活力，上海市绿化和市容管理局出台了《上海市郊野公园运营管理指导意见》（2021年），明确提出“区政府（管委会）是郊野公园运营管理的责任主体”“各郊野公园应成立运营管理单位，具体承担郊野公园运营管理工作”“由市绿化市容局牵头，建立郊野公园监督评价体系”。

目前，上海已有7个郊野公园建成开放，已有的郊野公园在规划建设上均注重生态优先，在充分尊重原有自然风貌的基础上，适度开展多样化的游憩活动。

（2）尊重原生景观价值，减小人工干预

上海郊野公园的选址主要聚焦在湿地、林地、农田等自然资源较好的地区，规划以尊重自然、顺应自然、保护自然为原则，通过梳理“田、水、路、林、村”等自然要素，挖掘公园内的生态要素肌理，并针对性地进行详细设计。力求以最小的人工干预创造最大的生态景观效益，突出自然野趣、原生态的郊野特色（图4-31）。

图4-31　上海嘉北郊野公园稻草文化节
图片来源：公众号@嘉北郊野公园、小红书@一只33

（3）寓教于乐，设置自然科普游览径

充分利用公园内丰富的自然生态资源和野生动植物资源，打造以生物环境科研与体验为基础的“自然科普”主题项目。结合湿地设置水厂参观、鱼类展示馆、水净化技术处理、湿地认知等项目；结合林地、农田设置植物科普展、观鸟站、农田观赏、耕种展示等项目。通过设计自然科普游览径串联各类主题项目，让游客在游览的同时去感受动物的自然迁徙与植物的四季更替（图4-32）。

（4）提供户外露营地和户外体验活动

利用草坪打造一站式服务的户外露营地，为游客提供一个走出城市、亲近自然、放松身心的户外休闲场地。为了给游客更加方便、舒适的户外体验，减轻出行负担，户外露营地提供帐篷、马灯、桌椅、睡袋、烧烤炉、野餐垫等户外露营装备的租赁服务；还在营地周边300m可达范围内配置洗浴点，实现野营的“热水澡自由”。此外，

图4-32　上海嘉北郊野公园昆虫科普活动
图片来源：公众号@嘉北郊野公园

营地晚上还会组织各种亲子活动，如野生厨房、篝火晚会、迷你音乐会、露天电影院等，让游客在美好的自然环境中获得更多新奇的露营体验（图4-33）。

图4-33　上海长兴岛郊野公园露营地
图片来源：公众号@早安野宿

在游戏场地中欢乐玩耍的孩子

第五章 好玩普遍的游戏空间

Chapter V Playable and Widespread Children's Play Space

游戏是儿童的一项基本权利。

儿童放学归来早，忙趁东风放纸鸢。

——高鼎《村居》

儿童急走追黄蝶，飞入菜花无处寻。

——杨万里《宿新市徐公店》

当我们谈起童年，我们谈些什么

生命即游戏，游戏即一切

从出生的那天起，孩子这部游戏的机器就开始启动，他们通过母亲，用自己的感官系统，与这个世界在游戏中逐步建立起联系，这中间所使用的很多玩具和物品，被温尼科特称之为“过渡性客体”，游戏本身就是一种过渡性客体，只是他在完成过渡任务后，继续完成着生命建构和发展的使命，所以不能游戏的儿童，将会在远离健康人格发展的方向中失去自我。

涉及所有感官而非单纯使用意识的游戏方式，是儿童用整个感官、觉知与意识平衡建构完整生命路径的途径。因此对于儿童，生命即游戏，游戏即一切。

曾经：看不见的是城市，看得见的是孩子

我们最热衷回忆的就是自己的童年。而孩子们最热衷的事情之一就是听我们讲小时候的故事。

20世纪八九十年代的城市里有很多空地，建筑没有高层，很多市民还住在一层的“平房”，有自己的小院子，放学后，同学们相聚这里，玩到天黑再回家。很多学校也只有一二层楼，操场大到跑得累。住宅楼旁边很多空地长满杂草，一脚踏进去，飞起无数的蚂蚱，还有聒噪的蛐蛐，伪装的螳螂。那个年代的孩子们，有条件在一片杂草地里寻找乐趣。那个年代，城市里没有多少机动车，过马路不用很累，人行道上没有电动车争抢，可以放心地边走边玩，几乎没听说过谁要父母接送。

那个年代作业不多，每天都可以在学校写完，放学就是游戏；还有只上半天课的美好时光，那是小伙伴们最快乐的半天。

那个童年时代，为什么值得我们回忆?

因为有童年的欢乐，有轻松的游戏，有一起自由玩耍的伙伴，有游戏的空间，有游戏的时间，还有不焦虑的父母。

曾经，看不见城市的雄伟建筑群、高大天际线、火红不夜城，但却能看到孩子们随处游戏的身影和欢乐的笑声。

如今：看得见的是城市，看不见的是孩子

现如今，城市迅速发展，土地从增量变为存量，在高密度大都市里，每一块土地都被规划设计过很多次，超高层建筑如雨后春笋，中心区雄伟壮丽、天际线此起彼伏，公园如盆景般精致，跑遍草地找不到一个蚂蚱，街道上车水马龙，走在人行道上必须谨小慎微。

再见不到一层的学校了，下课不能去操场跑，作业多到要熬夜，课外班抢走了小伙伴，住得像蜜蜂一样拥挤，却难遇到一位小伙伴。大数据显示，深圳的孩子们集中户外游戏时间是晚上8点到9点半。

未来：看得见城市，更看得见孩子

我们应该建造一个温暖的家。

能看见青山与碧水，繁荣与活力。

能看见孩子们游戏于山、水、城之间。

歌声与欢笑，时间与空间。

见融化于不见。

5.1 在游戏中发展人格

5.1.1 游戏与儿童健康发展

游戏是儿童的一项基本权利。联合国《儿童权利公约》第31条明确提出“缔约国确认儿童有权享有休息和闲暇，从事与儿童年龄相宜的游戏的权利，自由地参加文化生活和艺术的权利”。这涉及三个分离但相互关联的作用：承认游戏、尊重游戏和将游戏提升为一种权利；这不仅意味着提供游戏设施，同时要求更广泛地考虑儿童权利以确保社会和物理环境能够支持儿童游戏的能力。各缔约国在联合国《儿童权利公约》的基础上，进一步将儿童游戏的权利纳入本国的相关政策当中，如英国、德国等地。

游戏可以促进儿童的全面发展。对儿童日常生活和发展影响最大的因素是生活环境的空间设计以及自由游戏的机会。游戏对儿童的健康影响主要体现在身体、心理和社会化发展三个层面。

儿童身体健康：在游戏中开展的爬、跳、跑等活动，加快了儿童血液循化和新陈代谢，使其动作越来协调、身体结实。尤其在幼儿阶段，幼儿的肢体动作及体能的发展是其成长的基石，如果在童年缺乏运动刺激，那么儿童将会对运动持消极态度，对运动既没有热情亦无技能。此外，游戏使神经结构更加复杂，是儿童智力发展的“推动器”。人出生时大部分神经元还未充分建立连接，身体活动能增强大脑兴奋和抑制的转化速率，提高神经系统的反应性和灵活性，提升思考和记忆能力；为了获得这种发育，孩子们需要参加大量“没有教练，没有裁判，没有规则说明的自由游戏”，是“play”，而不是规则导向“game”。

儿童心理健康：游戏在儿童人格发展中具有积极作用，能使抚慰及管理焦虑的品质内化至自我结构之中，帮助儿童从一个阶段向另外一个阶段顺利过渡。根据埃里克森提出的“掌握”理论，孩子们通过玩耍降低焦虑，或者掌控导致焦虑的观念和冲动；若被阻止，孩子可能出现现实的焦虑或者针对焦虑的新防御。另一方面，根据温尼科特的相关研究，人生下来就具有攻击性，这种原初攻击性若得不到发泄，则会引发病症；好游戏为儿童提供释放的环境，儿童在游戏中自由表达原初攻击性，利于人格发展。如孩子们可以通过追逐竞技的游戏——丢沙包、模仿枪战等，使攻击性通过正确的渠道得以释放。

儿童社会化发展：人类自我是在与地方的相遇和互动中被创造出来的。游乐场作为一个从成人世界中开辟出来的地方，可以让孩子们见面、建立社交网络；同时，当孩子们被允许独立探索和活动时，实际上孩子开始与当地的空间、社会和文化结构联系在一起，这种互动创造了儿童的身份、建立了他们自己的地方（place），从而给儿童一种自由、控制和自尊的感觉。从这个角度来看，儿童实际生活在比成人更生动的世界里，我们需要保护儿童外出"闲逛"的权利，并将其视为一种有意义的社会化形式（图5-1）。

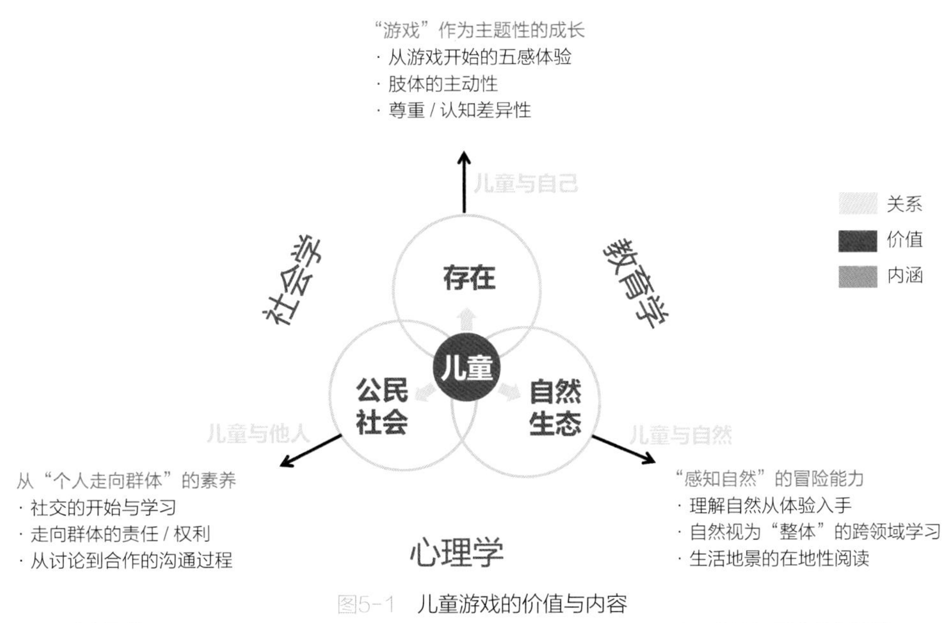

图5-1　儿童游戏的价值与内容

参考资料：https: //eyesonplace.net/2020/08/31/15184/?doing wp_cron=1620457443. 0769948959350585937500

5.1.2　儿童游戏的空间

在机动车交通普及前，儿童在城市中的玩耍是无边界的，邻里街巷是儿童嬉戏打闹、社会交往的主要场所。此后，伴随城市机动车交通对儿童的安全影响越来越大，"为了给城市儿童提供一个安全且能够远离街头道德危险的活动环境"，儿童游戏场地开始在国外兴起。通过专门为儿童游戏设置的正式游戏场地（playground），可以彰显、保障儿童游戏空间权利，减少成人规划师和设计者关于儿童环境优先级的困惑。但随着儿童游戏场地逐步达到"安全高峰"，国外许多研究学者开始质疑"儿童游戏场"这个概念，认为已有的游戏空间规划和设计更多的是基于以欧几里得几何空间定义世界的符号系统，而不是儿童的真实活动能力；游戏场实际上表明了城市规划失败。伴随儿童游戏场建设的反思和冒险游戏场地在各国的兴起和快速发展，国外儿童游戏场地相关标准和指引开始更多关注于"游戏"本身，即如何通过恰当的设计指引，激发和吸引儿童游戏；不仅关注“playground”，同时考虑儿童玩耍的无空间边界性，逐步强调为儿童创造一个可供游戏的“playable”空间，提供非正式游戏场地如“play area”“playable space”；这些可游戏空间的词根多是“play”，强调儿童是天生就会玩，是自主自发、是没有规则的，玩耍是最令孩子快乐的，如德国《游戏场地和可供游戏的自由空间：规划、建设和运营要求》（DIN18034）中提出的“playgrounds and outdoor play area”。针对有规则的体育竞技类活动，才涉及“game”，如英国“多功能运动场地”（multi use games area）就包含各球类运动场地。

在国内，关于儿童游戏的空间定义尚未明晰，有“儿童游戏场地”“儿童活动场地”“儿童运动场地”等多种说法。开发商在商业楼盘中为增加项目卖点，往往在居住小区内配备有一定规模的游戏场地。在国家推动儿童友好城市建设、开展公共空间适儿化改造的背景下，考虑儿童游戏的本质，可以先设置明确的儿童游戏场地规划标准，即专门为儿童游戏设置的空间选址、布局、规模等内容，提出促进儿童游戏的设计共识，解决成人规划师、设计师关于儿童游戏空间供给的困惑，在明确儿童游戏空间权利的基础上，逐步拓展可供儿童游戏的空间。

5.2 问题：难以找寻的游戏空间

5.2.1 国内儿童生活方式与游戏行为的演变

课业的增加、父母陪伴的减少，使得儿童可自由支配时间减少。截至2017年，数据显示，中国中小学生每天课外写作业的时间是2.82小时，时长已经超过全球平均水平的将近3倍[①]。2021年7月24日，中共中央办公厅、国务院办公厅印发《关于进一步减轻义务教育阶段学生作业负担和校外培训负担的意见》，国家开始督导落实“全面压减作业总量和时长，减轻学生过重作业负担”，儿童可支配时间开始回归。

核心家庭同龄玩伴减少、儿童社会交往成人化，使童年逐步“消逝”。2015年，我国独生子女总量约为1.5亿人，预计2050年将达到3.1亿人。孩子在家中就缺少同

① 界面新闻. 王国庆：中国中学生课外写作业时间超全球平均3倍 孩子们到哪儿荡起双桨[EB/OL].（2021-10-15）.https://baijiahao.baidu.com/s?id=1593819440335975179&wfr=spider&for=pc.

龄玩伴，且父母无暇陪伴。而在空间上，封闭的单元楼房不同于以前的单位大院，加上分散的居住空间隔绝了孩子与伙伴们的交流空间，大大降低了儿童间的交往机会；《中国城市儿童户外活动蓝皮书》数据显示：儿童参加户外活动遇到的困难中，“没有玩伴”排第四位。此外，城市集聚效应使得儿童游戏空间破碎化，儿童独立移动性不断降低，安全性与家庭对孩子越发地关注导致家人陪伴儿童游戏的现象增多，减少了儿童间的交流机会。

信息时代，儿童“游戏”转变为室内的、商业的、虚拟的行为。《中国城市儿童户外活动状况调查报告》显示，12.45%的儿童平日每天看电视、玩电子游戏时间超过2小时；儿童游戏从此不再是一种亲身经验，而是外在于身体的观赏性事件，视力、认知、情绪和社会能力均受影响；自然游戏中积极的对抗行为被暴力虚拟游戏中消极的攻击行为所取代，甚至转变出社会犯罪倾向（图5-2）。

图5-2　儿童游戏方式的转变

5.2.2　问题：难以找寻的游戏空间

（1）安全焦虑下，鼓励儿童自由玩耍的社会认识仍有待提升

作为受公共空间安全观念变化影响最大的人群，儿童被成人规训在一个绝对的安全牢笼中，孩子们自由移动和参与他们所处环境的机会取决于成人“允许”的程度，针对游戏场地的安全标准在欧盟、美国、日本等国家是最多的。目前，在国内常见的儿童游戏场地中，具有潜在风险的儿童游戏设施也被家长所排斥，标准化、安全性的游戏设施成为场地的主流；儿童缺乏创造性游戏的机会，越来越不喜欢在游戏场地上玩耍。此外，为了确保小孩游戏的安全性，家长们有时会进入场地监督儿童的游戏，儿童自由玩耍的可能性被限制；而游戏场地带来的负面影响如噪声等，使得部分成人对游戏场地建设也抱有消极态度（图5-3）。

图5-3　深圳某公园中挤满成人家长的游戏场地

（2）国内缺乏儿童游戏场地相关规划类标准

儿童游戏玩耍是无空间边界的，但在现代主义城市中，不能以空间实现的权利不具有真实性，儿童需要有一个相对独立、安全的空间来享有其游戏的权利；就城市空间正义而言，年龄是一种组织规范，没有明确的空间标准，就会出现关于儿童空间优先级的困惑。目前国内公园规范提出综合公园、社区公园应设置儿童游戏场，并提出了部分设计要点，但没有明确规模和布局要求；居住区设计规范中明确了“应设置”和单个面积大小，部分地方规范中对游戏场地规模服务半径对应下的场地规模有所界定（表5-1），但总体来看，关于不同年龄段游戏场地可达性、规模控制、人均指标、质量和运营标准与指引的匮乏，游戏场地“有无”问题尚未解决；在学术界，规划、景观等领域对儿童游戏的重要性和设计理念有很多探索，但尚未形成制度；已有儿童游戏场地建设属于自下而上的摸索阶段。

（3）自然化认识欠缺，以标准化堆砌的塑料设施为主

目前国内游戏场地设施普遍呈现出标准化、塑料特征，多呈现“器材—围栏—铺地”（KFC：Kit，Fence，and Carpet）的形式，这种程序化、重复执行的“game”成为一种社会规训手段，儿童游戏行为受空间、器械等多方面限制；游戏设施不好玩是当今社会儿童由户外玩耍转向室内静态、虚拟“电子游戏”的重要原因之一（图5-4）。

国内关于儿童游戏场地已有标准 表 5-1

名称	儿童游戏场地规模	备注
《城市居住区规划设计标准》GB 50180—2018	儿童、老年人活动场地170~450m^2	居住街坊（2~4hm^2）应配，宜结合集中绿地设置，用地面积不应小于170m^2
《香港规划标准及指引》	每5000人400m^2	是passive open space，在那里人们可以悠闲地享受周围的环境，一般不会提供比赛设施
《雄安新区社区生活圈规划建设指南（2020年）》	基因街坊（600m×600m）：儿童公共游乐场1000m^2/处（占地面积）	功能：儿童自然探险、技能学习与亲子活动
	基本街区（300m×300m）：素拓园地1000m^2/处（占地面积）	功能：儿童游乐场、沙坑
《城市规划资料集第七分册城市居住区规划》	3~6周岁：150~450m^2	服务半径不大于50m，服务户数30~60户20~30个儿童
	7~12周岁：500~1000m^2	服务半径不大于150m，服务户数150户20~100个儿童
	12周岁以上：1500m^2以内	服务半径小于等于200m，服务户数200户90~120个儿童

图5-4 国内某公园塑料儿童游戏设施

（4）儿童游戏场地设计水平参差不齐

现阶段国内的儿童游戏场地一般由景观设计师、建筑师主导，与居住区、公园景观规划设计一起开展；由于缺乏儿童心理学、儿童行为等相关领域专家的介入，设计师往往对儿童的游戏行为和特征了解并不透彻，在规划设计过程中儿童游戏场地往往成为硬质铺装景观的一部分，摆满了五颜六色的设施。实际上，儿童游戏场地设计的核心是如何吸引并引导儿童的游戏行为，一方面促进儿童与儿童、儿童与成人之间的交往玩耍；另一方面疏导儿童的情绪、激发儿童的创造性、发展儿童的能力。这就需要对儿童心理、儿童行为有深刻了解的学者介入，并有儿童参与场地设计，而不仅仅是由设计师绘制空间几何蓝图。

（5）儿童游戏场地运营与管理机制有待建立完善

现阶段已有的儿童游戏场地的运营和管理，一般纳入小区物业和公园管理部门统一运营，是整体景观和城市管理的一部分，但缺乏专门的管理维护人员和资金安排，最为显著的一个现象如“儿童沙坑需要定期翻新清理和补充，但由于没有相关资金和人员，虽然建了沙坑，但往往几个月后就会因为卫生等问题闲置”；而且考虑到维护的方便性，管理人员一般不会在沙坑中设置水源，这导致儿童失去了通过沙水游戏发展筑形、建造等多种能力。游戏场地和设施维护的滞后，会导致其逐渐失去对儿童的吸引力，进而形成恶性循环，影响政府对儿童游戏场地相关政策的安排和资金投入。

5.3 促进儿童自由游戏的措施建议

5.3.1 措施一：推动地方相关标准修订，明确儿童游戏场地配置要求

游戏对儿童社会化发展、身心健康成长都大有裨益，通过专门为儿童游戏设置的正式“playground”，可以彰显、保障儿童游戏空间权利，减少成人规划师和设计者关于儿童环境优先级的困惑。但我们也应考虑到儿童玩耍的无空间边界性，在正式“playground”的基础上，城市中可以为儿童游戏提供可能的非正式游戏场地“play area”“playable space”。

在具体规模和可达性设置上，地方政府可以根据自身人均公园绿地情况和儿童人口现状，重点在居住区和城市公园中增补儿童游戏场地，明确不同年龄段儿童游戏场地最小规模和服务半径，并结合国内外已有实践，明确儿童游戏场地总规模控制要求（表5-2、表5-3）。

以深圳为例，自2015年深圳提出全面建设儿童友好城市以来，“拓展儿童活动空间”成为深圳保障儿童空间权利的重要抓手，并写进了深圳市《“十四五”规划纲要建议和2035年远景目标》。2021年深圳市规自局、深圳市城管、深圳市妇儿工委办等部门着手推动将儿童游戏场地相关规划标准和指引纳入《深圳市城市规划标准与准则》，以期通过深标的法定效力，保证儿童就近拥有可玩好玩的游戏场地。

伦敦 SPG 中关于可游戏空间的相关要求　　表 5-2

分类	门口可玩空间（Doorstep Playable Space）	本地可玩空间（Local Playable Space）	邻里可玩空间（Neighbourhood Playable Space）	青年空间（Youth Space）
适合年龄	5岁以下	5~11岁	主要为11岁以下，可设置12岁以上	12岁以上
最小场地面积	100m^2	300m^2	500m^2	200m^2
距离住宅区实际步行距离	100m	400m	—	800m
总规模	建议每个孩子至少有10m^{2}的专用游戏空间； 所有预测儿童居住人数为10名或以上的新发展项目，均应设法提供适当的游戏设施			

注：参考资料[80].指引名为*Shaping Neighbourhoods*：*Play And Informal Recreation*，是大伦敦规划的补充规划指南。

德国 DIN18034 规定的可达性和面积标准　　表 5-3

	面向6岁以下儿童的游戏场和可供游戏的自由空间	面向6~12岁儿童的游戏场和可供游戏的自由空间	面向12岁以上儿童与青少年的游戏场和可供游戏的自由空间
可达性、距离	步行距离短于200m或步行时长少于6分钟	步行距离短于400m或步行时长少于10分钟	步行距离短于1000m或步行时长少于15分钟
面积	总面积至少500m^2	总面积至少5000m^2；大面积的、接近自然的游戏区的面积至少为10000m^2，这样可以保证再生能力以及体验的多样化	总面积至少10000m^2

注：DIN18034全称《游戏场和可供游戏的自由空间：规划、建设和运营要求》。雷根斯堡市在此基础上，在本地法规《儿童游戏场地法》（*Kinderspielplatzsatzung*）中明确了与建筑物相关的游戏场地总规模、单个游戏场地面积和配置设施要求；并在《游戏总体规划——雷根斯堡市儿童、青少年与家庭友好纲领》中，明确提出“所有住宅区配备的游戏场地面积必须达到1.5m^2/每位居民”。

5.3.2　措施二：开展儿童游戏空间需求评估，制定游戏发展计划（总体规划）

在城市（县级）国土空间总体规划中明确儿童游戏发展战略和建设指导原则，由各区（各主管部门）在评估本地儿童游戏发展需求的基础上，制定适应地方的游戏总体规划（游戏发展计划），明确游戏场地建设目标、规模、可达性、安全性、包容性等要求，形成需新建、改造提升的游戏场地行动库，并提出工作组织、经费、时间安排等建议；在游戏总体规划（游戏发展计划）的基础上，逐步出台配套的建设和管理指引，如苏格兰“游戏战略”出台后，细化提出的学校、家庭、街道、松动构件游戏等工具包（图5-5）。

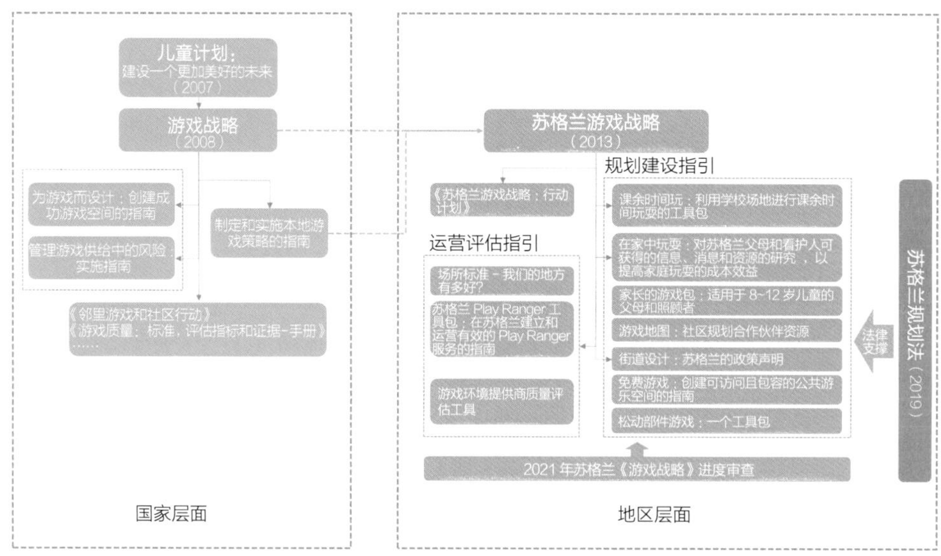

图5-5　英国游戏场规划政策传导和配套指引
（根据参考文献[81][82][83]自绘）

案例链接:《大伦敦规划2021》中关于“游戏和非正式娱乐空间”的政策描述

1.各区政府应：

（1）制定发展计划，并对儿童和青少年的游戏和非正式娱乐设施作需求评估。评估应包括统计现有的游戏和非正式娱乐机会以及提供的数量、质量和便利性，各区应酌情考虑跨区合作的需要。

（2）在发展计划政策的支持下，制定游戏和非正式娱乐设施机会的战略，以满足已确定的需求。

2.关于可能会被儿童和青少年使用的计划的发展建议应包括：

（1）增加玩耍和非正式娱乐的机会，并使儿童和青少年能够独立活动。

（2）在住宅发展中，为所有年龄的人提供高质量、方便的玩耍设施。应为每个儿童提供最少10m^{2}的游戏空间，并满足以下条件：

①提供一个冒险性环境

②儿童和青少年可以从街道上独立地安全进入

③成为周边社区不可分割的一部分

④结合树木和/或其他形式的绿色植物

⑤有摄像头监控

⑥不被隔离占用

（3）为儿童和青少年提供无障碍的路线，使他们能够安全和独立地在附近的社区玩耍和移动。

（4）对于大型公共领域的开发，加入附带的游戏空间，使空间更具可玩性。

（5）除非可以证明没有持续或未来的需求，否则不会净减少游戏预算。如果发布了该市镇的游乐和非正式娱乐策略，则需明确游戏设施可持续利用和未来发展需求。

资料来源：参考文献[84]

5.3.3　措施三：平衡游戏场地的安全与风险

安全对儿童来说是一个基本的价值，只有当安全需要得到满足时，物质环境才会在情感上发挥重要作用。保证儿童游戏时候的安全、减少父母的顾虑本身没有错。就其本质而言，游戏有不确定性、不可预测性，这种不可预测和无组织的行为会带来一定的风险；我们在儿童游戏场地中应尽量排除不可预知的危险，但这不代表否定一切“风险”，安全性和冒险精神可以而且应该在游戏体验中共存。

可预知的风险不仅能激发儿童玩耍的乐趣，还能促进儿童的成长；儿童在冒险性游戏中，通过自己的经验学习和发现什么是危险的、什么是不危险的，进而发展风险控制能力、环境适应能力、建立自信和社交能力。这也是为什么冒险游戏场在丹麦发源后，在德国、美国、日本等地广受儿童喜爱；尤其是日本，儿童户外玩耍时间在减少，但冒险儿童游戏场却发展迅速深受儿童喜爱，目前，日本已开设 291 个冒险游戏场；并在《下一代抚育计划》中，明确提出要进一步加强冒险游戏场建设。

为儿童和青少年提供具有挑战性、刺激性和参与性的游戏机会，同时确保他们不会面临不可接受的伤害风险，让孩子在安全边界内拥抱风险，国家层面可以出台相应标准，帮助地方政府和设计者做出合理的决定，并研究风险管控的政策支撑路径，如英国提出的《管理游戏场地供给中的风险：实施导则》。

此外，为打消父母对“陌生人带来的危险”、交通安全、游戏场地安全等顾虑，可以借鉴苏格兰等地经验，设置“游戏看护员”（play ranger），他们作为合格的游戏引导者，旨在帮助5~13岁的儿童获得高质量的社区户外活动机会，主要职责包括“如何最好地利用玩耍的自然环境，如何在没有儿童监护者的情况下，对儿童的冒险行为做出适当判断，以及如何促进儿童自由玩耍”等；类似的设置还有日本的“游戏引导者”（play leader）等。“游戏看护员”和“游戏引导者”等的设置都是一种过渡性政策，解决的是现阶段家长安全的顾虑；未来的理想情况是孩子们可以自由、安全地游戏并受到社区的欢迎，成年人可以非正式地监督儿童的游戏（图5-6）。

图5-6　欢乐港湾中的滑梯和攀爬斜坡

案例链接：苏格兰“游戏看护员”(play ranger)项目

1.背景

苏格兰现状很多社区没有足够的绿地和游戏场地，而且由于父母担心交通安全和“陌生人带来的危险”，使得苏格兰儿童在外玩耍的机会越来越少。为尽可能多让孩子们获得高质量户外游戏的机会，帮助父母了解游戏，消除孩子对玩耍的恐惧，苏格兰儿童和家庭局在2015年出台了《苏格兰游戏看护员工具包：在苏格兰建立和有效运营“游戏看护员”服务的指南》(*Scotland's Play Ranger Toolkit*：*A guide to setting up and running an effective Play Ranger Service in Scotland*)。

2.“游戏看护员”基本情况

“游戏看护员”是指在当地公园和其他开放空间提供服务以促进儿童和青少年玩耍的合格游戏工作者。它不同于注册的“课后俱乐部”(*after school clubs*)或“游戏计划”(*play schemes*)，儿童可以免费进入并自由离开。“游戏看护员”主要在孩子们的休闲时间、放学后和假期与他们一起工作；有些“游戏看护员”也在学校课程期间，提供免费的自然教育和游戏环节。一般全年、部分天气情况你在公园或开发空间中都能找到“游戏看护员”。

3.“游戏看护员”如何运作

“游戏看护员”项目以儿童游戏为核心提供社区服务，一般由慈善机构或社会组织运营。包括提供游戏机会，建立信任和尊重，保证孩子的安全，更有效地使用当地设施，发展社区凝聚力。

4.实施情况

从2015年开始，在为期三年的计划周期中，“游戏看护员”项目为苏格兰的27254名儿童提供了22749个小时的免费游戏时间，创造了169242游戏人次。

资料来源：参考文献[87]

5.3.4 措施四：鼓励自然化、多样的游戏场地

（1）提供自然化元素和构件

“儿童的空间环境为不同类型的游戏提供了机会，而儿童则以某种方式将这些启示视为游戏邀请”。要评估哪些游戏元素和结构能诱发、激活孩子们玩耍、促进儿童较轻度的体育锻炼，我们的视角就应从位于几何空间中的游乐设备（如秋千、攀爬架），转变成攀爬、滑行和跳越等儿童具体活动方式。

一个自然式的儿童游戏场地与“器材—围栏—铺地”游戏场地有着本质区别。从本质来看，儿童游戏的词根是“play”，儿童是天生就会玩儿的，其游戏规则是非成人设想的、非严格界定的。相应实证研究也表明自然化元素如草堆、沙水等比有人工成分的游乐设施更具多样性和灵活性；在传统的操场上，孩子们常常花更多的时间徘徊或站着不动。

①自然化元素：沙、水、原木、植物、巨石、草堆、木屑、鹅卵石等；

②自然感官：在视觉方面，种植层次多样的彩色花朵、形状有趣的果实等可引发儿童的兴趣；在听觉方面，可利用流水创造自然声，也可设置风铃、敲击鼓等音乐互动设施；在嗅觉方面，可用芳香植物营造特殊的嗅觉环境；在触觉方面，可在场地铺装、小品设施等多方面融入丰富的材料和纹理；在味觉方面，引入可食用的花朵和果实等（图5-7~图5-10）。

（2）根据不同年龄段提供丰富的游戏活动可能

游戏场地应考虑不同儿童发展阶段的差异化游戏特征，提供能促进儿童平衡、摇摆、塑形、攀爬、弹跳等能力的多样活动设施，并考虑亲子互动游戏的需求。在不同年龄段儿童布局上，要考虑场地之间的分隔，以减少干扰，保障儿童游戏安全。但

图5-7 桃浦中央绿地儿童游戏场地（摄影：一勺景观摄影INSAW）

图片来源：生生景观. Amazing! 这样的高差打开方式引起舒适！[EB/OL]. [2019-10-06]. https://mp.weixin.qq.com/s/euZ00hnPxxr9XIhIeyXMqQ.

图5-8　上海庄行社区花园萤萤邻里乐园

图片来源：生生景观.以孩子的视角做设计，探索童趣！[EB/OL]. [2021-03-09]. https：//mp.weixin.qq.com/s/6hmZPgUVChvUI4cIA6wdyw.

图5-9　深圳大沙河公园儿童游戏场地

图5-10　深圳人才林公园儿童游戏场地

考虑到儿童有跟不同年龄段儿童玩耍交往的需求，且复合化游戏区对于激发儿童游戏行为有积极作用，洛杉矶游戏场地相关设计导则就提出：在游戏场地设计上要彼此分开，但要尽量保证形成一个整体，同时保证开阔的视野，方便家长监督（图5-11~图5-13）。

①多样的游戏：攀爬、摇摆、蹦跳、平衡、滑动、探索、触觉等；

图5-11 深圳上步路东侧带状绿地中新建的儿童游戏场地

图5-12 深圳市宝安人才林公园多样儿童游戏场地

图5-13　成都麓湖红石公园亲子互动游戏设施
资料来源：易兰设计.成都麓湖红石公园中的儿童乐园[EB/OL].[2021-08-15]. https：//www.sohu.com/a/145343716_782045.

②非结构化的游戏：通过堆放、组合、移动、浇筑和舀等行为进行自由建造，这种创造性的行为有助于儿童发现不同物品的特质，激发自身的想象力和创造力。

（3）保证游戏空间的留白和迭代更新

由于孩子们成长得很快，“如果游戏区域的每个角落都有设计，那么就没有地方让孩子们创造自己的游戏活动，会很快变得无聊”，在游戏场地设计中留有一些弹性空间或“未定义功能空间”，有助于引入变化和发展的潜力，发展与孩子的喜好相符并与他们的动作能力相匹配的空间，可以让孩子们充分发泄他们的“操纵物理环境的强烈渴望”（图5-14）。

图5-14　深圳某老旧小区街旁空地更新改造后游戏场地

5.3.5 措施五：提供包容的游戏场地

好的游戏空间可以为亲子互动以及行动不便的儿童提供愉快体验，不同能力的儿童可以在精心设计的游戏空间中一起玩耍，涉及残疾儿童（图5-15）、不同文化背景（移民）儿童、不同性别的儿童等。其中，为了保障不同活动能力的儿童都有平等的游戏权利，游戏场地应明确无障碍设计要求。从男女儿童性别来看，游乐场是女孩和男孩学会在公共场合协商的第一个场所；从不同文化背景的儿童来看，游戏方式有较大的差异性，流动儿童、移民儿童如何通过游戏融入周边新的文化和社会环境，可以结合本地城市文化特征提出针对性指引。

图5-15　英国Frimley Lodge游乐场无障碍的旋转盘

资料来源：KOMPAN.PLAY FOR ALL 无障碍游戏空间研究报告[EB/OL]. [2020-09-30]. https://mp.weixin.qq.com/s/nASunRWFlf-lgz-JCmFveA

5.3.6 措施六：规范持续的运营和维护

“成功的游乐场所只有在有效的管理和维护制度下才能保持成功”。在国家层面可以明确儿童游戏场地的验收合格要求，验收合格后才可正式向儿童开放，并维持一定程度的持续检查和现场维护。在此基础上，各地方政府可以结合本地实际情况，进一步细化明确儿童游戏场地管理和运营要求，对不同游戏设施的使用说明、注意事项、服务时间、可承载服务人口、可开展的活动类型、场地定期维护、用途监督等提出管控要求，明确违反相关规定需要承担法律责任和罚款要求。

5.4 实践案例

5.4.1 深圳人才林公园儿童游戏场地

可借鉴要点：自然化游戏空间、可玩性、共融设计

项目位于宝安区福永街道凤凰社区人才林公园主入口东北侧，公园面积约25万m^2，本游戏场项目约1600m^2，主要针对12岁以下儿童。项目在全流程儿童参与、了解儿童真正需求的基础上，重点关注了自然、游戏、共融、冒险和地域几个要点，致力于创造有趣、好玩、安全的游戏空间，让儿童能在自然中游戏，在天性中成长。

自然：尽量让场地展现出自然最本真的颜色；以自然沙、水、山为中心主导空间布局，设计了沙池、溪流、微地形草坡等主要游戏空间，将沙、水、草、木、石等自然元素和材料尽可能应用到游戏设施、坐凳、地面铺装等设计中；利用地形创造游戏机会；在场地中为增加游戏乐趣而设置供儿童自由移动的石块等可组合单元；运用植物进行空间围合、提供遮阳等（图5-16）。

图5-16　人才林自然化的儿童游戏场地

好玩：根据不同年龄段儿童的身心需求，创造多样的游戏机会，并利用地形自然分隔成容纳不同活动内容的区域，如山丘顶部是儿童的制高观察点，斜坡可以为儿童提供翻滚等活动空间，并通过木桩、木桥等将分隔的地形串联成连续的动线，增加孩子在游戏中的探索感，高低穿插、明暗对比的游戏通道使孩子们兴奋不已。此外，项目不再单纯地订购游戏设施，而将设施与设计结合起来，留出更多空白、玩法较为自由的空间，让孩子们可以制定自己的游戏规则，去思考“玩什么”以及“如何玩”。

共融：通过预留多人使用的空间、选择多人参与的游戏设施、提供角色扮演和自由发挥的机会等方式来促进孩子们之间、亲子之间的互动交流，以期创造一个促进社群共享的游戏场所。此外，为陪伴人员进行了考虑，给他们提供了便捷、舒适的空间。设计人员将场地选址在卫生间、母婴室附近，并设置婴儿车停车位、儿童洗脚池等便捷设施；在场地中设置风雨亭和面向主要游戏空间的集中看护座位，同时为低龄儿童提供了更贴身的看护座位。

冒险：通过严格控制设施间距、根据规范为具有跌落高度的游戏设施设置了安全下垫面、选购符合安全标准的游戏设施等，来避免残疾、失去生命等不可逆的危险发生，以保障足够的安全；同时，精心设计了一些“有益的风险因素”，在可控的范围内，给孩子们创造一些冒险的体验，让儿童在游戏中战胜对“危险”的恐惧，提升身体掌控能力和自信心，从而实现“必要的冒险”（图5-17）。

图5-17　具备冒险和挑战性的场地设计

5.4.2　北京市东城区民安小区“欢声笑语的院子”

可借鉴要点：将空间狭小的荒废场地转变为欢声笑语的活动空间

项目位于东城区北新桥街道民安小区，改造场地面积4113m^2，是北京2019年底开展的“小空间大生活——百姓身边微空间改造行动计划”的首批八个试点之一。

现状空间狭小、场地荒废、全年缺乏阳光；场地不平整，沟沟坎坎较多，安全隐患较大；车辆停放无序，人车争夺空间，缺少活动空间和设施（图5-18、图5-19）。

安全、有趣的活动场所：小区居民中儿童与老人合计占比超过50%，将无障碍设计贯彻到每一个细节，建设对儿童和老人友好的社区空间。将儿童活动场地布局在日照条件较好的场地中心，通过绿篱将场地与车行通道、停车空间进行分隔，保证场地完整性、儿童活动安全性。设置二层平台，与场地呈半围合关系，利用高差设置滑梯、大台阶等设施，增加场地的趣味性，提高儿童的参与度。

图5-18　现状照片：荒废的场地

图5-19　现状照片：车辆停放无序，人车争夺空间

自然、友善的交往空间：场地中的每一棵大树都得以保留，围绕儿童和老人的生活轨迹集中布局休闲座椅和关爱设施，使树下空间成为儿童活动、亲子交流的重要场所，促进代际融合，营造温馨的社区生活和院落记忆（图5-20）。二层平台环绕保留的乔灌木，提供与众不同的空间体验，使孩子们在日常生活中就能够接触绿色（图5-21）。

图5-20　建成后照片：功能复合的活动场地

图5-21　建成后照片：绿树掩映二层平台

图片和文字资料来源：深规院城市设计营造所

文化传承：小区毗邻老城历史文化街区，项目利用二层平台与地面的高差，设计可落座、可通行的大台阶，取名状元台阶，延续状元胡同的美好期望，寓意小朋友茁壮成长。

5.4.3 成都麓湖生态城云朵乐园

与水有关的儿童乐园

项目位于成都麓湖生态城内临湖的市政滨水公共绿地，面积约2.5hm^2，2017年6月建成。

玩水是孩子们最喜欢的游戏之一，可以促进儿童感官发育、智力发展，培养想象力和创造力。乐园将儿童活动功能和对水的环境教育功能结合，提供了浅池嬉水区、鹿角攀爬区等多样儿童游戏及亲子设施，阐释了“水从哪里来？水怎么会变成云？云怎么会下雨？雨又怎样汇成了小溪流，进入湖泊，形成循环”等内容（图5-22）。

图5-22 成都麓湖云朵乐园

浅池嬉水区：利用互动装置的喷泉，激发儿童游戏乐趣，增强儿童与水的互动、儿童之间的交流；喷泉流出来的人造“雨水”顺着曲水流觞再次进入大湖，孩子们可以追逐水的流动，发展水的循环利用。

鹿角攀爬区：提供滑梯、攀爬、秋千、蹦床、树屋等多样活动可能，爬网取形于麓湖吉祥物鹿之角，孩子们在其中玩耍时会产生旋涡般的视觉感受（图5-23）。

图5-23 攀爬网+双轨滑索（摄影：Hai Zhang）

图片来源：https://www.gooood.cn/cloud-paradise-park-china-by-z-t-studio.htm

5.4.4 奥地利克拉根福欧洲公园（Europapark）游戏场地

可借鉴要点：自然化沙水组合空间、安全边界内的冒险游戏

公园靠近韦尔特（Wörthersee）湖，占地约22hm^2，其中游戏场地占地面积约1.1hm^2，是克拉根福（Klagenfurt）最大的游戏场。游戏场根据不同年龄段划分为不同区域，包括两个大型的滑梯塔、秋千区、学步攀爬网，沙水组合、攀岩设备、卫生间等设施。其中，沙水区域依托阿基米德取水器和自压取水器，让水体通过导流设施与沙池结合起来，并通过滑轮等多样工具，为儿童动手塑形和发现提供多种机会；依托各种吊床、轮胎秋千和其他不寻常的摇摆设施为儿童提供丰富的摆动运动；攀爬网和大型滑梯为儿童在安全边界内拥抱风险提供了可能。在游戏场地西北侧，为家长提供了阴凉、视野开阔的座椅，为家长监督儿童玩耍提供了舒适的环境。在游戏场地西南侧布局有约5000m^{2}的滑板公园，每年4~10月对5岁以上人群免费开放（图5-24）。

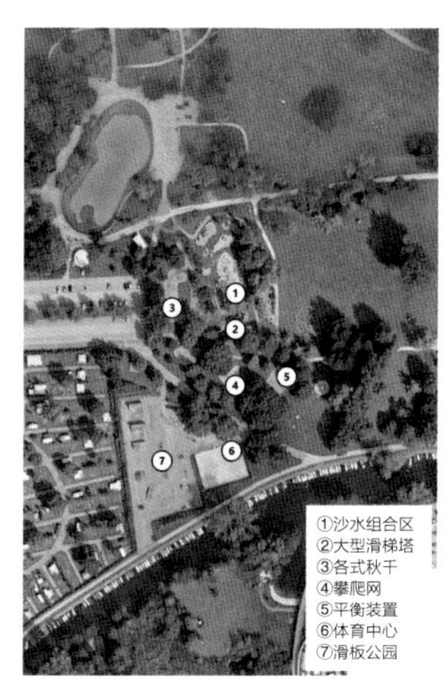

图5-24 欧洲公园游戏场地总平面和儿童玩水区

资料来源：平面图结合Google地图绘制，照片来自https://www.theurbankids.com/klagenfurt-outdoor-spielplatz-europapark-2/

5.4.5 悉尼伊恩波特野趣乐园

可借鉴要点：自然野趣的游戏空间

伊恩波特野趣乐园（Lan Potter Wild Play）位于悉尼百年纪念公园学习中心内，于2017年10月正式开放，是世界上第一个儿童花园，植物园探险面积达6500m^2，2018年7月获澳大利亚最佳游乐场所称号（图5-25）。

图5-25 自流式水上游乐区（结合文献改绘）

图片来源：https：//www.hellosydneykids.com.au/wild-play-childrens-garden-centennial-parklands-sydney/

公园旨在满足各个年龄段和各种能力的儿童在一个引人入胜的风景中生活，鼓励儿童奔跑、跳跃、嬉戏、学习和发现生活中的野性，游戏设施让位于自然空间，设置有小河床、自流式游乐区、竹林、河岸隧道、海龟丘和树屋等多个主题。孩子们可以在自然野趣的环境中发掘丰富的游戏可能性，如在平衡木上挑战自己的平衡感、在溪水池和喷泉的自流水盆地中嬉戏玩闹跳跃、攀爬到树屋顶部然后从滑梯下来寻找刺激、穿越竹林等（图5-26、图5-27）。

图5-26　自然化材料提供的丰富游戏可能（摄影：Brett Boardman，Esteban La Tessa）

图5-27　伊恩波特野趣乐园实景照片（摄影：Brett Boardman，Esteban La Tessa）

图片来源：https：//www.gooood.cn/wild-play-sydney-by-aspect-studios.htm

第六章

普惠共享的公共服务设施

Chapter VI
Affordable and Shared Public Facility

“通过城市规划，所有城市都应为儿童和社区提供健康、教育和社会服务基础设施，使他们能够在此成长、锻炼生活技能和相互接触。”

——《儿童友好型城市规划手册：为孩子营造美好城市》（UNCIEF，2019）

教育的最高的目的，是彻底认知人性的问题——南怀瑾

“你喜欢上学吗?”

“不喜欢。”

“为什么呢?”

“学校没有意思，下课不能到操场玩儿，这也不能动，那也不能动。”

“我压力好大，我需要解压。”

——与一位一年级小学生的对话

学校是一个非常难以评价是否儿童友好的特殊场所。学校是否儿童友好，主要取决于一所学校的教育理念、教育方法，以及这所学校所受的教育制度和社会环境的影响。一所教育理念和方法与儿童友好的核心理念一致的学校，才能称作真正的儿童友好学校。校园空间只是这些核心因素的硬件表现。虽然我们不能以空间的友好确定学校的友好，但学校的友好一定具备空间友好的要素。

软性教育环境不是在短期内可变的，但空间却可在短期内改善。高密度大都市里，学校用地总是紧缺的，拥挤的学位带来校园空间的扭曲，一些城市发展到今天，宣称跻身全球领先城市，却仍在解决基本的学位供给问题，这是十分可悲的。因此，就儿童友好空间而言，学校仍有很多工作要做，基本线是解决学生课间休息的游戏问题，体育和交往空间的不足问题，多样化教学空间的拥挤问题，校园整体和细节空间环境的舒适度问题，学校四点半服务和食堂的空间问题，好的教育理念与校园空间统合的问题，等等。

耗费孩子们时间和精力最多的校园，不应该只是传授知识的机器，老师和学生不应该只是这部大机器的工件，儿童友好学校，必须是温暖人心的场所。

6.1 在公共服务中助力成长

城市需要有一个完备的公共服务体系，父母可安心安全便捷地将孩子托付给“城市”。公共服务也是国家保障儿童权利的最直接的手段。如果说在快速城市化阶段，我国大多数城市在做“填空”式的供给，目的是达到设施空间分布的均等和可达性的平均；那么在国家“要做好普惠性、基础性、兜底性民生建设，健全完善国家基本公共服务体系，全面提高公共服务共建能力和共享水平”的大背景下，下一阶段促进基本公共服务均等化的核心在于“补齐短板”，让各年龄群体、社会阶层在享有设施的机会、空间可达、服务可用等方面公平均等，即居民获得基本相等的基本公共服务作用结果。

从儿童这个受益人及其所在家庭（权利持有人）的角度考虑公共服务体系的完善，增补为儿童及其所在家庭服务为主的文化、教育、医疗等公共设施，并在设施布局、建筑设计、运营服务等方面充分考虑儿童（家庭）需求，可以提升公共服务供给的精准度与城市管理的精细度；通过对儿童等弱势群体的补偿性公共服务供给，弥补儿童在社会竞争的不利局面，可以促进城市正义（公平）发展。此外，公共服务的“社会”根本属性，需要公共服务设施布局向更具人本情怀、更具贴近居民现实需求的方向发展，从单一关注“基本公共服务”，向个性化、优质化的服务设施供给提升；从空间布局的均等化向满足人群需求的差异化提升。开展公共服务设施的适儿化改造，有助于拓展儿童认知、启迪思维与吸引儿童开展户外活动，增强儿童的生活体验，便捷、舒心地使用公共卫生服务。

根据《城市公共服务设施规划标准》GB 50442的界定，城市公共服务设施“是为城市或一定范围内的居民提供基本的公共文化、教育、体育、医疗卫生和社会福利等服务的、不以营利为目的公益性公共设施”。本书讨论的公共服务设施是在既有国内公共服务设施体系下，针对为儿童服务的公共服务设施存在的体系不完善、单侧供给思维严重、儿童需求不明、儿童“空间”分配不均等问题进行的探索。一方面，基于儿童视角，对18岁以下儿童所需的公共服务设施进行梳理，根据儿童从基本生存到更好潜力发展的角度，构建提出儿童类公共服务设施体系，重点根据城市发展阶段增补以儿童服务为主的养育照护、文体教育等公共设施；另一方面，以儿童友好视角对为儿童提供服务的公共设施，从设施布局、建筑设计、运营服务等方面，提出优化建议，更好地促进儿童健康成长。主要包括三个层面内容：

①在国土空间规划中，根据城市发展阶段和水平，促进公共资源向儿童倾斜，构建并完善基于儿童成长周期下的公共服务设施体系，明确千人婴幼儿托位数指标；

市、区级儿童博物馆、科技馆、图书馆、青少年活动中心、儿童健康设施等建设要求，并预留用地。在详细规划层面明确婴幼儿照护（托儿所）、儿童课后/假期托管、幼儿园等社区儿童服务设施及中小学配建要求；

②在建筑设计层面，提升公共服务设施品质，设置有利于儿童身心成长的功能空间，营造儿童喜闻乐见并可感知的空间尺度与空间形象；

③在管理运营层面，创新利用市政设施和各类科研院所，顺应国家“双减”政策要求，提供高质量儿童科普服务，鼓励建设儿童科普实践基地。

6.2 问题：不能安心托付的城市

6.2.1 公共服务设施的精细化和人群细分有待完善

现阶段国内公共服务设施供给正在由粗放逐步转向精细化，以母婴室、儿童之家、第三卫生间建设等为代表的儿童类公共服务设施正在不断完善。但总体来说，这些设施的增加是对当前民众迫切需求的“补丁”，尚未从儿童成长周期角度来思考公共服务设施体系的构建。《国家基本公共服务标准》（2021年版），已经基于儿童不同年龄段提出了“幼有所育、学有所教”的方式，但相对应空间供给体系仍有待建立。具体来说：

婴幼儿期：目前国内关于0~3岁婴幼儿托育、年轻父母的养育支持等服务在规划标准中尚无明确表述。在国家促进人口中长期均衡发展的大背景下，儿童的生育、养育、教育一体考虑成为社会普遍趋势，可以切实解决群众的后顾之忧。目前雄安、上海等地都已经在试点推动托育中心、家庭教育指导中心等建设。

中小学阶段：是培养儿童健全的价值观、社交与情绪管理能力、知识技能学习、人文艺术启蒙、社交与情绪管理能力、课外活动实践等关键时期。目前国内义务教育注重的是“学科教育”，儿童如何学习日常生活技能、提高适应社会的能力尚无明确支撑。2021年“双减”明确提出以“促进学生全面发展、健康成长”为指导思想，“提升教育教学质量，提升学校课后服务水平，满足学生多样化需求”等要求。从儿童课外活动空间支撑来看，儿童独立可玩耍、可体验的博物馆类、文体活动类设施仍较为匮乏，已配置的青少年活动中心（活动室）往往被成年人所占据。

青春期阶段：儿童能够参与多样的活动，喜爱群体性活动，具备自我观念与追求的方向。但目前国内这一阶段的儿童往往因高考等压力，心理疾病高发。公共服务在对青少年人生发展、职业技能、就业指导、心理引导等全方位的引导服务仍较为匮乏（图6-1）。

图6-1　不同年龄段儿童的发展特征与需求

6.2.2　公共服务设施供给需进一步满足儿童差异化需求

国内对公共服务设施的关注始于20世纪末，从最早关注“选址”到“基本公共服务均等化”再到现在的“以人为本”、关心基本公共服务设施供给的区域分异、合理性和公平效率等方面。但现状的公共服务设施本质上仍是供给侧思维，儿童是被动接受而不是主动选择公共服务，公共服务设施的“社会”根本属性，需要公共服务设施布局向更具人本情怀、更加贴近儿童现实需求的方向发展；从单一关注“基本公共服务”，向个性化、优质化的更好服务设施供给提升，从空间布局的均等化到满足儿童需求的差异化提升。

6.2.3　公共服务设施建筑设计有待加强“儿童视角”

在公共服务设施建筑设计上，当代建筑理论认为，学校、医院、福利院等公共服务设施的建筑“类型”（typology），脱胎于监狱、修院等具有福柯式“全景敞视”（panopticism）空间特征的建筑物。这些以“中厅+走廊+房间单元”为原型的建筑空间具有集中监视的功能，由此天然适用于学校、医院、福利院等需要满足有利于集中监视的建筑。这种历史建筑空间原型，也不符合儿童天性的特点。而数十年来以“空间效率”为优先的通用型建筑平面布局方式，则让这种公共服务设施的空间基因进一步固化。以中小学来说，适应儿童成长需求和教育理念变革下的教育空间提升目前正在各地试点推进，但尚未形成制度；标准、模块化的学校空间，越来越难以满足儿童多样化教学需求。

6.3 适儿化导向下的公共服务设施提升建议

6.3.1 结合不同年龄段儿童需求，完善儿童公共服务设施体系

不同孩子在不同发展阶段会有不同的身心发展需求。婴儿期最重要的是和家长建立亲密关系，幼儿期最重要的是给他们活动内容丰富的空间，学龄期有知识学习的需求和安全出行的需求，青春期需要有职业启蒙和人文科学素养的激发等。总体来说，孩子们从小到大是从家庭、社区走向学校、社会；从生存与关爱需求到自身与社会发展需求。在遵循现有国内儿童事务条块化管理的背景下，结合德国、英国、日本等国对儿童公共服务供给，国内面向儿童的公共服务设施体系优化，更多是从儿童成长周期出发，重点增补婴幼儿的养育托管、中小学生的课后照看和多样活动类设施（表6-1、图6-2、图6-3）。

德国、日本、英国儿童类公共设施（社会基础设施） 表 6-1

分类		德国柏林	日本流山	英国伦敦
养育设施（Child-care）	婴幼儿	托儿所（Kinderkrippe，3岁以下）	保育园（0~6岁）、幼稚园（0~3岁）	托儿所
		学前班（Kindergärten，3~6/7岁）		幼儿园、学前班/游戏小组
	中小学	职业预科（Hauptschule，5~10年级）、中学（Realschule，5~10年级）	小学校、中学校	小学、中学、Sixth forms colleges（生龄16~18岁，专门协助学生完成高中最后阶段及准备所谓的大学入学考试）
	高中	高中（Gymnasium，涵盖5至12年级某些为13年级），综合学校（Gesamtschulen，5~13年级）		
		课后托管（Schulhort） 假期托管（Holiday childcare）	学童俱乐部（1~15岁） 儿童馆/儿童中心	儿童中心（children's centres）
	其他育儿支撑设施	母亲中心（MutterZentrum）、儿童咖啡馆（Kindercafes）等	育儿支援中心、家庭支援中心（1~15岁）	拓展学校（extended schools）、校外服务或儿童俱乐部（out-of-school services or kids'clubs）、假期俱乐部（holiday playschemes/club）
			母子保健中心（出生前）、母乳室（0~6岁）	
其他儿童相关设施	游戏运动	可玩耍空间等（每个居民1m^{2}的净游戏区）	儿童游戏场等	儿童游戏场（每个孩子至少有10m^{2}的专用游戏空间）等
	文化	儿童博物馆等公办和公共资助的青年休闲设施（JFE）	儿童博物馆等	青年俱乐部、儿童博物馆
	交通	30km区（Tempo-30-Zonen），交通安宁区（verkehrsberuhigter Bereich）	儿童接送站点	—

参考资料：结合参考文献[95][96][97][98]绘制

支持所有儿童和青少年的健康成长（按照年龄组别）

婴儿

建立信任和感情；发展认知和情感

促进母婴健康
- 孕期及生产安全和无焦虑
- 缓解育儿焦虑和产后抑郁
- 推动社区母婴健康项目，孕妇和哺乳期妇女体检、婴儿体检
- 改善医疗保健

改善育儿支援
- 探访婴儿家庭，加强社区和家庭纽带
- 建立一个便于男女平衡工作和抚养子女的工作环境，全职父母再就业
- 为婴儿提供日托服务，为小学三年级以下儿童提供课后儿童俱乐部
- 与非营利组织合作，促进地方育儿网络
- 育儿假和子女津贴

改善幼托、幼儿园水平
- 加强幼托一体化、幼小衔接
- 提高管理水平，持续维护和改善相关设施
- 强化自然教育、安全教育

小学生

体育技能锻炼；知识经验累积，社交合作发展

确保和促进健康
- 专家合作，建立身心健康、性健康咨询
- 社区心理健康咨询
- 提供儿童医疗、社区儿童初级急救中心

获得日常生活技能
- 良好基本生活习惯
- 提高体能，在公园推广自然活动
- 促进安全教育和环境教育

提高学习能力
- 知识技能、思考、判断、表达学习能力
- 了解和评估国家教育学术能力

提高适应社会的能力
- 推动课外集体活动、开展职业教育
- 推广学校特别活动与社区活动
- 与农林渔业农村社区加强联系交流

青少年

社会规范、注重性别差异、自我认同

确保和促进健康
- 心理健康、防止药物滥用
- 性教育培训、吸烟饮酒、堕胎
- 减少性病人数与少女消瘦比率

获得日常生活技能
- 良好基本生活习惯，饮食防消瘦
- 部分同左，额外要求理解并掌握社会和经济机制相关知识
- 参加高中社区服务、加强社区参与
- 国际交流

提高学习能力
- 该部分同左

获得职业技能、启迪工作动机
- 初中提供职场体验
- 普通高中和职业院校提供职业教育
- 高中毕业生就业帮扶
- 提供信息，鼓励孩子进行自我选择

青年人及后青年人

关注的是大学教育、就业、独立社会生活等方面

说明：

- 日本法律20岁为成年；相关文件中的youth指的是30岁以下的青年；因该部分内容超过本规范研究的儿童年龄范围，不再展开

- 该部分内容主要参考日本《儿童和青少年发展规划（2010）》（*Vision for Children and Young People*）与《国家青少年发展政策》（*National Youth Development Polity*）

图6-2　根据不同年龄段儿童需求下的日本儿童公共服务供给

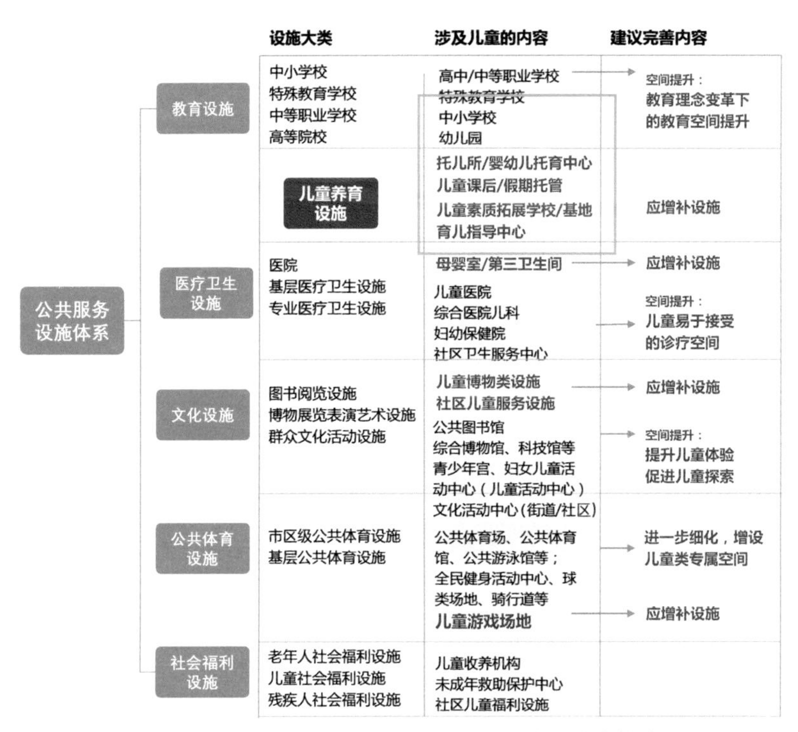

图6-3　基于现有规范体系下的儿童类公共服务设施完善建议

6.3.2　新增儿童养育类公共服务设施

（1）统筹规划布局婴幼儿托育设施

在国土空间总体规划中明确婴幼儿托育设施的发展目标，将婴幼儿托育设施纳入公共服务设施体系，在国土空间详细规划（控规）中明确独立占地的婴儿托育设施布局和规模要求（表6-2）。在城市相关规划和建设标准中，应明确新建改建社区/居住小区的婴幼儿托育设施配建标准，保障婴幼儿托育设施与新建住宅及相关配套设施同步规划、同步建设、同步验收、同步交付。

国内有关婴幼儿托育设施面积的部分规范要求　　表 6-2

	标准名称	配套设施	规模	服务人口
国家	《完整居住社区建设标准（试行）》2020年	婴幼儿照护服务设施	≥200m^2	0.5万~1.2万人
雄安新区	《雄安新区社区生活圈规划建设指南（2020年）》	日托中心	80~150m^2	0.5万~1.2万人
上海	《上海十五分钟社区生活圈导则》2016年	养育托管点（品质提升类）	≥200m^2	1.5万人（15分钟）
成都	《成都市社区综合体功能设置导则（2020年）》	婴幼儿托育服务	≥650m^2	5万~10万人（15分钟）

（2）在保障安全的前提下，探索婴幼儿托育设施配建的可行性及优化相关配建标准

考虑到国内婴幼儿托育设施欠账较多，而城镇化已经进入存量提质增效、有机更新时期，老旧小区用地紧张，缺乏空间新建独立占地的婴幼儿托育设施，而已有的商业化托育机构往往因不能满足《托儿所、幼儿园建筑设计规范》JGJ39—2016（2019年版）对于消防、室外活动场地等要求，不能在主管部门备案，面临随时可能查封的风险。

为切实解决婴幼儿托位数量不足的现实，在保障安全的前提，可探索6个班及以下规模婴幼儿托育设施与居住、养老、教育、科研、文化、商务办公、产业研发等建筑合建的可能性，从自然通风、日照、室外活动场地面积、楼层、消防等方面，积极探索优化婴幼儿托育设施配建的相关标准。

（3）拓展婴幼儿养育设施供给途径，推动普惠型婴幼儿托育机构建设

鼓励企事业单位、园区、社会组织等设置普惠型托育机构；鼓励各地根据儿童年龄结构，在幼儿园开设针对2~3岁儿童的“托大班”，并统筹协调不同主管部门之间的管理。此外，为鼓励社会力量开设婴幼儿托育机构，各地可制定扶持普惠性托育机构发展的财政补贴政策。

6.3.3 增设博物馆类儿童文化设施

将儿童带入博物馆，使他们对与生活相关的不同观念和观点开拓了眼界。这种接触可以帮助培养更高的批判性和创造性思维能力，这对于未来的成功必不可少。

——瑞贝卡·戴维森

2018年美国全境共有7429家已分类博物馆（未分类7959家），平均不到1万人就有一座博物馆，博物馆种类涉及艺术、历史、自然科学、科学等多种类型，并设置有儿童类博物馆；国内博物馆类型以综合类、历史类博物馆为主（占71.6%），艺术类和自然科技类较少（12.6%），缺乏儿童博物馆类型。根据美国儿童博物馆协会（ACM）2012年发布的《儿童博物馆专业实践标准》（*Standards for Professional Practice in Children's Museums*），相对于传统博物馆承担的注重保存/研究角色、将永久藏品和实物进行非触觉展示，儿童博物馆则强调博物馆的教育角色，让游客（儿童和家庭）与展览情境互动，进而“巩固了博物馆最重要的理念，即其学习兴趣及创造价值的潜力，特别是为游客和社区创造学习价值”。

实际上，博物馆代表了一系列重要的“非正式学习环境”之一，最有潜力接触大量儿童及其家庭。在这里，所有年龄和背景的人都可以扩大他们对文化和科学的理解。在现代主义城市儿童独立活动逐步被管制的背景下，孩子们几乎没有足够的机会动手进行无人监督的探索性游戏；博物馆则开辟了一种想象和探索的世界，让童年回归本来的样子，为儿童和家庭一起学习和玩耍提供了丰富的物质环境，可以弥补儿童日常生活空间缺少的一环；同时，通过对科学和文化素养的了解互动，创造弥合父母与子女双方代沟的机会。

措施建议有以下几点：

（1）鼓励增建市、区级儿童博物馆类设施

鼓励各地结合城市发展阶段和儿童人口规模，在公共服务设施中增设儿童博物馆类设施，搭建市、区、街道三级儿童博物类文化设施。市、区级儿童博物馆类设施宜在市县级国土空间总体规划中明确布局和规模要求，依托国土空间详细规划指导落地实施；街道级儿童博物馆类设施宜结合街道（社区）文化中心、街道（社区）综合服务中心统一设置。儿童博物馆类设施的设计宜开展儿童调研和儿童参与设计工作坊。

（2）改造提升现有博物馆类设施（含科技馆），提高互动性和体验性

改变过去“博物馆作为学习场所”“儿童作为学习者群体”的认识，避免将儿童过度“概念化”；将博物馆设计理念从传输知识向提供丰富体验转变，强调空间体验的模糊性和不确定性，提供多元的物品和可触碰互动的物质，倡导提供挑战和奖励的体验内容，让孩子们通过互动展览和动手游戏，来认识和探索新事物，发展自己的好奇心，掌握自己的各种感觉（图6-4、图6-5）。

图6-4　大阪儿童博物馆儿童互动体验

楼层功能分布

汽车修理体验

职业体验

图6-5　青岛海信科学探索中心

（3）鼓励社会力量建设微利运营的特色博物馆

出台相应扶持政策，鼓励社会力量利用历史建筑、文物腾退空间、工业旧址等场所设置多元主题的“小而精”的特色博物馆，作为公立博物馆体系的补充；特色博物馆倡导微利或公益运营。

（4）鼓励结合市政等公共设施，进一步完善儿童科普教育基地建设

国内针对青少年的校外科普教育发展已经较为成熟，依托科技馆、博物馆、科研院所和自然保护区等建立了国家、省、市、县（区）级青少年科普教育基地。截至2017年底，中国科协命名的全国科普教育基地1193个，全年参观人数2.6亿人次；省级科协命名的省级科普教育基地4366个，全年参观人数3.3亿人次（图6-5）。其中，市政基础设施是普及城市日常运作知识、开展儿童社会实践、构建儿童认知和知识体系的重要载体。目前，国内一线城市正结合垃圾电厂、污水处理厂等市政基础设施，积极践行与儿童科普功能相结合的整体建设和运营，如深圳市东部环保电厂生活垃圾分类科普教育基地、上海市静安区芷江西路街道环保展示中心、北京市生态环境教育基地等。

①新建市政基础设施宜配置科普展示功能

结合新工艺新技术建设的污水处理厂、变电站、热交换站、垃圾焚烧厂、垃圾填埋场、市区级防灾中心、智慧城市管理中枢、大型科学装置等设施，根据当地条件建设合适规模的专题展厅或博物馆。展厅内宜多设置实物展示或模型，多设置互动与游戏体验设施，并让空间有更多的设计感、主题性与趣味性，以给儿童带来更多的启发。

②结合市政工程，设置兼具科普互动的儿童活动空间

结合城市污水处理、揭盖复涌工程、海绵城市工程、城市公园或自然公园的水系治理，设置简单的互动体验装置或设施，向儿童普及水治理相关知识；对于条件适宜的河段，可将河流、小溪和开放水域的部分岸边区域建设成可玩耍的场地（图6-6）。

图6-6　苏州综合管廊科普馆——学生通过模型了解地下管线的分布情况

图片来源：http: //www.suzhou.gov.cn/szsrmzf/szyw/201804/ J2842WFEICTXB8USCOXV36X3SF1LXUEQ.shtml

《中国儿童博物馆行业指南》（2019年）

为引发更多有识之士关注中国儿童博物馆行业的发展，2019年北京师范大学教育学部中国儿童博物馆教育研究中心发布了《中国儿童博物馆行业指南》，从教育属性、公共属性、地区属性提出了相关建议。

教育属性：儿童博物馆的教育目标和教育内容主要通过展览和教育项目来呈现。儿童博物馆应基于所在地区儿童和家庭的需求来设计展览和教育项目，而不是简单复制其他场馆的内容。

公共属性：儿童博物馆是面向公众开放的社会机构，主要以政府补贴、社会捐赠以及合理的运营收入维持长期的高质量开放，力求让所在地区中的每一个儿童都有机会享受公平的教育资源。在策划展览和教育项目，开展观众服务时，儿童博物馆需要考虑特殊教育的需求，在促进多元文化融合和教育公平方面发挥作用。

地区属性：儿童博物馆扎根于所在地区的独特背景，关注所在地区儿童和家庭的需求，联合当地家庭和其他机构，通过发出倡导、开展服务，共同解决相关的社会问题。儿童博物馆整合所在地区的优质教育和文化资源，为观众提供丰富的服务。

资料来源：中国儿童博物馆教育研究中心.中国儿童博物馆行业指南[R].北京师范大学教育学部中国儿童博物馆教育研究中心，2019.

6.3.4 增配社区儿童服务功能，鼓励设置独立的社区儿童之家

社区是儿童社会化发展的起点，儿童的成长需要社区力量。但在国内，社区是基层行政组织，也是自上而下政府公共资源投放最小的单位，这与国外邻里所强调的社会化属性有所不同。考虑社区儿童服务空间的供给，核心是需要营造促进儿童可以安全、自由玩耍交往的社会网络。《社区生活圈规划技术指南（2021）》《城市居住区规划设计标准》GB 50180—2018 一定程度上摆脱了过去居住区公共服务设施配置长

期沿用的配额指标方法，开始关注不同人群的生活圈，通过居民实际的行为空间来配置设施，设施的配置由“经济生产空间”走向“生活空间”，关注居住的美好生活需求。在现实推动中，作为社区管理和服务的主要对象之一的儿童，理应与老年人、成年人一样享有使用社区服务设施的权利；但在社区“空间”分配与使用上儿童仍处于弱势地位，缺乏针对性、实效性的社区儿童服务空间。“十四五”期间，随着国家人口长期发展战略导向的变化，以“一老一小”为重点完善对象的人口服务体系，社区儿童配套设施开始逐步得到重视。

已有探索如下：

①儿童之家（儿童中心）建设。《中国儿童发展纲要（2011—2020年）》提出到2020年“90%以上的城乡社区建设1所为儿童及其家庭提供游戏、娱乐、教育、卫生、社会心理支持和转介等服务的儿童之家”，截至2018年，全国有儿童之家（或儿童中心）22.7万个。“儿童之家”建筑面积要求农村社区不少于40m^2、城市社区不少50m^2，但实际运行过程中却存在面积小、职能多、同一空间挂不同单位牌子等问题；此外，由于基层政府工作事务繁多、开展社区儿童服务的社会组织力量尚待培育，“儿童之家”运营存在空间空置的情况。

②婴幼儿照护空间。2019年以来，随着国家进一步重视“幼有所育、学有所教”以及少年儿童身心健康的发展，出台了《关于促进养老托育服务健康发展的意见》（国办发〔2020〕52号）等相关政策，并在国家“十四五”规划中明确提出：发展普惠托育服务体系，加强对家庭照护和社区服务的支持指导。《完整居住社区建设标准（试行）》中，明确了婴幼儿照护服务设施的建筑规模应不小于200m^2，服务规模0.5万~1.2万人。目前，雄安新区、上海、成都等地，在本地社区相关标准中已经落实婴幼儿照护设施配置要求。

③3岁以上社区儿童活动空间。《城市居住区规划设计标准》中“文化活动中心”涵盖青少年活动中心职能，宜包括儿童之家服务职能，但对于社区儿童服务空间没有具体的规划配置要求。《雄安新区社区生活圈规划建设指南（2020年）》在全国率先对3岁以上儿童就近的游戏空间、四点半学校等明确了配置标准；《深圳市儿童友好型社区建设指引》作为指导性规范，针对不同年龄段儿童的社区服务空间需求进行了细分，明确了儿童议事会、四点半学校、社区儿童图书室、儿童游戏等功能空间的规模配置和设计指引。

措施建议如下：

（1）在地方规划标准或政策文件中明确社区儿童服务设施配置要求

在国土空间详细规划（控制性详细规划）中，将社区儿童服务设施作为居住用地配建的公共服务设施之一，根据服务人口规模和服务半径，明确空间布局和配建规模。鼓励借鉴雄安新区等地已有经验，在社区生活圈、居住区等相关地方规划标准、规范、导则中明确规模、服务人口、主要功能等要求。社区儿童服务空间可结合社区服务中心等设施配建，但应保障儿童服务设施空间有良好的采光和通风，鼓励在街道/镇层面设置独立的儿童之家。

（2）落实相关政策要求，整合社区服务功能，重点增补育儿支持功能

借鉴日本儿童中心、国内儿童之家等方式，设置社区儿童专类服务设施，将国家有关社区家庭教育、婴幼儿托育、课后社区服务等政策要求的功能整合起来，为社区儿童提供全年龄段普惠服务，涵盖家庭教育指导、儿童健康发展、婴幼儿托育、儿童课后托管、儿童游戏等多元功能，有条件地区可因地制宜设置基层博物馆类儿童文体设施（图6-7）。

图6-7　深圳市园岭街道家庭发展服务中心儿童活动室

上海儿童服务中心建设

《上海市妇女儿童发展“十四五”规划》明确提出：推进儿童友好城市空间建设。在街镇层面建立儿童服务中心，在居（村）普遍设立儿童之家，形成“一中心多站点”的儿童服务网络，为儿童及家庭提供组织教育、生活保健、文体娱乐、社会实践、安全保护、法律维权、心理疏导、家庭支持等多元服务。

实践案例：唐镇儿童服务中心

位于唐龙路479号唐城绿地文化公园，中心面积270m^2，包括儿童阅览区、儿童活动区、儿童权益区、种植乐园、儿童友好区、母婴室等。中心于2020年12月正式对外免费开放，每月会有不同主题儿童活动，如儿童健康、儿童实践、儿童权益保护等（图6–8、图6–9）。

图6–8　儿童服务中心外观和儿童阅览区

图片来源：©浦东发布

服务内容		时间	面向对象	备注
儿童健康活动	绘本故事	每周三13:30-14:30	2~4岁幼儿	
	儿童影视小剧场	每周五9:30-10:30	2~4岁幼儿	
		每周日13:30-15:00	4~16岁儿童	
	巧工坊	每周三10:00-11:00	2~4岁幼儿	需提前预约
		每周四9:30-10:30	2~4岁幼儿	需提前预约
		每周六13:30-14:30	4~16岁儿童	需提前预约
	韵律操	每周五10:00-11:00	2~8岁儿童	
儿童健康与权益保护	心里话小屋	每月第二周周五14:00-15:00	儿童、家庭	需提前预约
	小儿推拿保健培训	每月第三周周三9:00-10:00	成人	需提前预约
儿童实践	小小图书管理员	每周六9:30-10:30	儿童	1小时志愿服务
	小小放映员	每周日13:30-15:00	儿童	1.5小时志愿服务
活动时间：1、可至前台预约；2、预约电话68773006 开放时间：每周三-周日，8:30-11：30,13:00-16:15				

图6–9　儿童服务中心活动安排

图片来源：©浦东发布

（3）明确社区儿童服务设施物业管理、运营、监督等单位

为保证社区儿童服务设施长效的运作，防止占用或被空置，需落实明确政府管理部门，并出台相应运营规章保证运营。各地方政府应明确相应的财政安排，儿童工作主管部门应承担起监督职能。社区儿童服务设施的服务供给，应保障普惠、公益性质，可引进社会组织微利运营。

（4）扶持培育专业化、可持续的社区儿童服务类社会组织

住区问题是一个社会问题，我国城市住区不能仅依靠空间规划与功能配置，必须结合社会规划及政策制度的支撑。依托民政部《关于大力培育发展社区社会组织的意见》等政策，加大对社区儿童社会组织发展的资金支持，大力培育社区家庭教育、育幼服务、儿童健康服务等领域的社会组织，提供高质量、可持续的社区儿童服务。

6.3.5　优化中小学校及其周边设计

中小学校是学龄儿童最主要的活动场所。UNICEF提出的儿童友好学校“旨在解决影响作为学习者和教学主要受益者的儿童的福祉和权利的所有因素”，不只是关注教学质量，更多的是关注儿童作为一个完整人（child as a whole，no just on the“school bits”）的发展需求，包括五项基本原则：包容性；提供安全、健康和保护性的环境；有效性（实施适合每个孩子发展水平、能力和学习风格的个性化、主动、合作的学习方法）；公众参与；性别平等。目前，国内公立学校在包容性和性别平等上做得相对较好，已开展的未来学校试验、儿童友好学校试点重点关注安全的环境、有效性和儿童参与学校建设三个层面，如儿童从家到学校之间的一系列活动特征和需求，包括但不限于上下学路径、学校周边公共空间、学校建筑空间等。

上下学路径：效率导向下的现代主义城市，城市机动车保有量高。父母出于安全考虑，一般开车接送小孩上下学，儿童失去了与小伙伴在上下学途中社会化交往和自由探索玩耍、闲逛的机会。此外，很多城市道路步行路权并没有得到明确，电单车、自行车与步行空间混杂，严重影响了儿童步行的安全。目前长沙、深圳、珠海等地在儿童友好城市探索中，学校上下学步径优化是一个重要领域，具体措施涉及步行路权与非机动车的分离、明确的标识系统、优化交通信号灯管控时间、开展“步行巴士”活动等方面（图6-10）。

学校周边公共空间：家和学校两点之间的空间覆盖了儿童放学后的大部分活动范围，在其之间设置易达的游戏场地，可以作为孩子放学后的良好聚集区，满足儿童课后活动需求，促进孩子之间的社会交往；此外，家庭和学校都可能给儿童带来压力，通过在家和学校之间设置一个相对安全的缓冲空间让孩子们探索，能给儿童一种自

由、控制和自尊的感觉，并调节自身的情绪（图6-11）。

学校建筑空间：中小学教学空间的设计顺应国内教育理念而不断变化。“应试教育”“标准化教育”等教育方式起源并成熟于工业革命时期的英美等国，核心是为了短时间内以较经济的方式大量培养人才，强调“教育效率”以适应工业大发展需求，“教育就是把原材料加工成最合适的成品”；这一时期以“中厅+走廊+房间单元”为原型的学校建筑空间，更多展示的是规训和集中监视功能。20世纪中叶，尤其是21世纪以来教育界对学习本质的研究，使教育研究朝向跨学科、多学科、交叉学科方向发展，新一轮教育变革在全国展开。2021年，国家明确提出减少学生课外作业，提倡儿童的健康全面发展以来，混龄教育、个性化教育、非正式学习、平衡学习等教育创

图6-10　深圳市某街道趣味斑马线
图片来源：©园岭街道

图6-11　深圳市新沙小学改造后向城市打开的校园骑楼空间（摄影：张超）
图片来源：http：//www.archiposition.com/items/2021041 6102138

新理念开始萌芽，在课程设置上开始注重对学生个性需求的尊重，在教育方式上强调教育与真实生活的结合。适应教育变革的未来教学空间创新探索试验在国内外不断涌现，涉及非正式的学习空间营造、复合立体化的绿色空间设计、为学生提供各种游戏和亲近自然的机会、学校与社区共享空间设计与管理等诸多方面，具体的优秀实践如深圳红岭小学、上海德富路中学、北京四中房山校区等（图6-12，表6-3）。

图6-12　北京四中房山校区屋顶麦田（摄影：苏圣亮，夏至）

图片来源：https：//www.gooood.cn/beijing-4-high-school-by-open.htm

教育理念变革下国内部分未来学校探索　　表 6-3

地区	学校基本情况	空间主要探索内容
北京	北京四中房山校区（初高中） 共36个班，每个班小于30人； 用地面积：45332m^2	以“尽可能多地为师生预留课外活动空间”为原则，将平面系数控制到只有0.5； 设计贯穿整个正式教学空间的宽阔开放长廊，长廊中设置了多处半封闭式的“岛屿”小空间，成为全校师生全天候的交往学习场所； 强调学生与自然亲密接触，利用高差设置多样活动空间，并为每个班级都设置一处屋顶农场
上海	德富路中学，24班 用地面积27816m^2	通过双廊设计，丰富学校内部交通路径； 提供屋顶平台、露天剧场等多元化的非正式教学空间
深圳	红岭实验小学36班，占地10062m^2	复合、立体化的公共空间，如东西庭院、屋顶花园 灵活可变的教学空间、与社区共享的开放广场等
	儿童友好学校试点	涉及屋顶空间、绿地广场、操场、廊道、架空层等活动空间和儿童上下学步径等 详见《深圳市儿童友好学校建设指引（修订版）》
长沙	儿童友好学校试点	“创设以人为本的设施空间”“营造安全的内外环境”等方面，详见《长沙市儿童友好型学校建设导则》

措施建议如下：

（1）统筹学校与周边社区一体化设计和管理

“学校本身就是社区，对儿童友好的学校尤其能促进强烈的社区意识”。适当延展学校设计范围，统筹考虑儿童从家到学校之间的公共空间体系建设，为儿童在家和学校之间提供一个可缓冲的交往和游戏空间，包括但不限于学校周边小型绿地广场、社区公园等；倡导共享设计，鼓励学校与社区共享绿地、操场、文化等空间，并明确空间共享的配套政策和管理要求。

（2）提供可独立步行的安全上下学步径

对于新建中小学，鼓励在设计之初与周边居住小区和市政道路衔接，规划独立步行路权的步行路径，步行路径的选择可结合周边儿童出行习惯调研，尽可能串联社区儿童服务设施、公园等儿童日常生活主要场所。对于已建中小学，倡导结合社区、学校义工，开展“步行巴士”活动，引导儿童安全步行回家。

（3）探索教学空间与公共空间的灵活利用，积极创造各种游戏和亲近自然的机会

扩展传统学习区与教室空间，鼓励灵活设置教室空间大小，探索教室与室外空间的整合利用；积极创造促进学生体验、激发学习信心和兴趣的空间场景。

鼓励利用开敞或半开敞屋顶、建筑庭院等设置复合、自然化的室外空间，为学生创造各种更亲近自然的体验机会，将大自然视为日常生活经验的一部分，帮助学生整合多种技能和社会情感的发展，如设置田园农场、雨水花园等。

探索结合操场、走廊、绿地等室外空间和架空层空间，提供多样的游戏可能性，打造供师生共同使用的交互学习综合空间，并作为学生排压减压、释放攻击性、促进交往的场所。对于用地紧张的高密度地区，鼓励通过开展设计工作坊、方案竞赛等方式，探索未来学校建设多种可能，为学龄儿童提供更加舒适的就学环境。

（4）协同规划、建设和运营，鼓励儿童参与校园设计和管理

为学校使用方、规划设计和建设方搭建协调沟通平台，保证空间供给与空间需求相匹配，促进儿童友好从理念到落地的实施和使用。鼓励各校园规划和建设主管部门，在中小学校的新建、改建过程中，邀请学校管理层、学生及周边居民等利益相关方共同参与空间设计，鼓励儿童参与课堂互动以及学校更广泛的运作和管理。

（5）探索“双减”政策后，学校空间共享及多样化使用的可能性

随着国家“双减”政策实施后，学生的时间将逐步从正式课堂中解放出来。儿童时间释放后去哪里玩、公共服务怎么支撑是各地正在探索的一个重要方向。深圳、广州等地正开展校园延迟放学服务，在校园内开展德智体美劳等多样化活动，但普遍面临学校管理压力大、教师工作负担重等问题。未来，随着校园逐步从“单一功能的教

新加坡校园学生托管中心（school based student care center）

学生托管中心（SCC）为7岁（小学1年级）至14岁（中学2年级）的学龄儿童提供照料和监督（新加坡针对7岁以下儿童设置了托儿中心），分为依托学校和社区的学生托管中心。SCC为儿童在各个方面的全面发展提供了有利的环境——身体、智力、情感、社交和道德发展，以及放学后的休息场所。在校园学生托管中心，孩子可以在不离开学校的情况下从教室前往课后托管。自2006年新加坡设置学生托管中心以来，学生托管中心数量和托位数呈现快速增长态势，2019年，在新加坡社会和家庭发展部（MSF）注册、并加入“学生托管费用援助计划”（SCFA）的学校和社区学生托管中心有423个（图6-13）。

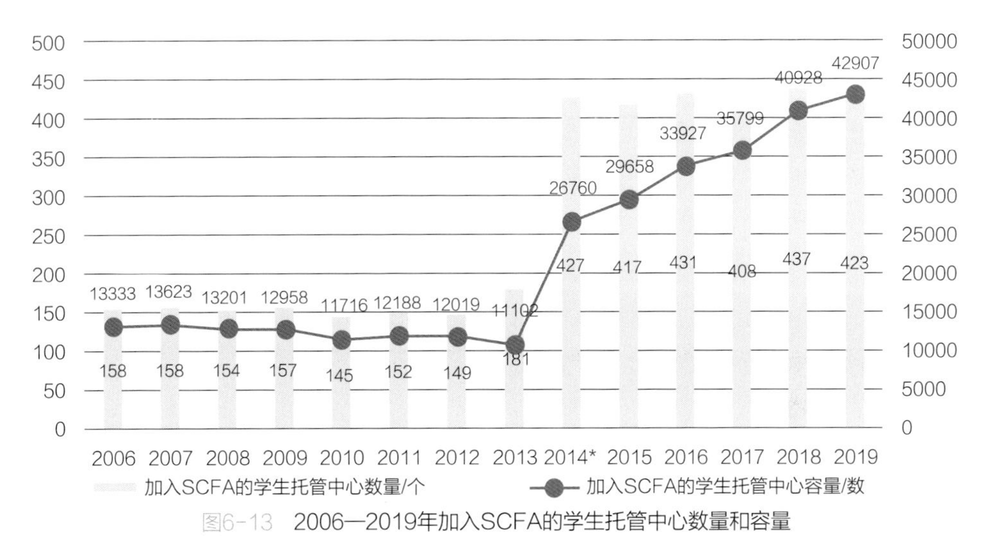

图6-13　2006—2019年加入SCFA的学生托管中心数量和容量

注：1. 2014年之前数据仅反映社会服务机构（SSA）运营的学生托管中心，从2014年起，数据反映了所有在MSF注册并加入SCFA（也称为“SCFA会员”）的学生托管中心（由SSA和商业运营商运营）。2. 数据来源于新加坡社会和家庭发展部。

一、空间要求

1. 涉及室内外空间。建议室内使用面积3m²/学生，包括学习空间以及一些活动区域/兴趣角，如手工艺品展示角落、阅读角落、互动与爱好角落、游戏角落、IT角落等。室内空间在布局上应合理划分区域，让学生写作业和各类活动互不影响，鼓励室内空间的混合使用。依托架空层、户外场地、体育场等空间为学生提供多样的体育运动和活跃的游戏；如果天气允许，适宜的室内活动也可以在室外进行。

2. 对于基于学校的学生托管中心，在得到教育部的批准下，学校可开放运动场、学校礼堂、篮球场、体操室、美术室及图书馆等设施，以确保学生中心的空间在正常上课日及学校假期期间能容纳最多的学生。

3. 学校可以将教室改造成专用的SCC场地，在教室外提供装饰以区分一般教学空间。对于空间有限的学校可于下午使用现有的教室或学生联络中心的房间，举办学生联络中心的活动和节目。这一模式将要求服务提供者与学校密切合作，发挥灵活性，并在课程规划方面创新。

二、运营情况

1. 营业时间

周一至周五上午7：30点或更早至下午6：30或更晚

周六上午7：30或更早至下午1：30或更晚

2. 职工情况

SCC的人员配置至关重要，《学生托管中心导则》（MSF）强烈建议始终保持工作人员与儿童的比例1：25，并建议所有SCC工作人员应符合基本资格，并在年龄、健康、性格、个性、知识和经验方面适合SCC的工作环境。

3. 运营方

拟设立校本学生照顾中心的小学，均应以公开方式向潜在的服务供应商采购。

三、费用和补贴

学生托管中心的收费不一，以学校为基础的学生看护费用在每月220至300$之间。参与SCC计划的学生家庭，可以申请学生看护费补助，补贴金额将取决于孩子就读的学生托管中心的类型以及家庭收入。

1. 可申请托管补贴的条件

①您和您的配偶每月必须工作至少56小时；

②家庭月总收入不超过4000$或人均月收入不超过1000$；

③您的孩子7~14岁（就读小一至中二）；

④您的孩子参加注册了学生照顾中心；

⑤您的孩子是新加坡公民；或如果是新加坡永久居民，至少有一名直系亲属必须是新加坡公民。

2. 补贴金额

补贴金额取决于申请家庭的月收入，最高可补贴98%。

对于家庭成员不超过4人的家庭	对于有5名或更多家庭成员的家庭	修订补贴（2020年7月1日）	
		对于费用＜295$的SCC	对于费用≥295$的SCC
家庭总收入/$	人均总收入/$	补贴/%	最高补贴/$
≤1500	≤375	98	290
1501~2000	376~500	95	280
2001~2200	501~550	90	266
2201~2400	551~600	85	251
2401~2600	601~650	80	236
2601~2800	651~700	70	207
2801~3000	701~750	60	177
3001~3200	751~800	50	148
3201~3500	801~875	40	118
3501~4000	876~1000	30	89
4000~4500	1001~1125	20	59

参考资料：

1. MSF. Guidelines for student care centres[R].Service Delivery and Coordination Division, Ministry of Social and Family Development，2019.

2. https：//www.moe.gov.sg/primary/p1-registration/student-care-centres

学空间”转变为提供德育、体育、美育、自然教育、社会化交往等多元功能的复合场所，学校空间尤其是教室的设置可考虑多元功能使用的可能。在管理上，可借鉴新加坡等地的校内托管中心模式，将校园课后服务管理统一移交给专门的物业管理，充分发挥其在活动运营、场地管理、餐饮服务等方面的专业能力；对于参加学校托管的家庭政府可采取补贴方式，保障普惠供给。

6.3.6 加快推进母婴室建设

“母乳喂养”对于促进婴幼儿身心健康良性发展具有重要作用，现阶段“母乳喂养”已经普遍获得了家长、专家以及全球卫生组织的支持。回归现实生活，母亲在外遇到孩子需要哺乳而找不到合适场所的情况占了一半以上，母婴室的设置面临着覆盖不均衡、使用率不高、设备不齐全等问题。2016年，国家卫健委出台的《关于加快推进母婴设施建设的指导意见》(以下简称《指导意见》)(国卫指导发〔2016〕63号)提出，“到2020年底，所有应配置母婴设施的公共场所和用人单位基本建成标准化的母婴设施”。目前，上海、深圳、广州等一线城市已经出台本地政策推动母婴室建设；其中，2019年12月通过的《深圳经济特区文明行为条例》明确规定“机场、车站、商场等公共场所应当按照相关规范配备独立母婴室和第三卫生间”，深圳市妇儿工委办印发了《深圳市母婴室建设标准指引(试行)》，对母婴室的配建场所、规模、室内设计等方面做出了详细指引。

措施建议：

①公共场所应设置母婴室，包括但不限于公共服务场所、公共交通场所、商业服务场所、游憩活动场所和商务办公场所。

②母婴室选址应符合母婴日常出行与活动需求和习惯，宜设置在公共场所主要出入口或人流集散地附近；宜为具备自然采光、通风良好的室内场所(与公共卫生间分隔)。

③母婴室设计宜兼顾考虑体验性、安全性、完备性、便利性、均衡性、通达性、卫生性、私密性等原则。

④地方出台本地化建设指引，明确功能分区、配套设施等要求(表6-4)。

国内部分地区关于母婴室配建要求　　表 6-4

地区	政策支撑	主要探索内容
北京	《北京市母婴室设计指导性图集》(2018)	母婴室使用面积不应小于4m²，并规定了小型、中型、大型、特大型对应的使用面积
上海	《关于加快推进上海市母婴设施建设的实施意见》(2018)005号	建筑面积不到1万m²且日客流量不足1万人的公共服务场所、社区0~3岁亲子活动场所等，可以根据母婴逗留、场所面积、人流量等情况，按需设置母婴设施。 各类公共场所母婴设施配置标准可以参照国家《指导意见》提出的推荐标准(见附件)

续表

地区	政策支撑	主要探索内容
广州	《广州市母乳喂养促进条例》2019	六种类型的公共场所建筑面积超过1万m^2或者日人流量超过一万人的，应当建设母婴室； 母婴室内每张产妇床位的使用面积不应少于5.5~6.5m^2，每名婴儿应有一张床位，占地面积不应少于0.5~1m^2
深圳	《深圳市公共场所母婴室设计规程》（2018）	建议母婴室面积一般不低于6m^2。所有母婴经常逗留的公共场所，宜设置使用面积不小于6m^2的母婴室

6.3.7　加强第三卫生间建设

厕所是衡量文明程度的重要标志。联合国儿童基金会一直在推动发展中国家的厕所改造，改善公共卫生条件。中国城市公共厕所和环境卫生已经建立起从国家到地方层面的规范标准，公共卫生环境已经取得长足进步。但若从儿童视角来看，根据"城市公共场所幼儿如厕问题调查研究"（2015年），发现幼儿群体如厕有其特殊性：由于幼儿身材矮小，成年人使用的坐便器、小便斗、洗手池在人体工程学上并不适合幼儿使用；幼儿如厕空间需求特殊；幼儿自理能力差，如厕需要大人的看护；与成年人相比，幼儿的如厕频率较高，且自控能力较差，成人公厕过大的服务半径也给幼儿如厕带来了一定的困难。根据2018年《社区护理学》的研究，儿童控制大小便的生理和心理准备大约在18~24个月完成，但在外如厕时，不足1周岁的儿童需要家长完全呵护与陪同，2~5周岁需要家长视情况陪同如厕，6~10周岁基本不需要家长陪同如厕。

为父母带异性低龄子女如厕提供细致关怀，可以更好地体现城市的温暖。2016年国家旅游局出台《关于加快推进第三卫生间（家庭卫生间）建设的通知》政策，要求各地旅游局开展第三卫生间全面建设。2017年上海市发布新版《公共厕所规划和设计标准》，进一步要求在"商业区，机场、火车站、汽车客运站等重要交通客运场所；旅游景区（点）、开放式公园（公共绿地）、游乐场等重要公共文体活动场所及其他环境要求高的区域设置第三卫生间"。目前，国内上海、深圳等地的公共场所均已配建第三卫生间（图6-14）。

措施建设有：

①完善现有国家公共厕所、环境卫生设施等相关规划标准与规范，或借鉴上海经验，在地方相关政策规范中，明确在公园、商业区、旅游区、公共服务设施等区域第三卫生间配置规模、服务半径、配套设施、平面布局等要求。

②第三卫生间的设计应考虑包容性原则，兼顾6岁以下儿童如厕、残疾人如厕需求，并考虑婴儿车和行动不便者进入，面积不宜小于6.5m^2。

图6-14　深圳儿童乐园第三卫生间（兼顾无障碍和母婴功能）

《深圳市高品质公共厕所建设与管理标准》（2017）

公共厕所第三卫生间应在下列各类厕所中设置：

（1）一类固定式公共厕所；

（2）二级及以上医院的公共厕所；

（3）商业区、重要公共设施及重要交通客运设施区域的活动式公共厕所。

第三卫生间应符合下列要求：

（1）位置宜靠近公共厕所入口，方便行动不便者进入；

（2）第三卫生间建筑空间不低于宽2~2.2m，进深2~2.8m，同时轮椅回转直径不小于1.5m；

（3）内部设置可包括：成人坐便器、儿童坐便器、儿童小便器、成人洗手盆、儿童洗手盆、多功能台、儿童安全座椅、挂衣钩和呼叫器，纸盒设计应确保可单手取得厕纸。

……

6.4 实践案例

6.4.1 深圳儿童友好实践基地

2015年，深圳率先提出全面建设儿童友好城市以来，在儿童社会保障、空间拓展和儿童参与等领域做了诸多的探索。其中，儿童友好实践基地作为促进儿童健康快乐成长、提高儿童综合素养和实践能力的活动场所，是践行深圳儿童友好城市建设理念的重要组成部分。截至2019年6月，深圳市妇女儿童工作委员会已授牌市级儿童友好实践基地共11个；并于2021年出台了《深圳市儿童友好实践基地建设指引（试行）》，明确了图书阅读类、展示互动类、文艺剧场类、体育运动类、自然生态类、综合服务类、社会体验类等7种儿童友好实践基地类型，并从空间、服务、文化和管理运营四个层面提出了建设指引，以期引导和规范深圳市儿童实践基地建设。

案例链接：深圳中国钢结构博物馆

由中建科工集团有限公司举办，是中国首个也是唯一以建筑钢结构和桥梁钢结构为主题的博物馆，集收集、展览、研究、教育、交流于一体，融科普性、学术性、趣味性、参与性于一身，展陈面积1538m²，免费向公众开放（图6-15）。

互动体验：设有专门互动厅，让观众通过游戏增强对钢结构知识的理解和对施工现场的感知，如“小小建筑师”游戏互动、3D打印钢结构、工地搬运工等。

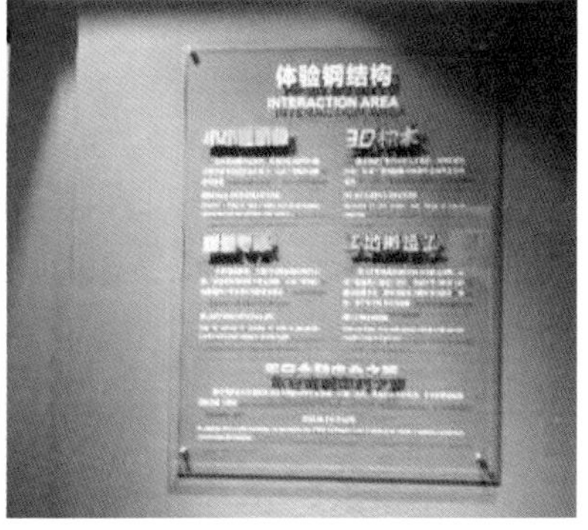

图6-15　深圳中国钢结构博物馆

6.4.2 深圳红岭实验小学

小学位于深圳福田区安托山西侧，周边为新建高密度住宅区。项目占地面积约1hm^2，建筑面积35588m^2，办学规模为36班，2019年10月正式开学。学校从建筑设计到办学体制、管理模式、课程设置都全面创新，旨在培养面向未来的学生，是深圳教育改革探路的先行实践。在空间设计层面，该建筑荣获ArchDaily评出的2019年度全球50个最佳建筑之一。项目利用场地北高南低的条件，设置了复合、立体化公共空间，将各种绿化空间与各个标高上的交通、交流、边坡、屋顶空间结合起来，形成形态多样、三维蔓延的山谷庭院，如结合学校地面和地下建设的庭院、上下层交错的半户外活动空间以及结合屋顶设置的园艺农场等。而成对的鼓形学习单元为互动式、混合式教学提供多种可能性，并且利用每层的三排课室从南往北各有1m的高差，形成立面秩序与学习单元的色彩错动，丰富视觉体验。此外，该项目还积极探索了学校与社区共建的可能，在面对街道转角的出入口处，退让一个近900m^{2}的共享开放广场，供人流集散；同时也正在探索四点半放学后，学校负一层的体育和艺术中心对社区全面开放的可能性。

由红岭实验小学引领，福田区推出“福田新校园行动计划——8+1建筑联展”，探索高密度校园的新思路，提出了“新校园计划”七项设计原则：致力于以环境激发学习和交流；塑造可持续发展的绿色生境；将场所发展为师长和伙伴外的第三教师；呈现社区记忆、拓展地方历史；促进校园自治、开放与共享；强化空间的灵活自主与多样性；建造安全舒适、真实自然的建筑（图6-16）。

向城市打开的立体山谷庭院

北侧山谷庭院中的户外剧场

上下层交错的半户外活动空间

图6-16 红岭实验小学（摄影：张超，吴嗣铭，黄城强）

图片来源：https://www.gooood.cn/hongling-experimental-primary-school-china-by-o-office-architects.htm

6.4.3 北京母婴室建设

在国家卫健委提出《关于加快推进母婴设施建设的指导意见》的基础上，北京出台了《母婴室设计指导性图集》(2018年)，明确了母婴室“标识设置与使用面积”“设置位置及标准”“平面布置”“室内环境及细节设计”“实例”等内容；截至2020年8月，全北京交通枢纽、商业中心、旅游景区等公共场所和企事业单位已配置母婴室2200余家。

《母婴室设计指导性图集》

使用面积：母婴室使用面积不小于4.0m^2。功能分区一般为盥洗区、哺乳区、备餐区、休息区；其中，盥洗区和哺乳区是必备的功能区（图6-17）。

小型：功能设施配置满足基本要求，所需面积较少，使用面积4m^2≤S<10m^2，布局紧凑，适用于规模较小的公共场所、儿童较少参与的公共场所、改造工程等。
中型：功能设施配置满足一般使用要求，所需面积适中，使用面积10m^2≤S<15m^2，普遍使用于各种规模的公共场所。

大型：功能设施配置齐全，环境舒适，所需面积较大，使用面积15m^2≤S<25m^2，适用于规模较大、儿童经常参与的公共场所。

特大型：功能设施配置齐全，环境舒适，所需面积较大，使用面积S≥25m^2，能容纳人数多、使用于规模大、儿童参与频繁的公共场所，例如大型商业建筑、大型交通建筑、动物园、儿童乐园、游乐场等。

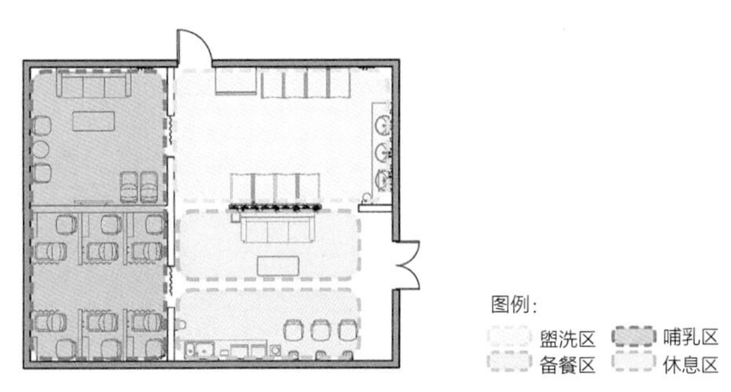

图6-17 母婴室功能分区示意图
图片来源：北京市规划和国土资源管理委员会

实际案例：北京 SKP 母婴室（图6-18）

母婴室 引导台

空气净化风扇及温奶器

图6-18 SKP 母婴室室内照片
（摄影：祺哥说事）

6.4.4 美国博物馆体系

根据美国博物馆与图书馆管理协会的统计，美国已分类博物馆主要分为7大类（图6-19），包括艺术博物馆、植物园和自然保护中心、儿童博物馆、历史博物馆、自然历史和自然科学博物馆、科技博物馆和天文馆、动物园水族馆和野生动物保护基地；其中，儿童博物馆占5.9%，共437个。考虑到儿童博物馆创始的初衷就是要尊

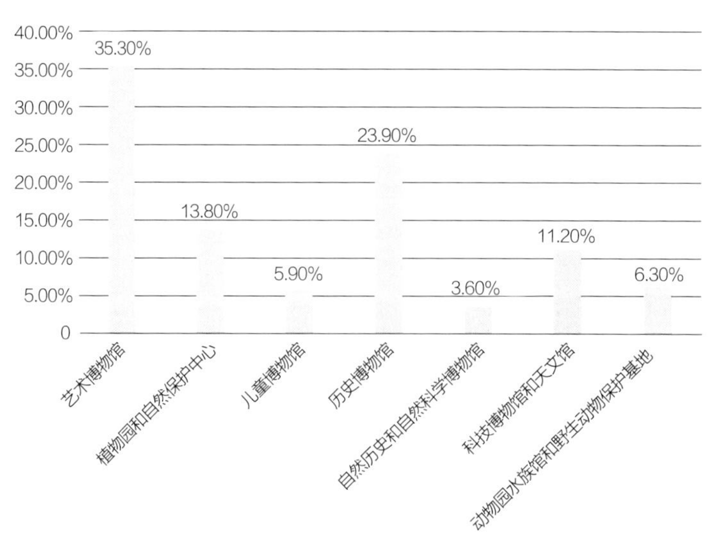

图6-19 2018年美国博物馆类型（作者自绘）
资料来源：https://www.imls.gov/；https://mp.weixin.qq.com/s/NKJpTi_49Am9Lj0HTpeg9Q.

美国印第安纳波利斯儿童博物馆

世界最大的、在美国最受欢迎的儿童博物馆，占地面积117400m^2，建筑面积52000m^2，年均接待观众数量达127万人，年度财政预算2700万美元。博物馆对2岁以下的孩子免费，2~17岁儿童票价17.25美元，成人21.5美元。

· 使命

在艺术、科学和人文学科上创造非凡的学习经历。

· 功能多样、包含室内和室外活动场地

设有12个主要场馆，场馆主题涉及物理、自然科学、历史、世界文化和艺术等多个方面，例如恐龙馆、科技馆、芭比娃娃馆、车体验馆、天文馆、百年剧场、运动场、艺术馆等，拥有超过11万件藏品。

· 以家庭教育和儿童互动贯穿陈展策划

用互动式、参与式取代动手操作，并总结了45种家庭成员间的互动行为，通过以多样可接触的展品和玩具，配合虚拟环境和生动的讲解与阐释手段，让孩子和家长在“家庭学习”这一框架下充分动手动脑、沉浸式学习，通过参与、合作与讨论等方式获得有益的博物馆体验。

· 分年龄段教育

如“恐龙展”将教育目标横向针对幼儿园、一年级至八年级分区成9个对象群，纵向自然科学、语言艺术两个维度进行分析，制定出切实可行的教育目标。

· 友好化指引

博物馆官网设有专门的导引，家长可以选择何时去参观；并且网站会根据孩子年龄大小、喜欢的展览类型，给出推荐的游览方式（图6-20）。

图6-20　印第安纳波利斯儿童博物馆儿童活动区和外观

图片来源：https ://www.childrensmuseum.org/

重儿童的发展需求而不是成人对物品的诠释，“教育”一直是儿童博物馆的核心功能；因此儿童博物馆在美国成了儿童早期成长不可或缺的社会教育资源，被称为是美国中小学教育的第二课堂。美国博物馆每年在教育方面的花费多达20亿美元，有些博物馆甚至将教育预算的75%专门投给幼儿园至高三阶段的学生。

6.4.5 日本儿童馆

在日本，儿童馆是法律明文规定的儿童福利设施之一，《儿童福利法》（昭和22年法律第164号）第40条明确提出“儿童福利设施，包括儿童游乐园、儿童馆等，是为儿童提供健全的游戏，以增进其健康或增进其情操为目的的设施”；并于1948年出台了《儿童福利设施设备及运营基准》，提出“儿童馆等室内儿童福利设施应设置集会室、游戏室、图书室及厕所”；主要服务对象是3岁以上的幼儿、小学1~3年级的少年以及在白天没有监护人的家庭等需要儿童健康培养指导的学生。尤其是伴随日本城市化、少子化、父母双职工等情况，儿童伙伴和玩耍空间越来越少，日本政府在2007年开始创设“放学后儿童计划”的基础上，于2014年发布了《放学后儿童综合计划》，依托儿童馆（儿童中心）一体化实施“放学后儿童教室”与“放学后儿童俱乐部”计划，并延续至今，是日本稳步推进课后教育服务的重要基石。截至2019年（令和元年），日本儿童馆共4453所，其中公营2553所，民营1900所，民营儿童馆（非营利组织）呈现逐年上升趋势（表6-5）。

日本儿童馆的种类、功能、特征　　表 6-5

	小型儿童馆	儿童中心		大型儿童馆	
			大型儿童中心	A型	B型
面积	217.6m²以上	336.6m²以上	500m²以上	2000m²以上	1500m²以上
设置	市町村（含特别区）、社团·财团法人、社会福祉法人等	市町村（含特别区）、社团·财团法人、社会福祉法人等	市町村（含特别区）、社团·财团法人、社会福祉法人等	都道府县	都道府县 市町村 社区·财团法人、社会福祉法人等
运营				都道府县 *社区·财团法人、社会福祉法人等可被委托	
功能特征	儿童游戏、增进健康、丰富情操；促进地区活动组织	小型儿童馆功能+体力增进指导功能（+年长儿童育成功能）	小型儿童馆功能+特年长儿童活动配置	儿童中心功能+县内儿童馆的指导和联络调整等	儿童中心功能+自然中住宿的野外活动功能
对象	未满18岁的儿童 *小地区的低龄留守儿童	未满18岁的儿童 *缺乏运动的低龄留守儿童	未满18岁的儿童 *年长儿童优先	未满18岁的儿童 *所有儿童	未满18岁的儿童 *所有儿童

注：1. 关于“儿童馆的设立和经营”，根据1990年8月7日第123号厚生劳动省副部长的通知和厚生劳动省儿童和家庭事务局局长第967号通知制定。
2. 根据文献改绘：厚生劳动省官网.关于儿童之家[EB/OL].[2021-08-10]. https：//www.mhlw.go.jp/bunya/ kodomo/jidoukan.htm.

案例

1.神户市　六甲道儿童馆

设施规模：小型儿童馆

运营组织：2006年开始由指定的非营利组织S-pace运营

开馆时间：1974年5月4日

职工：15名（全职3人，放学后儿童支助人员10人）

年度运营经费：2017年，3850万日元（约229万元）

国家财政补贴：小型儿童馆3914万日元，儿童中心5550万日元（以平成22年度预算为准）

年度接待人员：44719人，其中婴幼儿10475人，保护者10397人，1~3年级2733人，4-6年级1543人，初高中生1195人。

2017年活动类型：儿童健康培育事业、育儿家庭支援事业、在家育儿家庭支援事业、地区儿童保育支援据点事业等。

2.东京都江东区南砂儿童馆

多功能的儿童活动空间

· 一共有两层楼，每个房间的功能区分都不相同，可以满足不同年龄段和有不同兴趣爱好的孩子的需要。设有迷你图书区、游戏室、图工室、集会室。

完善的细节设施

· 哺乳室、尿布台、无障碍卫生间（儿童适用）、淋浴室；

· 楼梯间设计考虑儿童尺度，设置低矮的阶梯、高矮两层扶手栏杆。

多样化、注重家庭互动的儿童活动

· 每三至周四针对不同年龄的低龄宝宝开展亲子活动；

· 为小学低年级孩子提供下午放学后的看护服务和游戏活动；

· 儿童DIY手工作坊、亲子互动游戏活动；

· 每天开展乒乓球、跳绳、呼啦圈等体育运动；

· 每月为社区内当月过生日的小朋友一起举办生日会。

百花街道旁玩耍的儿童

第七章 安全的街道空间

Chapter VII Safe Street Space

孩子们利用街道的户外空间进行许多不同的活动，城市的公共空间经常被占用，用于他们自己的游戏。他们在人行道上搭起帐篷，甚至搭起小屋，并保护它们不受任何年龄段入侵者的破坏。在街道上玩耍，没有什么玩具或其他手段，通常需要更高水平的创造力。

——莉娅·卡斯滕

安全的街道空间，为儿童提供了一个“更大的游戏空间”，可以自发地探索、创造和交往。

儿童是街道初始意义的需求者

一天清晨，笔者照例送孩子上学，穿过小区里一条步行路就到达学校正门。每天，这条路上迎来送去无数的孩子和家长。今日偶遇一位戴红领巾的男孩儿，二年级的样子，他拉着一个有轮子的书包。笔者好奇地问：“你为啥拿这种书包，上几年级呀，很多书吗?”他笑着说，“因为我心脏做过手术，是心脏肺动脉病症，不能劳累，所以不能背书包，一般是三岁前发现做手术，我是七岁才发现，得这个病的很多孩子都死了，只有我七岁了做完还能活着！我妈妈给我请了最好的医生，我住院的时候插了好多管子哦，但我当时也不觉得害怕。”他边说边笑，边笑边重复着说，“我还活着！我还活着！”笑容里充满了无法言说的幸福感！

每天，在城市的步行道路上，不知道能发生多少类似的交往故事，他们产生在孩子之间、成人之间，或孩子和成人之间。

从人类第一个城市起，街道就与城市相伴相生。与现代城市为车服务的街道不同，古代的街道主要服务于步行和马车等交通，还是工商业集散的场所空间，是发生各种生活故事的公共空间。现代的街道，除了特定意图设计为社会交往和商业行为的街道空间，基本都过于偏重通过性的交通功能，忽视了初始意义中重要的社会交往功能。儿童的生活没有成人那么忙碌，或者说儿童并不对效率这个事情给予首要的关注，街道对他们的交通性意义要低于成人，儿童所需的街道，首要的是保障基本步行安全，因为儿童的交通权利是步行和自行车，而不是机动车。其次是街道的社交属性，这里承载了开心和不开心，承载了从严格规训的学校里放学后的欢乐时光，承载了父母接送的温情，承载了青春懵懂的爱，承载了彩虹般的情感和记忆。

街道，对于成人的意义更多的是效率；对于儿童，那是穿梭在学校、家、社区间的时空隧道，是生活和情感的万花筒。

7.1　在街道中发现生活

7.1.1　对孩子而言，街道不仅仅是“通行”空间

在汉语意境里，“街道”一词通常有两种含义，一种是行政区划的单位，地位和镇、乡相同；另一种含义是“街”和“道”的合称，《北京街道更新治理城市设计导则》中给出的街道定义为：“街道是一种基本的城市线性开放空间，是由道路两旁建筑围合的公共空间……既包括道路红线范围内的人行道、非机动车道、机动车道、隔离带、绿化带等空间，也包括道路向两侧延伸至建筑之间的扩展空间。”本章节论述对象主要为第二种意义上的街道，涉及三个内涵：

首先，街道应该是带有街区环境的空间。街道往往指“城市中两侧有房屋建筑的道路”，单纯以过境交通为主的如高速公路、铁路、高架桥路等往往不会被视为街道。美国评论家B.鲁道夫斯基（Bernad Rudofsky）表示：“街道的生存依靠周围的建筑。街道不会存在于什么都没有的地方，亦不可能同周围的环境分开。换句话说，街道必定伴随那里的建筑而存在，完整的街道正是由于沿着它有建筑物才成其为街道，摩天大楼加空地不可能是城市。”

其次，街道是一种通道，应该承载着城市交通运输的使命。在过去，街道是人与马车混行的通道，而现在，街道是机动车、非机动车、人行共享的通道。从道路断面来看，一个完整的街道往往包含非机动车道、人行道、机动车道、绿化隔离带等；2016年颁布的《上海市街道设计导则》将街道划分为交通功能设施、步行与活动空间、附属功能设施、沿街建筑界面等四大部分，街道不可避免地承担着机动车快速往来的交通职能。

第三，街道应该是容纳城市日常生活的一种场所。朵琳·玛西在《收复街道》（*Street Reclaiming*）中提及过一个概念——“自发的邂逅”，街道上意想不到的会面是街道的天然魅力。鲁道夫斯基在《人的街道》一书中将街道比喻成“城市的房间”，当人们从私宅中走到街道上时，就仿佛踏入了城市的“客厅”。阿兰·B.雅各布斯在《伟大的街道》中写道，一条伟大的街道可以“有助于邻里关系的形成、促进人们的交谊与互动，共同实现那些他们不能独自实现的目标”，以及“是街道，而不是独栋的建筑在发挥影响力。街道是一个场所，它将人们聚集在一起，并为人们的活动提供了环境与背景”。即克利夫·芒福汀所说的“街道在任何时候既是道路又是场所。”

对于城市中的儿童而言，街道的“场所性”要甚于“通行性”，街道是他们活动的重要区域，是儿童联系“常住的家庭”与“常往的别处”（学校、医院、公园等空间）

之间的“必经脐带空间”，是孩子们积累社会经验的学习空间，也是与小伙伴日常上下学的线性交往空间。街道是每个人都会使用到的公共空间，而儿童往往是一个城市中的弱势群体，若一个城市的街道能被儿童及其抚养人充分、安全、快乐地拥有，那么这个城市必然会是一个更舒适、更友好的城市（图7-1）。

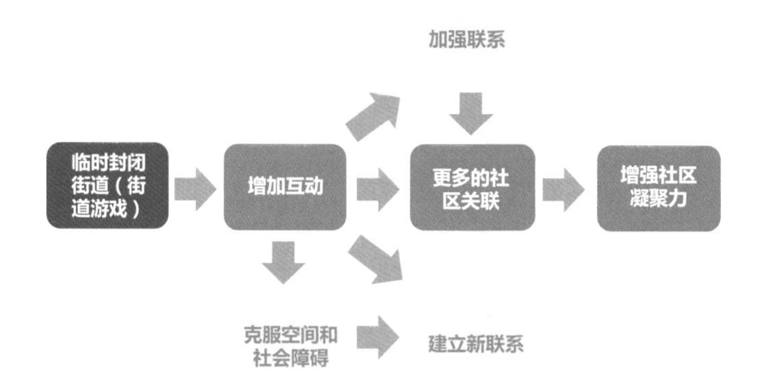

图7-1　临时封闭街道（街道游戏）对社区连通性和凝聚力的社会影响
资料来源：根据《为什么临时封闭街道玩耍对公共健康有意义》改绘

7.1.2　为什么街道要儿童友好

（1）对儿童友好的街道更有利于儿童身体健康，降低患病风险

街道是儿童最易到达的城市公共空间与户外空间，也是儿童活动发生频率最高的场所。扬·盖尔在《交往与空间》一书中提到：“尽管有完善的公园和步行道路系统，不同年龄的儿童大部分户外活动时间仍用在地区道路上或道路两侧。”完善的街道空间环境建设，可以为儿童提供更优质的活动场所，为儿童体力活动提供更积极的心理暗示，从而促进他们的身心健康与发展。英国布里斯托大学的研究“为什么临时封闭街道玩耍对公共健康有意义”（Why Temporary Street Closures for Play Make Sense for public health）显示，“在街道游戏的儿童比一般儿童多出3~5倍的运动量”；而户外运动量的增加对于现代主义城市中儿童日益显著的肥胖问题可以起到缓解作用；根据澳大利亚的相关研究，如果10~12岁的儿童每天都可以进行户外游戏，那么三年后超重的发生概率会降低。另外，街道上的自发游戏与游戏场地设计好的游戏有很大的差别，可以更好地激发儿童的创意。

（2）对儿童友好的街道有利于儿童拓展社交与发展认知，也有利于促进社区融合

道路红线用地往往会占据城市总用地的25%，是城市重要的公共空间组成部分，同时也是儿童与社会链接的最初起点。街道有别于家庭与社区，是儿童拓展空间活

动，接触公共活动、社会、城市的重要通道，也是启迪儿童社会性经验发展的重要场所。街道活动具有日常不确定性，为孩子们提供了与跨年龄、跨世代且跨学区人群交往的机会，儿童通过在街道上的行走、观察与游戏，可以获取丰富的社会体验。根据《2017年维也纳步行报告》（*Vienna on Foot Report for 2017*）的测试结果，步行上学的儿童明显表现出了更强的环境感知力（包括对建筑、景观、人、色彩等内容），也就是说街道在实现儿童生理、认知、社交和情感等方面发展上都有积极的作用。如果仅仅把街道当成机动车行驶或者经过的空间，则大大低估了街道的价值，街道应该承载起激发公共交往、促进社区融合、提升邻里归属等更多的责任。

（3）对儿童友好的街道更有利于保障儿童人身安全，降低交通事故伤害率

道路交通伤害是五岁以上儿童死亡的四大原因之一，全世界每年约有18.6万名儿童死于道路交通事故，每天有500多名儿童死亡。为此，2015年第三届联合国道路安全周的主题为“拯救儿童生命”，倡导采取5大策略来拯救孩子们的生命，包括学校周围限速、安全带校车、儿童头盔、儿童安全座椅、严惩酒驾（图7-2）。

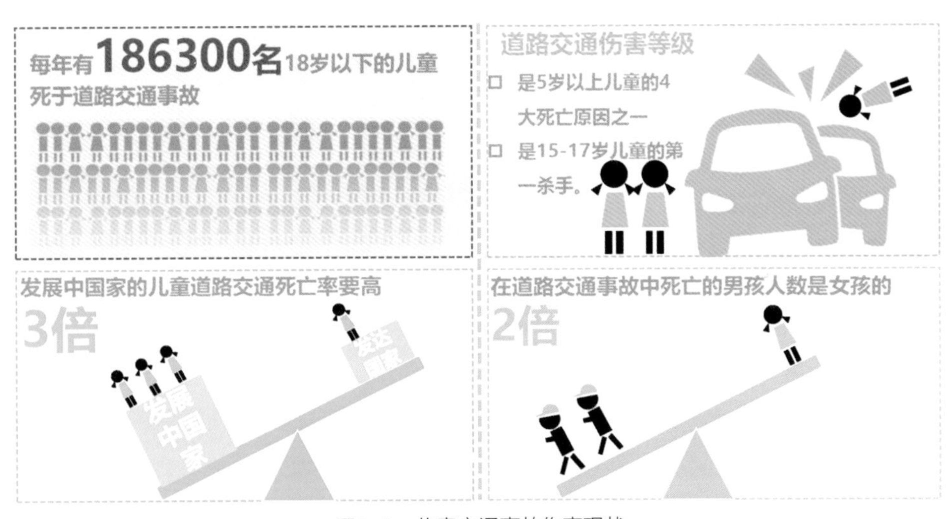

图7-2　儿童交通事故伤害现状

资料来源：根据联合国道路安全周官网（UN road safety week）数据改绘

（4）对儿童友好的街道可促进出行方式改变，有利于自然环保

儿童友好的街道往往对步行、骑行更友好，这有利于人们选择绿色出行方式，进而有助于减少温室气体排放、减缓全球变暖。2014年6月，维也纳理工大学交通规划和交通工程研究中心的研究显示，各种交通方式碳排放系数中，步行和非机动车最环保，为零排放，公共交通排放值为161，而小汽车碳排放系数为900。欧盟气候行动

最突出的主张即为“尽量采用步行、骑行公共交通，来取代小汽车”。《维也纳2019年出行报告》（*Vienn Mobility Report*）中提到“在维也纳，40%的二氧化碳来自私家车出行”，报告中大部分市民表示当街道行人信号灯等待时间变短、提供更多休息长椅、有不被电动滑板车及自行车干扰的独立步行空间时，他们会更乐意选择步行作为自己的出行方式。伦敦在2019年增设了“超低排放区”，限制最具污染性的柴油货车、巴士、长途客车、小巴在城市中行驶，评估结果发现该举措成效显著，机动车交通量约下降10%~30%后，PM污染物、氮氧化物浓度约降低40%以上（图7-3）。

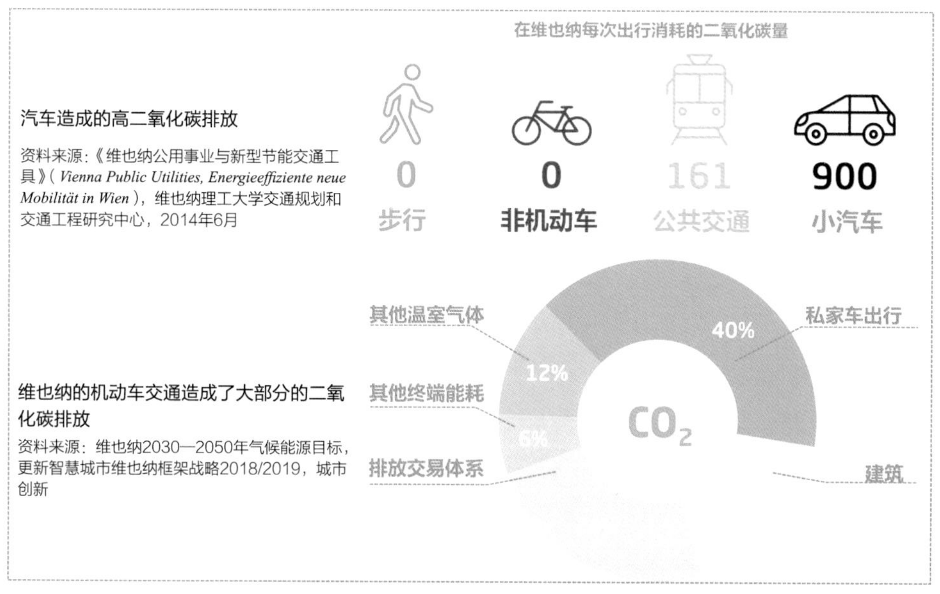

图7-3　出行方式对环境的影响
资料来源：根据《维也纳2019年出行报告》改绘

7.2　问题：被遗忘的游戏容器

毛不易在《南一道街》里面唱：“一条大路通东西，两边有树不高也不密，小风它吹走行人的倦意，夏天不用睡凉席。一场大雨落了叶满地，柏油路映出那人影稀，路边的砖头是大人的桥，小孩儿用它做游戏。”儿童曾经拥有街道，街道曾经是儿童游戏行为发生的一种空间容器。但如今孩子们已经慢慢失去了街道，就儿童友好层面而言，当前国内城市街道的问题集中体现在两个方面：一是交通事故仍然是威胁国内居民生命安全的第一原因，儿童的街道安全需要进一步得到保障；二是由于路权过于倾向机动车，传统街道的社交属性正在逐渐消逝，街道渐渐不再是吸引儿童停留、游戏的空间。

7.2.1　儿童街道安全缺乏保障

机动车超速、酒驾、不使用安全装置等交通危险因素对成人和儿童均会产生影响，但由于很多道路在最初是根据成人而不是儿童需求设计的，儿童在街道出行时更易发生危险，如儿童视线低且视野范围较窄，易忽略周边环境变化；儿童身材矮小（如三岁儿童的平均身高是95cm）不易被司机看到；未能发育成熟的感知能力，儿童缺乏对危险的提前判断；儿童的注意力容易被更有趣的事物吸引，常规的交通标识对其缺乏吸引力；部分儿童会希望通过冒险行为探索行为的边界，无形中给自己带来了危险。

由于很多国家和城市更多地偏向机动车路权，忽视行人路权，造成全球一半以上的道路交通死亡发生在行人、自行车骑行人和摩托车骑行人之间。世界卫生组织（WHO）2020年公布的《2020年世界卫生统计：针对可持续发展目标监测卫生状况》的研究报告显示，中国道路交通死亡率（每10万人口）为18.2%，远高于日本（4.1%）、新加坡（2.8%）、韩国（9.8%）、澳大利亚（5.6%）。

对儿童而言，交通伤害是除了疾病之外占比最高的死亡原因。世界卫生组织2008年的报告显示，全球交通死亡事故受害者中，21%为18岁以下的儿童；我国道路交通伤害的发生情况缺乏系统数据，尚无全国的发生率、流行率、致残率等资料。2006年公安部门处理的道路交通事故中，14%以上的受伤者为20岁以下人群，达6万余人次，其中60%为16～19岁。南京市交管部门曾在2015年，对南京市0~16岁未成年人交通事故进行盘点，发现一天中有9个小时最易出事，即：6：00—9：00、12：00—15：00、16：00—19：00，这三个时段往往是学生在校外活动的高峰时间段，通常是上下学的时间，也是早午晚交通高峰，路上车辆也多，发生交通事故的概率也明显增加（图7-4）。

7.2.2　儿童连贯出行精度不高

20世纪70年代，欧洲及美国意识到出行系统的“可达设计”（accessible design）非常关键。而出行系统的可达水平高低，往往取决于最大公约数——婴儿车、轮椅等使用人群的出行体验与可达范围。在街道设计的初期，若能以儿童、残障人士的行为能力为参考，将有助于提升街道整体的贯通性，但综合来看，部分城市街道在无障碍系统、标识系统等设计中，尚未能更加细致地考虑儿童及照料者的需求，距离为儿童提供绝对路权、清晰指引和舒适环境的目标尚有一定差距。

	3.1.1	3.2.1	3.2.2	3.3.1	3.3.2	3.3.3	3.3.4	3.4.1	3.4.2	3.5.2	3.6.1	3.8.1	3.9.1	3.9.2	3.9.3	3.a.1	3.b.1	3.b.1	3.b.1	3.b.1
	孕产妇死亡率[b]	五岁以下死亡率[c]	新生儿死亡率[c]	新增艾滋病毒感染[d]	结核病发病率[e]	疟疾发病率[f]	乙型肝炎患病率[g]	死于四种主要非传染性疾病的概率[h]	自杀死亡率[e]	酒精消费量[i]	道路交通死亡率[e]	全民健康覆盖服务覆盖指数	空气污染死亡率[j]	水卫项目死亡率[e]	中毒死亡率[e]	烟草使用流行率[k]	接种第三剂百白破三联疫苗[l]	接种第二剂麻疹疫苗[m]	接种第三剂肺炎球菌结合疫苗[l]	接种人乳头瘤病毒疫苗[n]
会员国	2017	2018	2018	2018	2018	2018	2015	2016	2016	2018	2016	2017	2016	2016	2016	2018	2018	2018	2018	2018
澳大利亚	6	4	2	0.04	6.6		0.15	9.1	13.2	10.5	5.6	87	8.4	0.1	0.2	16.2	95	93	95	80
文莱达鲁萨兰国	31	12	5		68		0.34	16.6	4.6	0.5		81	13.3	< 0.1	0.3	15.5	99	98		89
柬埔寨	160	28	14	0.05	302	23.7	0.56	21.1	5.3	6.6	17.8	60	149.8	6.5	0.6	21.8	92	70	84	
中国	29	9	4		61	0.0	0.83	17.0	9.7	7.0	18.2	79	112.7	0.6	1.4	24.7	99	99		
库克群岛		8	4		0.0		0.22				17.3					26.6	99	99		99
斐济	34	26	11		54		0.34	30.6	5.0	3.3	9.6	64	99.0	2.9	0.4	26.7	99	94	99	46
日本	5	2	1	0.01	14		1.95	8.4	18.5	8.0	4.1	83	11.9	0.2	0.4	21.9	99	93	98	< 1
基里巴斯	92	53	23		349		3.65	28.4	14.4	0.5	4.4	41	140.2	16.7	2.6	52.0	95	79	94	
老挝人民民主共和国	185	47	23	0.08	162	4.2	1.94	27.0	8.6	10.7	16.6	51	188.5	11.3	0.9	37.8	68	57	56	
马来西亚	29	8	4	0.18	92	0.0	0.17	17.2	5.5	0.9	23.6	73	47.4	0.4	0.5	21.8	99	99		83
马绍尔群岛		33	15		434		1.56										81	61	67	28
密克罗尼西亚(联邦)	88	31	16		108		0.89	26.1	11.1	2.5	1.9	47	151.8	3.6	1.0		75	48	67	60
蒙古国	45	16	9	0.01	428		1.72	30.2	13.0	8.2	16.5	62	155.9	1.3	1.6	27.6	99	98	26	
瑙鲁		32	20		54		2.11			3.7						52.1	90	94		
新西兰	9	6	3	0.03	7.3		1.20	10.1	12.1	10.6	7.8	87	7.2	0.1	0.2	14.8	93	90	96	58
纽埃		24	12		71		0.24			10.7							99	99	99	
帕劳		18	9		109		0.21									23.7	95	75	89	48
巴布亚新几内亚	145	48	22	0.26	432	184.5	2.24	30.0	6.0	1.4	14.2	40	152.0	16.3	1.7		61		43	
菲律宾	121	28	14	0.13	554	0.2	1.07	26.8	3.2	6.9	12.3	61	185.2	4.2	0.2	24.3	65	40	43	1
大韩民国	11	3	1		66	0.1	0.69	7.8	26.9	9.7	9.8	86	20.5	1.8	0.5	22.0	98	97	97	63
萨摩亚	43	16	8		6.4		1.05	20.6	4.4	2.7	11.3	58	85.0	1.5	0.5	28.9	34	13		
新加坡	8	3	1	0.04	47		0.47	9.3	9.9	2.0	2.8	86	25.9	0.1	0.1	16.5	96	84	82	< 1
所罗门群岛	104	20	8		74	133.6	2.93	23.8	4.7	1.8	17.4	47	137.0	6.2	0.9	37.9	85	54	84	
汤加	52	16	7		10.0		2.35	23.3	3.5	0.8	16.8	58	73.3	1.4	1.3	30.2	81	85		
图瓦卢		24	16		270		0.70			1.5						48.7	89	81		
瓦努阿图	72	26	12		46	4.0	8.48	23.3	4.5	2.2	15.9	48	135.6	10.4	0.9	24.1	85			
越南	43	21	11	0.06	182	0.1	1.20	17.1	7.3	8.7	26.4	75	64.5	1.6	0.9		75	90		

[a] 可比估计数是指同一参考年份的国家数值，可进行调整或建模，以便能够在国家之间进行比较，并为有基础原始数据的国家和在某些情况下为没有基础原始数据的国家编制。完整可持续发展目标3指标见附件2。从蓝色到橙色的阴影表示死亡率、发病率和流行率指标从低到高；疫苗接种覆盖率和服务指数指标从高到低。

[b] 每10万活产
[c] 每1 000名活产
[d] 每1 000名未感染人口
[e] 每10万人口
[f] 每1 000名高危人群
[g] 5岁以下儿童中 / %
[h] 30~69岁之间 / h
[i] 人均纯酒精≥15升
[j] 每10万人口年龄标准化
[k] 18岁以上成年人中年龄标准化 / %
[l] 1岁儿童中
[m] 按国家推荐年龄计算 / %
[n] 15岁女孩中 / %

图7-4 以可比估计数报告可持续发展指标摘要表（西太平洋区域的国家）

资料来源：《2020年世界卫生统计：针对可持续发展目标监测卫生状况》（*World health statistics 2020：monitoring health for the SDGs，sustainable development goals*）

笔者在济南某步行街推婴儿车行走时，曾遇到了很尴尬的事情：限制机动车的球状路障在广场上摆得密密麻麻，挡住机动车的同时，也把婴儿车挡了个严严实实，最后只能高举沉重的婴儿车，在路人的注视下狼狈通过。在当今，类似令人不快的场景还有：地铁站内换乘缺乏垂直电梯的设置，很多母亲只能选择在危险的电动扶梯上推婴儿车，讽刺的是电动扶梯旁通常会设置禁止推婴儿车使用的标识；至今仍有不少公共建筑、商场、住宅区缺乏无障碍通行坡道，婴儿车只能人力搬行；虽然有些城市划分了独立的步行道，但依旧有突然驶入的非机动车打断孩子们行进的脚步；部分过街红绿灯设置时长过短，缺乏对儿童步速的考虑；部分交叉口及道路中段，缺少对人行道路缘石高差的细节考虑，影响婴儿车、轮椅等工具的连贯性使用；对于一些身体有障碍的特殊儿童而言，部分设计不到位、被停车/商摊隔断的盲道，也影响了他们出行的连贯性，等等（图7-5、图7-6）。

图7-5　济南某步行街设置的路障挡住了汽车，也挡住了婴儿车

图7-6　左图：非机动车与步行混行；右图：非机动车停放占据步行道

7.2.3 儿童街道游戏日渐式微

现代主义城市的建设更加追求效率、技术、速度与管理，街道作为人类活动场所和社区活动发生器的观念正在被抛弃。街道的场所性正在逐渐降低，人们本能地认为街道属于机动车，街道逐渐变成对行人没有吸引力的开敞空间。但不管是东方还是西方，孩童都曾拥有街道，勃鲁盖尔的名画《儿童游戏》（图7-7）中描绘了欧洲16世纪的80个儿童街头游戏：抽陀螺、滚铁环、跳山羊（图7-8）……中国的20世纪八九十年代也是一样，孩子们用粉笔或者棍木去创造线条、围合空间，进行跳房子、下棋、弹珠、竞技游戏等多种自助创造性的游戏，街道空间比如今小区预先设计好的游戏空间更能激发孩子们的创造力（图7-9）。

当下，城市路权更多倾向机动车，父母们认为街道变得越来越不安全。英国一项研究显示：从1971年到1990年，无需成人监督的步行上学儿童比例从80%下降到9%。“成人们不能让孩子们脱离自己的视线，只能开车送他们去运动场等地方，而不是让他们步行和骑自行车外出，把他们绑在汽车的后座，每日接送上下学、运动课和钢琴课，孩子们像溺爱中的囚徒——被宠爱、被限制，同时又

图7-7　勃鲁盖尔的《儿童游戏》描绘了欧洲16世纪的80个儿童街头游戏

图7-8 《纽约市儿童街道生活回忆录》中呈现的20世纪三四十年代纽约上东区的街头游戏
图片来源：Jennifer Blizin Gills. Life on the Lower East Side[M]. NewYork：Heinemann，2003.

图7-9　20世纪八九十年代中国的街头游戏
图片来源：中国新闻网

不断被责备。”街道已经从一个综合性场所（交通、玩耍、社交）变成单一性场所（交通），即使规划师们在城市社区中为儿童设立了独立的游戏空间，也与以往线性的、连贯的街道场所空间不同，是固定不可移动的、跳跃分散的、被特定设计的、材质单一的场所空间，孩子们安全快乐、随意自由的街头游戏活动日渐式微，儿童游戏转向室内和商品化玩具。在中国这样的少子国家，城市儿童的游戏活动室内化进一步削弱了独生子女的儿童群体社交机会，逐渐成为被成人圈养在室内空间的金丝雀，过着孤独、静止式的生活。

儿童爱玩是一种天性，虽然街道往往被家长认为是不安全的，但在街头依旧可见自由玩耍的孩童（图7-10）。儿童的街道游戏宜疏不宜堵，若是不能在街道上给儿童明确划分更有吸引力的安全游戏空间，不仅会抹去他们的游戏权利，还将会把他们推向不安全的另一极。

图7-10 孩子们在街头天然进行的非正式游戏

7.3 安全与趣味的街道改造建议

7.3.1 现有街道改造探索方向

（1）导则指引，从“点到儿童”到“重视儿童”

2013年12月，住房和城乡建设部发布《城市步行和自行车交通系统规划设计导则》，但对儿童的出行保障着墨不多，仅提出“应特别注意步行和自行车系统的无障碍设计，以方便老人、儿童及残障人士出行”。2016年，上海市规划和国土资源管理局、上海市交通委员会编制并发布了《上海市街道空间设计导则》，该导则提出街道设计要为所有行人服务，沿街活动要考虑儿童玩耍，鼓励在生活服务街道和景观休闲街道提供儿童游戏场等。

2017年，深圳市罗湖区政府发布《罗湖区完整街道设计导则》，该导则鼓励孩子们自主通勤，鼓励步行、骑自行车上学，减少机动车使用。虽然该建议更多的是出于绿色环保考虑，而非儿童独立性发展的角度，但其提出的儿童独立出行理念在当时已经是国内较为超前的观念，对后续街道设计导则起了很好的引领作用。2018年，深圳市福田区政府发布《福田区街道设计导则》，超前地提出了对街道游戏空间的包容与提前设计，并结合不同年龄阶段的儿童身心发展需求差异，理念超前地对街道场所制定了差异化的游戏场地分区指引。

2019年深圳出台的《深圳市儿童友好出行系统建设指引》是国内较为领先的、以儿童需求为主的建设指引。该指引立足深圳市儿童友好城市的建设要求，着重提升儿童出行品质和提升道路资源利用效率，加大路权分配力度，保障儿童出行空间要求，提升儿童街道活动安全性，注重智慧引领，从行人交通系统、自行车交通系统、机动车交通管理、道路外部空间等方面，提出对儿童友好的建设内容，并在儿童参与、组织实施、评价体系方面提出了系统性的指引。

2020年，北京市《北京街道更新治理城市设计导则》，提出“考虑面向全龄人口的需求，尤其是要为儿童和老人提供绝对路权、清晰指引和舒适环境”。为了提高老人与儿童出行的安全性和舒适度，提出“限制机动车速度，提升慢行出行比例和慢行舒适度。鼓励有条件的支路外延路缘石，采用尽量小的路缘石转弯半径，缩短行人过街距离、增加行人驻足空间。有条件的还可以使用抬升式过街通道，营造更加安全的过街环境”。此外，导则鼓励通过营造祥和邻里、营造宁静胡同、营造安静校园等精细设计方式，确保儿童友好性（图7-11）。

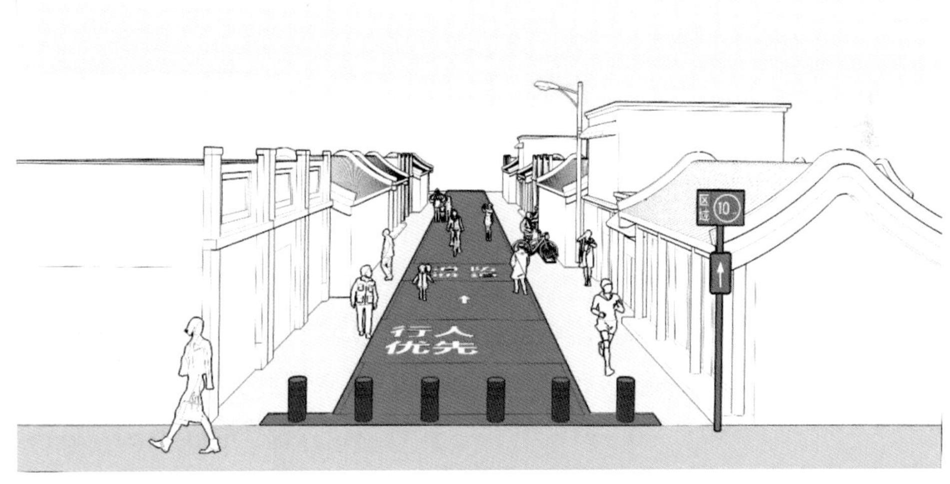

图7-11　可供儿童休憩、玩耍的胡同空间
图片来源：《北京街道更新治理城市设计导则》

2020年，国际性非营利组织交通与发展政策研究所（ITDP）发布了《中国儿童友好城市蓝皮书——公共空间与交通篇》，针对儿童的身心发展需求，提出要建设“富有生命力的街道、令人放心的街道、人文关怀的街道、善于倾听的街道”。通过梳理

国内外先进案例经验，从城市环境对儿童的影响出发，深入分析中国儿童友好建设的现状和挑战，提出建设儿童友好城市的街道建设建议（图7-12）。

富有生命力的街道	对应儿童大脑发育、心理发育、生理发育所需的生命力、创造力和场所互动，对富有生命力的街道提出步行友好、骑行友好、活跃界面、口袋公园、停车位公园、玩耍街道等活跃街道的措施。
令人放心的街道	对应儿童生理发育所需的环境安全、交通安全、上学安全，令人放心的街道提出稳静化、低排放区、与自然结合、安全上学路等安全街道的措施。
人文关怀的街道	对应儿童和看护人所需的友好尺度，充满人文关怀的街道提出15分钟生活圈、小尺度街区、无障碍设施、经济便民的公共交通等包容街道的措施。
善于倾听的街道	儿童友好的街道，必须倾听儿童声音，了解儿童需求，支持儿童参与。倾听儿童声音的街道在政策及保障服务层面为儿童权益保驾护航，提出顶层设计指引、丰富儿童参与、资金保障制度等措施。

图7-12 ITDP提出街道改造的四个方向

资料来源：《中国儿童友好城市蓝皮书：公共空间与交通篇》

（2）通学安全，从“聚焦空间”到“服务延展”

通学路径往往指的是社区与学校之间上、下学之间的路线，是学校周边、学生慢行必经的道路。保障儿童通学路径安全，是建设儿童友好街道的重要抓手。当前儿童友好的通学路径建设已经不仅仅局限在空间层面，还联动学校、家长志愿者，延伸扩展了如“步行巴士”等更多灵活的服务内容。

在空间层面，国内针对儿童通学路径的建设已经积累了不少经验，如台湾的“规划通学巷+社区通学道”计划、长沙的“校区周边交通优化计划”、深圳的“童安全出行系统试点行动”等，重点主要集中在街道设施与学校周边空间的改造。街道设施改造重点包括设置通学路径、行人独立路权保障、“爱心斑马线”、“步行巴士”（排路队）选线、停车设施优化，在重要的过街节点设置手动式人行过街信号灯、立体过街设施与人行道抬高等；学校周边空间改造包括学校围墙的拆除美化、景观植物栽培、家长接送区域再设计、通学路景观整体配合设计等。

①中国台湾的“规划通学巷”“社区通学道”计划。通过结合学校、师生、家长、社区居民、社区建筑师等不同群体意见，针对不同特色与需求的学校，台湾各个城市

改造出了不同特色的社区通学道。截至2019年，台南市已打造、改善10所学校的通学步道，新竹市打造完成14处通学步道，惠及27所学校。

②长沙的“校区周边交通优化计划”。2016年，长沙市在5个城区选择了10所具有较大影响力、学生规模较大、存在较为严重交通拥堵的学校，通过对学校周边街道与公共空间的改造，探索儿童友好学校的规划建设。

③深圳的“童安全出行系统试点行动”。为落实《深圳市建设儿童友好型城市战略规划（2018—2035年）》与《深圳市建设儿童友好型城市行动计划（2018—2020年）》要求，深圳市交通运输局将儿童友好出行系统建设和片区交通综合整治工作相结合，全市共划分为387个整治片区，包括重点片区91个，一般片区单元296个。其中，明确要求重点片区要考虑重要学校的出行需求。已选取石厦、白沙岭、红荔片区作为试点，以“童心+童趣”的理念打造安全、舒适、有趣的儿童友好出行环境（图7-13）。

图7-13　深圳红荔片区彩绘斑马线
图片来源：公众号@深圳妇联

在服务层面，目前国内主要通过强化交通安全教育，强化“家—校—社区”联合行动，组织“步行巴士”等活动。如：成都市高新区桂溪街道动员儿童、家长、社区居民成为志愿者，规范非机动车停放、维护周边交通秩序，为儿童营造安全的交通环境；深圳市宝安区福海街道借鉴国外经验，打造了国内首条“步行巴士”线路，并于2018年儿童节前夕正式开通，该线路全长约500m，连接桥头学校、塘尾24区、幸福花园等多个站点，截至2021年3月，福海街道已有4所学校试行了“步行巴士”（图7-14）。

（3）允许游戏，从“固定供给”到“临时封街”

澳大利亚乐卓博大学调研“1000条街道游戏运动”后，发布的《街道游戏如何促进儿童身体素质》指出“街道游戏惠及的将不止于身体素质的提升，还包括了对社交能力、认知能力、创造力的积极改善”。目前，国内各地在推进儿童友好城市的建

图7-14　深圳福海街道步行巴士
图片来源：公众号@深圳妇联

设过程中，不少城市已经意识到，保障儿童游戏的权利、创造自由安全的游戏环境，是整个社会的责任，街道作为儿童日常活动的重要空间之一，在保障儿童安全的前提下，也应适当允许儿童游戏，为儿童自发游戏、创造社交提供启发性、教育性、趣味性的空间承载。为此，诸多城市已结合道路相邻的外部公共空间及建筑退线，导入绿化、景观、休憩、游戏等要素，让街道空间更加宜人亲切。典型做法如：上海市在第二届“1+1空间艺术计划”中在普善路三角绿地中的趣味路面游戏植入；深圳市“百花儿童友好街道”中的街道边的趣味墙面游戏、攀爬游戏植入，以及园岭街道上步路旁的街头游戏设施植入等（图7-15）。

图7-15　深圳百花街道街头游戏场地

除了在街道中补充点状的游戏场地，部分城市也在探索通过“临时封闭街道”的方式，让孩子们进行更畅快、更痛快的游戏活动。临时封闭街道的做法起源于英国，国外诸多城市都进行过有组织的街头游戏活动，鼓励孩子们走出家庭，通过非结构性的户外游戏与邻居们相熟，这些游戏更加有趣包容，通过更加自发的活动让孩子们更为自主地表达自己。英国Play England发布的《为什么临时封闭街道进行游戏有益于公众健康》报告中曾指出：“户外游戏有利于儿童的体能强健，并有利于降低儿童肥胖率。”但在现代社会中，儿童花在户外的时间和在街道上独立行走的机会都在减少，而临时封闭街道进行游戏是一种行之有效的干预措施。已经开始进行探索的活动有：台北市“还我特色公园联盟”组织的“儿童重返街头”活动，在台北市政府前广场前，设置了6大游戏主题区，供儿童进行吹泡泡、纸箱造房等游戏活动；深圳市蛇口基金会组织的“蛇口无车日”活动，对临近海上世界的“工业三路、兴华路”进行交通管制，让孩子们参与“嘉年华巡游”“创意市集”“都市野餐”等板块（图7-16）。

图7-16　蛇口社区无车日活动

图片来源：公众号@深圳妇联

7.3.2 措施一：提供安全适幼的交通环境，促进儿童独立出行

独立出行对儿童自信心的建立及能动性培养非常重要。当前促进儿童交通安全的行为规范已较为成熟，如规定身高150cm以下儿童须使用安全座椅、身高150cm以上儿童佩戴安全带、骑车需佩戴头盔、加强儿童的交通安全教育、限制酒驾等，并提供减少交通事故伤亡的医疗救护服务等。但这些常规的做法还不足以培养儿童出行的独立性，我们期待通过更为系统的、以儿童视角为先的预先设计，让街道成为对儿童和家庭更为安全的场所。

（1）降低车速

鼓励采取交通镇静措施（如设置减速带、限速墩等措施），在校园、居住区和游戏场所周围强制减速到30km/h以下。

①我国卫生部编制的《儿童道路交通伤害干预技术指南》提出：当碰撞速度在30km/h以下时，步行者和骑车者的生存率能大大提高，此速度也应成为居民区和学校周围地区的限速标准，鼓励通过规定道路行驶速度、自动测速摄像头执行限速。

②通过设置红绿灯、减速带、限速墩、小街区、缩小路缘半径等“交通稳静”措施改造道路，降低行车速度。

③车速超过30km/h的街道，应通过路面加高、缓坡与隔离设施，保障自行车骑行的舒适性与安全性。

④当条件允许时，学校附近也可设置“禁止汽车驶入区域”。

（2）醒目警示

保证照明，加强监控，如学校周边交叉口的醒目化改造，提示司机进入儿童密集区域。

①良好的街道照明与完善的街道监控可以在很大程度上保障儿童出行的安全、降低犯罪率，保障照明的亮度与均匀性，机动车与非机动车须安装昼间行驶灯。为了提高街道的趣味性，可以提供各种各样的光源，并加入有趣的元素，例如儿童高度的灯和可互动投影光源。

②交通标识系统需考虑儿童识别能力，可适当放大信息特征或者色彩醒目化，提高儿童的易读性。在“学校区”或“慢行区”应增加标识标牌。

③对学校、图书馆等重要服务设施周边的交叉口进行醒目化改造，如使用能见度高的阶梯斑纹和斑马斑纹，使用独特材料、独特颜色进行路面铺装改造。尽可能增加交叉口路缘的延伸，在距离十字路口至少3m的地方放置停车栏杆，并尽量减少十字路口3~5m范围内的视觉障碍。

英国“20's Plenty”运动

在全球有500个社区团体正在为时速32km/h（20mph）的运动而努力。英国接受了《斯德哥尔摩宣言》，规定“在易受伤害的道路使用者和车辆频繁且有计划地混合的区域中，最高道路行驶速度为32km/h（20mph）”，大约70个地方采用了20mph作为限制人们生活工作或娱乐的街道限速。爱丁堡的研究发现，车速降低到20mph，生存率提高了7%~10%，伤亡人数减少了20%以上，允许儿童玩耍的次数增加了一倍，骑自行车上学的次数增加了两倍，所有老年人的骑行和步行能力都提高了，汽车使用量也下降了（图7-17）。

图7-17　英国“20's Plenty”活动
图片来源：“20英里每小时就够了”官网（20's Plenty for Us）

④交叉口信号灯的设置时长应保障步速较慢的低龄儿童、老年人能顺利通行，建议将行人的等待时长保持在40秒以下；引导行人间隔，让行人比转弯的车辆先起步，可以让孩子们更容易被拐弯的司机看到。

（3）明确路权

通过隔离措施，保障儿童路权，保障新建人行道宽度在2m以上。

①行人与机动车平等获得街道空间。有条件的街道可通过明确的隔离措施，明确机动车、非机动车、行人的路权，保障儿童步行与骑行安全。若空间有限，可通过绿化带、画线、抬高非机动车与步行道空间的方式隔离机动车。

日本的通学路径

日本的通学路径大部分是由学校主导修建的儿童上下学固定走的主要路线，是为保障学童上下学安全而设置的路径，通常被规划在临近学校10到15分钟路程的主要街道上，为了避免危险，往往不会设置在人烟稀少的小巷。日本重视儿童的独立性，鼓励小孩从低年级就自己步行上学，为了达到这一目标，日本的安全街道条例做了非常完善且细致的要求。例如日本青森县安全条例中提出：在较宽的道路上，尽可能做到人车分离；注意道路设计及植栽的配置与修剪，注意社区公园与广场休憩设施的布置；确保通学道无视线死角，若存在死角，需在四周墙面装设镜子；在通学道附近设置“儿童·女性110之家”等紧急庇护场所；设置照明设施确保夜间行人安全；针对地下道等犯罪高发高危场所，设置监视与报警装置等，此外，为了进一步保障学童安全，日本也会联合各方进行软性组织上的保护，如低龄儿童会由高年级学生带领、沿途有老师站岗清点人数等（图7-18）。

图7-18　日本通学路

图片来源：“关于日本的一切”官网（all about japan）

②学校、医院及社区重要设施周边的道路应避免设置“人非共板”的道路，以免儿童受到自行车、电动车的冲撞，可采用高差隔离、设施隔离、材质区分等方式予以隔离。

③不同年龄阶段、不同身体状态的儿童对空间的需求会有差异，建议预留不少于2m宽的人行道，以适应多元化的步行需求（图7-19）。

④学校周边宜设置不低于2.5m宽的通学路径，并通过明确的隔离措施进行分隔。

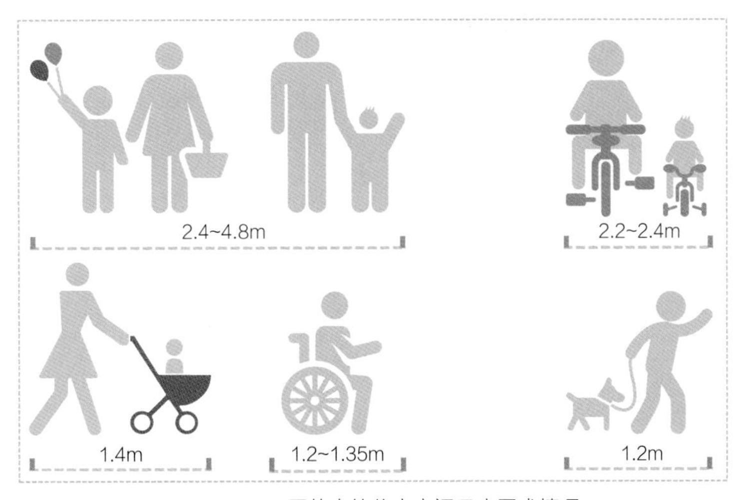

图7-19 不同状态的儿童空间尺度需求情况

珠海金湾区的安全出行空间设计

2019年，珠海市金湾区出台《金湾区少年儿童友好型社区建设导则》，以“保障少年儿童出行安全、倡导绿色低碳出行、因地制宜设计出行空间”为原则打造少年儿童友好社区安全出行系统，从“安全出行空间网络构建、安全出行路径设计、安全出行节点设计、核心节点空间设计”4个方面提出安全出行空间设计内容。同年发布的《金湾区少年儿童友好型试点社区建设规划及近期重点建设项目方案》中将学道及航空新城小学周边空间综合整治列为近期重点项目，具体的改造措施有：通过彩色涂装将人行道划分出1.5m宽的学生安全路径；机动车停车线到斑马线之间用彩色涂装提醒司机注意；公交站两侧加装减速带限速等（图7-20）。

图7-20 珠海市金湾区学道、风雨长廊
图片来源：公众号@珠海市金湾区委宣传部

（4）便捷可达

尽可能提升公共服务设施的邻近性与可达性，提高儿童独立出行比例。

①尽量将儿童日常使用频率较高的公共设施、商业设施布置在步行与公交可达的区域，为儿童独立活动提供空间支撑。

②应充分利用地面和立面，更为清晰地为孩子们提供重要设施的标识指引，地图、立牌的高度应考虑儿童身高，色彩、文字、图案应清晰易读。

③保障监控设施在儿童上下学路径的零盲区，强化街道眼，提高儿童独立出行的安全系数。

（5）无障碍设计

①街道隔离设施的布置间距应考虑婴儿车、有轮车及轮椅等工具的通行连贯性。

②在每个人行横道和标高变更处安装人行道坡道。坡道应由防滑材料制成，最大坡度为1：10（10%），最好为1：12（8%），并应垂直于人行横道对齐。

③交叉口信号灯的设置应考虑无障碍化，信号灯亮起时应同时有听觉及震动指示。

④街道沿线的公共厕所应提供可变的台面，确保残疾人无障碍使用公共厕所。

7.3.3 措施二：创造安全有趣的玩耍机会

玩耍对孩子们的成长至关重要，有益于身心发展与社交创造。我们无法阻挡儿童的自发性游戏，街道作为孩子们日常行走的必经空间，在保障交通安全、不影响道路的连续、畅通的情况下，应尽可能地为孩子们提供学习和玩耍的机会（图7-21）。

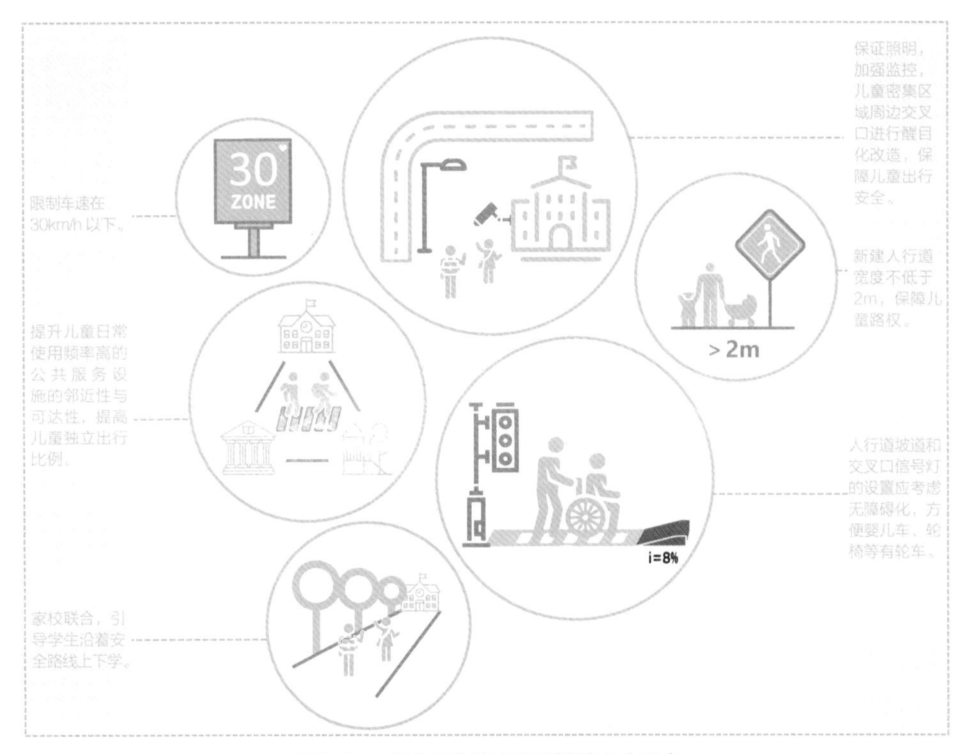

图7-21　安全活动的交通环境的六个要点

（1）提升趣味化

提升孩子们出行的趣味性，促进孩子们的想象力与创造力发展。

①可在街头公园、街头广场、车行量较少的上下学路径、人行道、建筑物退线、临街空白外墙等空间，通过增加色彩、植物、艺术作品、游戏设施等方式，丰富儿童行走趣味性，美化街道景观。

②公交候车区可成为提供游戏、休憩、停留的有趣空间，地面和立面都可以通过游戏、艺术改造，给孩子们的候车时间增添一些乐趣。

③充分利用无机动车行驶的步行街巷作为街区休闲专用街道，为孩子们创造更多玩耍和消磨时间的专用空间。

④通过设计或者增加游戏将街道拓展到城市与私人物业之间的地带，激励土地权属单位拆除或者重新设计围墙和栏杆。

⑤改善高架桥下的消极空间，为家庭创造休息和游戏空间。

（2）补充教育性

可结合自然景观补充科普教育性元素。

温哥华“空中投篮”（ALLEY OOP）街巷改造

2016年，温哥华市中心商业改善协会（DVBIA）改造了一个温哥华现有的、未被充分利用的商业区巷道Hastings Street，并将其重塑为一个引人入胜的以游戏为主题的公共空间，行人可以在这里玩空中投篮或者跳房子的游戏。在改造之前，调查者发现该巷道平均每小时只有6辆汽车和30个行人经过，是未被充分利用的街巷空间。通过街道的重新设计，鲜艳的色彩、可供休息的座椅、丰富的照明吸引着人们来这个空间玩耍，为社区提供了新的活力（图7–22）。

图7–22 温哥华“空中投篮”街巷改造

图片来源：More Awesome Now Laneway Learning Guide

多伦多“桥下公园”（Underpass Park）改造

多伦多新西唐兰兹（West Don Lands）街区里士满和阿德莱德街立交桥下方空间曾经是一个被遗忘和废弃的消极空间，主要用于非正式停车并存在一些非法的活动。2015年滨水区振兴计划将其改造为了一个充满活力、安全独特的社区公园，立交桥成为公园“免费提供”的遮风避雨天花板，带状墙的垂直和水平起伏增加了视觉趣味和游戏机会，而高高的草丛和区域性景观选择则在严格的城市环境中提供了“狂野”的暗示。通过LED灯增加照明，同时减少上方重型结构压迫性，并为社区居民在恶劣天气下进行篮球、旱冰曲棍球和滑板运动等活动提供可能（图7-23）。

图7-23　多伦多“桥下公园”
图片来源：PFS工作室

以色列埃米尔（Amir）大道游戏化改造

埃米尔大道位于哈代拉的城市中心区，长约160m，宽约12m，构成了城市历史核心区域的一部分。设计师未将中央的小路设定为带座位的林荫大道景观带，而是将其改变为可供玩耍和集会的场所，场所包括许多游戏元素，如木材原木，跷跷板和小山的草地，以及非正式的雕塑座椅元素，被称为黄色圆圈，用于休息，会议和游戏。这些独特的设计鼓励孩子和其他人创造性地互动，他们可以爬上去，坐在里面，走在它们之间。黄色的圆圈在夜间被照亮以提供光线（图7-24）。

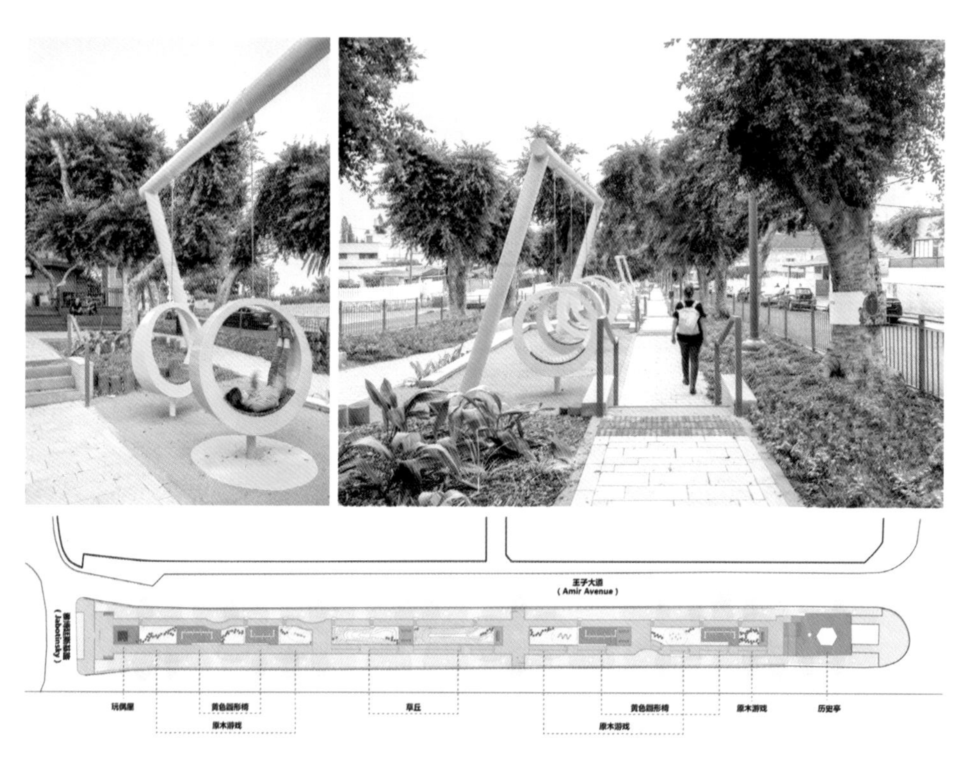

图7-24　以色列埃米尔大道游戏化改造方案
图片来源：BO景观设计公司官网 @Yoav Peled

①环境影响与塑造着儿童，可以补充路旁植物的科普，培养孩子们学习并激发灵感。

②考虑能吸引蝴蝶、鸟类及其他动物等的植物。选择可食用的、无毒的、无刺的植物，考虑低花粉种类，以避免过敏性哮喘。

③在靠近座位和游戏空间的地方放置树木，这样它们可以在需要的地方提供阴凉。

7.3.4　措施三：可停留，补充全龄友好的街道家具

儿童体能有限以及国内隔代抚养的常态化，导致了儿童与其照护者往往需要更多的休息空间，未来街道不仅仅是一个线性的通行空间，也应成为儿童、照护者、老年人可休息、可驻留的节点场所，更包容一些为婴儿喂食或换尿布的行为产生，也更有利于儿童及其照护者与周边环境产生更有意义的互动社交。

（1）结合周边建筑退线，营造更适应气候、更宜人舒适的步行环境

①利用街道两侧建筑退线空间以及建筑凹进位置，如入口、门廊空间，通过柱廊、雨棚、遮阳棚等为行人提供逗留休息交流的空间。

②有树荫遮蔽的街道会增加行人接触自然的机会，也会带来更加舒适的行走环境，缓解身体压力与情绪紧张。

③注重坡道与无障碍设施的补充，方便推着婴儿车或者坐着轮椅的家庭使用。

（2）补充街道家具

①关注细节，提供公共座椅、风雨连廊、儿童友好的公共厕所、儿童高度的饮水处、垃圾桶等服务设施；街道家具及相关设施不能太靠近相邻的车道，要靠近主要目的地（学校、图书馆、商店等）、游戏空间、公园、广场和街角、候车区等空间，且应固定到不干扰无障碍通道的区域。

②考虑不同城市的气候差异，鼓励结合气候特点有选择地在阳光处或在阴凉处布置。

③考虑座位舒适和无障碍，公共座位宜0.5m高，并有扶手和背部支持。为鼓励社交，在条件允许时长椅长度可超过3m，座椅旁侧区域应为轮椅、婴儿车的停驻留有空间。

④尽量使看护者临近儿童游戏空间。确保座位和腿部空间不干扰无障碍通道。

⑤理想状态下，在重要的公共空间附近，宜将座椅每隔50~100m布置在照明良好的区域。

⑥公共座椅应选择易于维护的设计和材料，并与当地气候相适应，应利于排水，耐磨损，若为金属材质需考虑高温或低温气候下的温度。

纽约市“街道座椅（street seats）计划”

“街道座椅计划”是覆盖纽约全市的一项计划，任何在建筑底楼或者经营沿街商铺的企业或者机构都可以提出申请，经纽约交通运输部及当地社区委员会批准通过后，可以在路缘或者宽阔的人行道安装座椅，为行人们提供一个吃饭、读书、社交的活力新环境。纽约交通运输部还制定了“街道座椅设计指南”，对座椅宽度、标识标志、护栏护柱、车轮档杆等细节提供设计指引，并强调必须包含种植、面向街道面必须有与车行道隔绝的物理屏障，并保持对街道的清晰视线等（图7-25）。

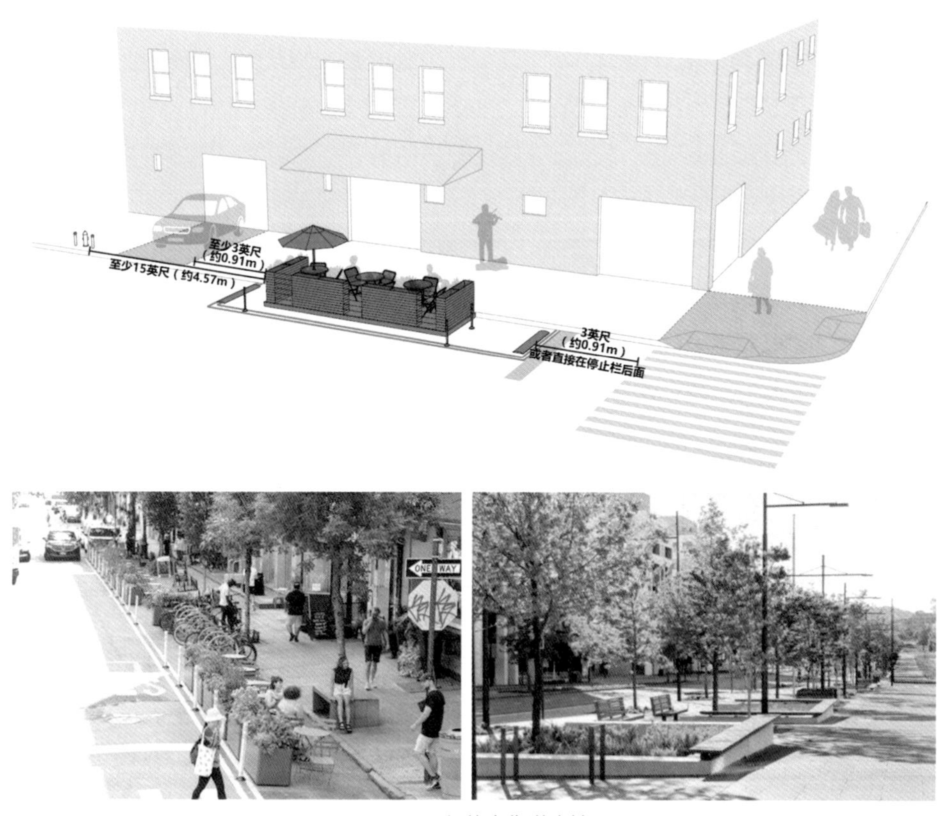

图7-25　纽约市街道座椅
图片来源：《街道设计手册》（*Street Design Manual*）、纽约交通管理局官网

7.3.5　措施四：可参与，许可限时开放的街道活动

为了激发街道的公共活力，以及为缺少专属游戏场地或绿地的社区提供更多公共活动的可能性，应允许社区工作站、当地居民、本地企业或其他非盈利组织申请街道的公开调用，经当地政府、交通部门及居民同意后，部分街道在特定时刻暂时性封闭或半封闭，以将路权更多地让步于行人与非机动车，通过街道公共艺术装置、街道儿童游戏、音乐，舞蹈和戏剧表演激活街道活力（图7-26）。

图7-26　临时限制性本地通道和临时封闭通道

（1）适用范围

①适用于尽端路、短街区或T形交叉路口。

②不应选取双向通行道、通行压力大、公交车或者货车通行的街道；街道不应有施工建筑、脚手架或者其他安全隐患。

③宜选取在缺少活动空间的社区或学校周边。

④鼓励有不间断的公共活动，如街道游戏、艺术活动或戏剧表演等。

（2）申请与资助

①由社区、居民或组织自行发起并在城市公共空间（尤其是广场，人行道或道路）上举办的活动，宜申请由政府、交通部门审查和批准，公示街道封闭的大致时间与活动类型，并取得一定比例的当地社区居民同意。

②由街道、社区或者非盈利机构组织，目的是响应政府激发公共空间活力的号召，可向政府申请开放街道权限与资金支持，或向相关企业申请赞助。

③由城市政府发起的年度大型无车活动，可向社区组织、艺术家和表演者发出公开邀约与资金支持，具体申请需经交通部门审查批准。

（3）模式与注意事项

①临时性局部通车模式——允许机动车以低于10km/h的速度进行接送、本地送

货、城市服务等必要性通行，车行空间与公共活动空间需有物理性隔断。

②临时性全面禁车模式——可采用完全封闭措施进行更为丰富的活动，但宜预留宽度大于4m的通道保障紧急车辆通行。

③组织者宜制定安全计划，其中应包括适当的路障和停在街区的车辆。

英国上街玩吧（playing out）

2009年，英国布里斯托的两位妈妈艾丽斯·弗格森与艾米·罗斯认为现代社会剥夺了很多孩子们“出门就能玩耍”的权利，为此，她们提出在特定时间内将小区一条非主干路封闭，让孩子在马路上自由玩耍，该行动非常成功，社会反响热烈，并影响了英国相关法令的修改。当局政府可以依托道路交通活动的审批权力，允许街道每周定期或每月临时封闭，通常一次封闭三个小时，由当地父母和其他居民充当警长，监督机动车步行速度行驶或者改道，该运动不仅促进了孩子们的玩耍也让邻里更加融洽。目前，在英国已有超过1100个街道、100多个地方政府定期封街游戏，促成超过3.5万的儿童与1.7万的成人直接参与其中，还有86个地方政府将“街道游戏”写入政策并进行长期补助。现如今“街道游戏”的风潮已经从英国逐渐延伸至澳洲、美国、加拿大乃至亚洲的新加坡、日本等国家。两位妈妈成立的非盈利组织“Playing Out CIC”联合“Play England”还在持续发力，包括为计划进行封街游戏的组织者提供封街游戏的指导手册、封街时间建议，以及提供含封路标志、反光警示牌、组织手册、海报、传单、街头粉笔、街头游戏套件于一体的工具包等（图7-27）。

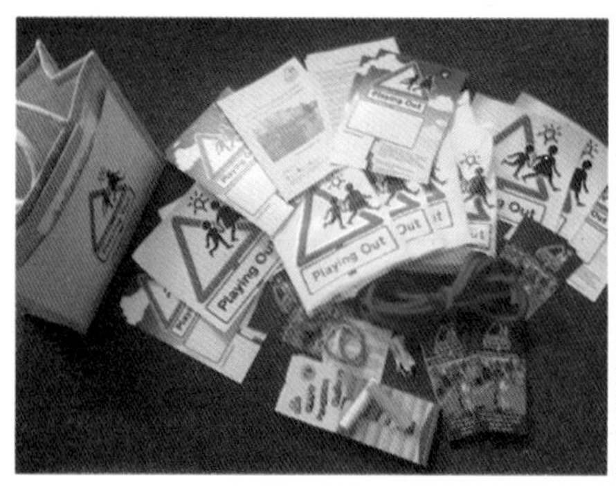

图7-27 英国playingout提供的封街游戏工具包
图片来源：“上街玩吧”官网

④明确告知临时性封闭的具体日期和时间，并采用显著的道路封闭标志、圆锥形标志或其他可移动构筑物，例如雪糕筒、垃圾桶或彩旗，用以告知街道封闭。

⑤每个道路封闭点都应有志愿者或者管理人员对周边车辆进行交通改道指引，以保护儿童免受车辆伤害。

纽约第78街游戏街（78th street play street）

纽约第78街位于杰克逊高地（Jackson Heights），人口密度高、移民人口众多，居民的收入水平也较低，是纽约所有社区里人均公园面积倒数第二匮乏的社区。2008年当地居民为了改变公园活动空间缺少的现状，社区活跃分子组成了杰克逊高地绿色联盟（JHGA）倡议探索封闭78街的一条街道，禁止汽车进入，用以孩子们玩耍和邻里聚会。起初，交通委员会拒绝了该提议（部分原因是担心停车和交通），但当地居民仍然坚持并对该决定提出异议，最终改变了委员会的立场。这条街道一开始只在夏天的周天下午封闭，而后是整个夏天封闭，现在市政府已经同意永久封闭这条街区用以公共活动。如今，第78街游戏街获得了各年龄段人的喜爱，人们在此聚集，享受户外电影放映、现场音乐、踢足球等活动（图7-28）。

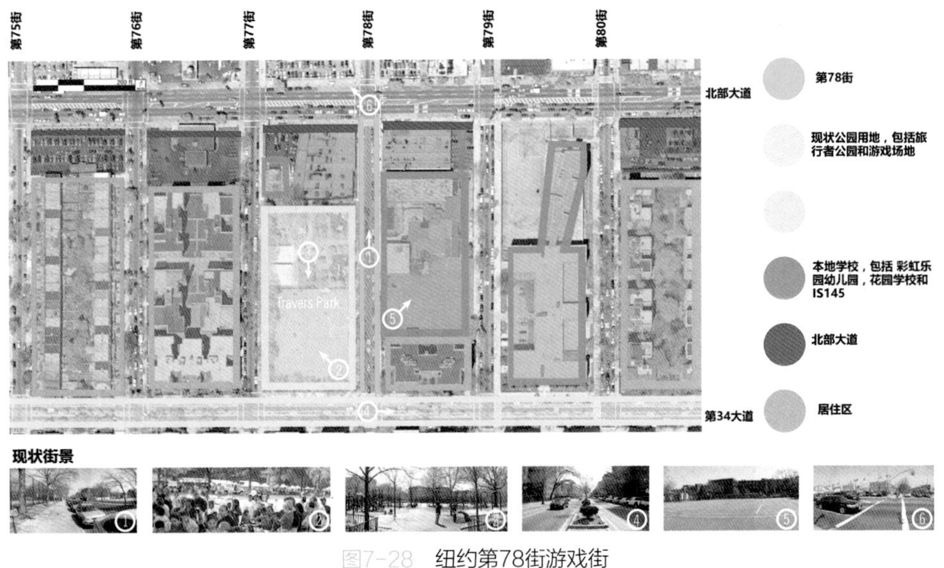

图7-28　纽约第78街游戏街

图片来源：第78街夏日周末项目

日本街头游戏（Street Party）

2017年，针对柏市车站附近没有公园、游戏场的问题，日本柏市城市设计中心与“Tokyo Play”尝试举办了柏市第一场“街头游戏”活动，在游戏区内大人和儿童们一起玩耍，在街道上彩绘、拔河。由于活动非常受欢迎，如今，“街头游戏”以每年3~4次的频率举办，每届活动会依据所在季节和临近的节日制定不同的主题，如新年前后的街头派对会加入年糕制作、街头被炉等活动。此外，主办方还将尺八、日本鼓、Pan Pong（一项源于日立的100年前的竞技运动）等传统元素融入活动当中，并将剑玉、转盘、高跷等传统儿童玩具重新带上街头，令街头游戏不仅使人收获趣味，还促进了多世代的沟通（图7-29）。

图7-29　日本千叶县柏市街头游戏

图片来源：柏市城市设计中心官网

纽约开放街区计划（Open Streets）

纽约市交通部为激发街道公共活力，鼓励在特定时段将街道改造为公共空间。一开始仅仅开放一个街道的街区聚会，而后发展为一天的社区活动，再发展为一整个夏天的“夏日街道”活动（Summer Streets）。如今，每年8月的连续三个周六，纽约市会封闭曼哈顿中心地区近7英里的街道（从布鲁克林大桥到中央公园）作为公共空间向人们开放，供人们玩耍、跑步、散步和骑自行车。沿途会设置多个休息站，由市相关部门和相关非营利机构、艺术家、表演者等带来面向各年龄层的免费主题活动和节目表演。

如2019年有54个组织与交通部合作，举办了超过100场的周末步行活动及夏日街道活动，吸引超30万名参与者。针对儿童参与者，住宅区的休息站设置了儿童乐园角，提供各种有趣的艺术文化研讨会、儿童音乐、儿童戏剧和儿童舞蹈表演，以及免费的跑酷和大冒险玩乐等活动。让儿童在一个没有车辆的安全、有趣的街道环境中，去体验和感受不一样的户外游戏空间（图7–30）。

图7–30　“夏日街道”活动照片

图片来源：flickr@纽约市交通局

7.3.6 措施五：可共建，明确责权的联合管理机制

（1）制定标准

将儿童友好理念纳入相关设计导则，优先考虑儿童及其他弱势群体。

①儿童友好的街道需要各政府部门（交通、教育、消防、公安、城管等部门）与社区居民的通力合作，并凝聚与统一各部门的共识。

②街道的空间资源配置应重视行人和非机动车的权益，需要优先考虑儿童及其他弱势群体需求，重点对慢性交通、街道两侧的绿化景观和公共活动进行统筹安排与设计。

③交通部门、规划部门在制定城市设计导则、街道设计导则时，应优先考虑儿童及其他弱势群体的需求。从项目初期就明确弱势群体的需求，认同街道应该被小汽车以外的所有群体共享，保证资源与路权的合理分配。

（2）联合行动

联动政府、社会组织及个人，建立更加开放的协同工作机制

①联合行动，除了政府部门之间的联动以外，还能与当地社会组织、公益组织及其他机构合作，充分整合资源的同时扩大影响力。

②联动家校，强化安全教育，提高儿童自我防护意识和能力，提高家长安全意识和看护能力，加强学校周边接送区域与校车的安全管理，强化电动车行驶、载人、儿童安全座椅配备的规范和监管。

为儿童设计的街道指南

2019年，NACTO-Global Designing Cities Initiative在《全球街道设计指南》的基础上，进一步补充发布了《为儿童设计的街道》（*Designing Streets for Kids*），为城市的街道设计提供了新的全球准则，关注世界城市儿童及其照护者的需求，致力于建设一个更安全健康、舒适方便、富有启发性与教育性的街道，并提出了十大街道改善策略：①以95cm的角度思考；②抑制私家车；③增加公共交通的可达性与可靠性；④构建宽阔、可达性强的人行道；⑤增加游戏和学习空间；⑥提供安全的自行车设施；⑦改善步行过街设施；⑧通过设计降低车速；⑨增加树木和景观；⑩儿童优先政策（图7-31）。

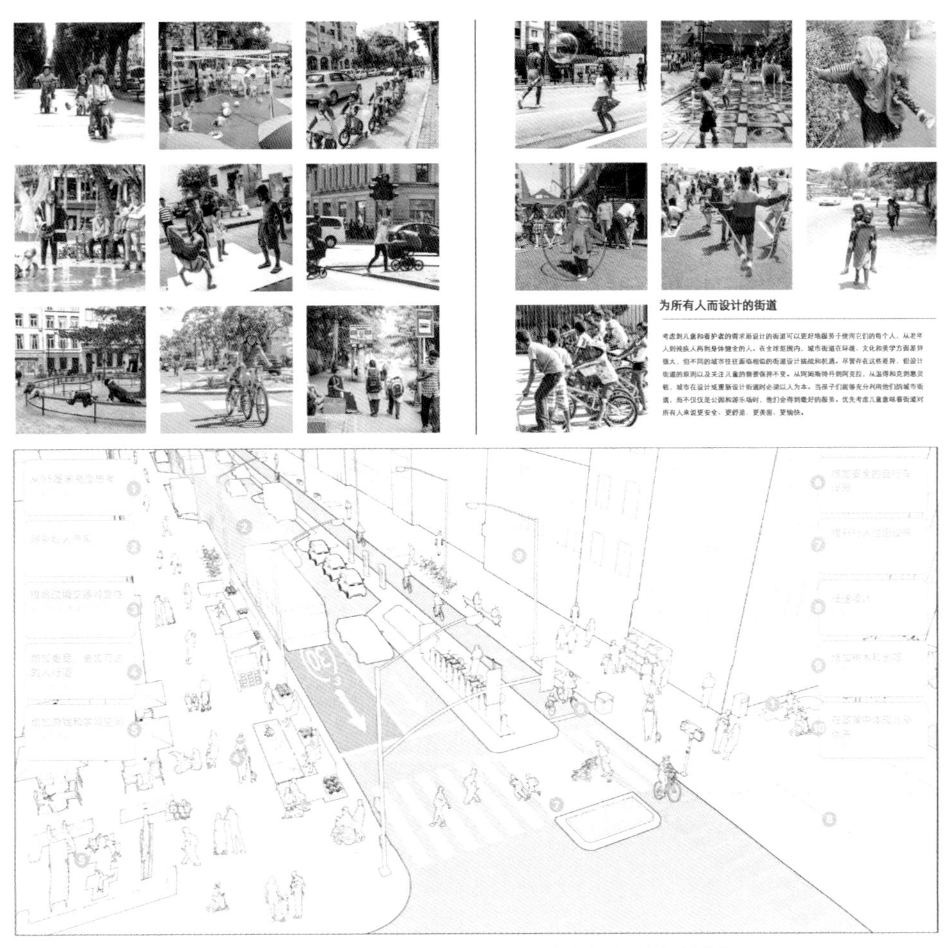

图7-31 NACTO-GDCI提出的儿童友好街道改造措施
图片来源：《为儿童设计的街道》

为儿童设计的街道指南

2020年纽约市交通部发布了《街道设计手册》（*Street Design Manual*）的第三版，是指导纽约街道设计的政策、原则、流程及实践参考指南，遵从美国国家工程设计标准。自2009年第一版《街道设计手册》以来，纽约重塑了街道的行人体验，通过零视野（Vision zero）的引导控制，改造了纽约五个行政区的数百条街道和交叉口，以保障慢行路权；针对之前版本，更加优先关注步行与骑行的易行性与舒适性，强调街道的精细化设计，主张建设一个更加“安全、平衡兼容、充满活力、可持续发展和适应力强、具有成本效益和可维护性”的街道，重点对“街道构成、街道材料、街道照明、街道家具、街道景观”5个领域做了详细设计指引。此外，作为全球创新的引领城市，纽约还开放性地延展了针对儿童的游戏街道、夏日游乐街、学校游戏街项目，并为社区与组织发起公共活动项目提供了可参考的范围资格、申请流程与实践建议（图7-32）。

图7-32 纽约市街道设计手册的关注重点

资料来源：根据《街道设计手册》改绘

③开放服务，鼓励家长、社工成立保障儿童上下学安全的志愿团队，鼓励通过步行巴士、班车接送等方式，引导学生沿着安全路线上下学。

④开放参与，联合街道、社区、当地家庭及儿童，参与到街道空间设计与后期维护（图7-33）。

图7-33 联合管理机制要点

（3）合理分工

划定管理责任图谱，对街道空间的不同要素进行责权梳理与分工。

①宜结合街道空间管理所涉及的相关部门的职能，划定管理责任图谱，对街道空间不同要素的管理进行责权梳理和分工，避免管理盲区的出现。

②充分考虑建成后管理所需的维护、管理、清洁和运营资源。

（4）探索试点

以点带面，以更为直观的试点项目激发各界的街道改造内驱力。

①考虑街道的改造往往受制于预算、多部门法规限制，建议可进行局部试点的改造，如对学校周边街道、住区周边街道的改造试点，以此提高可实施性与成功召唤力。

②正在进行城市更新的区域，以及城市重点建设的新区也都可以成为街道改造的试点，将资源倾向于更有机会成功的项目，以作为试点形成激励效应。

联合家长志愿者的“步行巴士”

英国、美国、新西兰、澳大利亚等国正在积极推广“步行巴士”运动。步行巴士由成年人（往往是老师、家长或者志愿者）扮演“巴士司机”，带领孩子们排成队一起步行去上学。结合不同孩子的不同家庭住址，沿途设置站点并安排到站的时刻表，方便儿童加入。目前英国的步行巴士主办方多元，有政府机构、学校、社团、社区或者家长，也有比较丰富的实施方案和较为规范的志愿者培训。通过步行巴士，可以团结组织孩子们上下学，减轻家长接送的负担，在凝聚社区合力的同时也锻炼了孩子们的体能与纪律性（图7-34）。

图7-34 英国、美国、新西兰的步行巴士

图片来源：行人和自行车信息中心官网（PBIC）、奥克兰交通局官网（Auckland Transport General）

7.4　实践案例

7.4.1　深圳蛇口无车日

随着城市交通的不断发展，汽车的过度使用对城市环境造成了严重的危害，为鼓励人们多使用公共交通、步行等绿色出行方式，2000年，联合国发起了全球“无车日”（Car Free Day）活动，全世界约有1500个城市纷纷加入到这场环保宣传的活动中。深圳市蛇口社区是国内首个自发的无车日实践社区。

2016年9月，蛇口社区基金会首次联合深圳市南山交通运输局、深圳市南山区水务局、深圳市南山区招商办等部门举办了第一届主题为“绿色低碳·深圳未来”的蛇口社区无车日活动。活动当天，南山区兴华路整条街道都禁止机动车通行，儿童装扮成自己喜欢的角色进行嘉年华大巡游，居民通过闲置物品义卖打造“拉杆箱公益集市”或进行马路野餐，此外还有众多公益活动与精彩表演。

截至2020年，蛇口已连续举办了5届不同主题的社区无车日活动，如2019年，无车日的主题为“社区无障碍，蛇口乐融融”，重点关注社区弱势群体的出行问题，通过开展“无障碍探索计划”，从儿童视角记录社区的“障碍”时刻并绘制出“障碍地图”。如今，蛇口社区无车日活动已经从一个简单的“不开车日”变成了蛇口人独有的社区节日，在宣扬低碳出行、环境保护等主题的同时，也关注儿童实践、儿童参与、社区无障碍等儿童相关议题，在潜移默化中激活了社区中的儿童参与（图7-35）。

图7-35　2017年、2018年、2020年蛇口社区无车日主题海报

图片来源：公众号@遇见蛇口

（1）“绿色低碳・深圳未来”：2016年第一届社区无车日活动

为了鼓励人们更多关注和选择低能耗、低污染和低排放的绿色出行方式，深圳市蛇口社区基金会、南山区交通运输局主办了第一届以“绿色低碳・深圳未来”为主题的社区无车日活动。通过对邻近南山区海上世界的工业三路、兴华路进行交通管制，留出了一公里的街道空间，将路权让步于周边的居民。活动汇集了来自教育、环保、文化艺术等领域的社团组织近80个摊位进行展示、交流和分享。蛇口地区学校学生、儿童艺术团体、残障人群、社区居民也都纷纷参与到活动中。活动主要包含“嘉年华巡游”“创意市集”“都市野餐”“亲子社区游艺”4个板块。

①嘉年华巡游：孩子们以社区家庭队伍、艺术组织、创意团队、社区中学校代表等多种团体形式参与到活动中。他们穿着自己喜欢的奇装异服，以音乐、舞蹈、武术等多种方式进行大巡游。

②创意市集：孩子们参与手工制作、售卖闲置的物品，既可以提升动手能力，也可以体验买卖的快乐。

③都市野餐：家庭、孩子可以在这里分享食物、喝茶聊天，体验融洽的社区氛围。

④亲子社区游艺：孩子们可以在这里体验亲子游戏、集体绘画艺术、儿童服装设计等。

（2）“绿色环形大蛇口、乐享街邻小世界”：2017第二届社区无车日活动

第二届社区无车日活动更加注重儿童参与，无车日前期，通过“斑马线优化”“防护柱、车止石美化”等线下方式推活动，让儿童切身参与到社区营造中。活动延续了“嘉年华巡游”“创意市集”“都市野餐”等板块的内容，随着活动影响力的提升，巡游的形式更加丰富，创意集市中摊位也更加多元。围绕活动主题，增加了“环蛇口单车骑行”项目，青年志愿者们组成近一千人的自行车队，通过骑行来宣传低碳出行主题。

（3）“友好蛇口・绿色童行”：2018第三届社区无车日活动

2018年9月，深圳市妇女儿童发展基金会联合蛇口社区基金会举办了以“友好蛇口・绿色童行”为主题的无车日活动，在倡导低碳出行的同时，给予儿童更多关注，也赋予儿童更多权利，让儿童通过参与式议事的方式提出对社区的想法。此届活动在延续以往活动板块的同时，为“嘉年华大巡游”注入了儿童的创新思想：巡游队伍中的怪物造型由专业舞美老师在活动前，提前到学校、社区开展制作课程，带领孩子们共同制作。除此之外，还新增了“马路乐园”“路见安全上学”“无车日主题论坛”三项儿童参与的内容（图7-36）。

①马路乐园：为集中式的儿童游戏区域，包含了跳房子、打陀螺、飞行棋、超级星球体验、迷你保龄球、马路黑板真心话等多种游戏，为孩子们提供了丰富的游戏体验。

②路见安全上学：活动前期通过线上反馈的形式，向社区适龄孩子征集对于生活周

图7-36　“嘉年华巡游”“马路乐园”“路见安全上学”活动照片
图片来源：公众号@遇见深圳

边路况的意见，用于社区环境的提升优化，该活动最终征集了超过300份有效意见。

③无车日主题论坛：论坛主题为“深圳离世界有多远”，论坛邀请了两位重量级嘉宾立足世界，来探讨城市街道与人的关系、儿童友好社区建设对儿童的重要性。

（4）“社区无障碍，蛇口乐融融”：2019第四届社区无车日活动

2019年11月，蛇口社区基金会联合深圳市妇女儿童发展基金会主办了第四届主题为“社区无障碍，蛇口乐融融”的社区无车日活动，重点关注社区的无障碍出行、儿童参与等议题。在此次社区市集板块活动中，大量儿童志愿者参与到义卖活动中，筹集善款帮助困境儿童圆梦，在启蒙儿童公益心的同时培养了他们的社会责任感；同时，活动新增了儿童代言人作为活动主持人以及巡游队伍的发起人。除此之外，还开展了“儿童建筑工作坊”“一天美术馆”“童创未来”“巴士沙龙”等创意性儿童参与式活动（图7-37）。

①儿童建筑工作坊：孩子们可以用泥巴捏造自己喜欢的形状。

②一天美术馆：主要是针对“社区无障碍”主题展开，在活动筹备前期，社区儿童带着拉杆箱、婴儿车在蛇口地区开展无障碍调研，用照片记录社区的“障碍时候”，活动当天，儿童们带着各自拍摄的照片在“一天美术馆”中绘制出一幅“障碍地图”。

③童创未来：是一款由儿童参与开发设计的垃圾分类游戏，通过召集60名儿童代表在社区中开展垃圾分类调研，了解全市分类垃圾现状与问题，并结合STEAM教育理念，以编程、喜剧等形式展现调研成果。

④巴士沙龙：是一趟由专家老师带领的城市巴士之旅，专家们在公交车上分享儿童友好实践、文明城市社区等主题，帮助孩子们构建城市交通系统的模样，将孩子眼界拓展到城市的整体布局中。从沉浸式的多元体验到深度参与城市、社区建设，孩子们在一场场欢乐的游戏中蜕变（图7-37）。

图7-37　无车日活动照片

图片来源：公众号@快乐1069、@深圳女声

（5）“开心湾区人”：2020第五届社区无车日活动

受疫情影响，第五届主题为“开心湾区人”的蛇口社区无车日活动在小范围中展开，为疫情笼罩下的社区带来了欢乐时光。

五届社区无车日活动，吸引了大量的社区居民走出房间加入到多样的社区嘉年华活动中，为居民带来欢乐的同时，也为蛇口社区构建共建共治共享的社区治理新格局提供了思路。无车日活动通过因地制宜的方式，打造出独具特色的儿童参与、居民共建的社区嘉年华，为儿童友好城市的建设提供了多样化的途径，可作为其他社区的推广模式样本。活动至今被人民网、新华社、深圳都市报、深圳新闻网、蛇口电视台、今日头题、网易新闻频道、深圳晚报等多家媒体广泛报道，影响力深远。

7.4.2　南京莫愁湖西路“儿童·家庭友好国际街区”

可借鉴要点：安全的儿童友好步行路径、儿童友好标识、儿童参与

2019年，南京建邺区开始推进莫愁湖西路“儿童·家庭友好国际街区”的建设。《莫愁湖西路儿童·家庭友好国际街区规划指南》中提出要以儿童视角完善街区道路的安全规划设计。重点考虑的方面有：

（1）儿童·家庭友好步行路径

儿童·家庭友好步行路径的设置要满足儿童及家庭步行出行的需求，还应考虑

儿童参与的环节；人行道要保证连续，并配置明显的儿童·家庭友好的标识；学校周边开展慢行系统优化措施，独立步行路权，路径应连续并能串联儿童主要的活动空间和公共服务设施，保证儿童步行空间的交通安全；在儿童上学路段两端设置“注意儿童”标志以及“车速限速”标志，在儿童横向过街入口设置“减速慢行”标识和减速带，合理布局灯光照明设施（图7-38）。

图7-38　南京市莫愁湖西路“儿童·家庭友好国际街区”人行步道改造

图片来源：公众号@南京互助社区发展中心

（2）儿童·家庭友好标识

街区内交叉口、轨道及公交站点等道路关键节点，在醒目及方便儿童驻足观看的位置设置行人导向标识牌；在距离儿童相关服务设施30m的距离，通过地面涂鸦或标识牌的方式标识公共服务设施的方向及距离。

考虑到儿童参与是友好街区建设的关键环节，建邺区妇联通过成立儿童议事团、组织开展儿童议事活动等，鼓励儿童参与街区建设，切实做到倾听儿童心声、尊重儿童权利。2020年5月30日，建邺区妇联招募了45名儿童议事员和20多位家长共同参与“童行西路，共建街区”儿童户外参与式实景设计活动，从儿童视角出发，对莫愁湖西路人行步道的景观设计提出改造方案，共同探索儿童安全出行及玩耍系统，优化儿童上学路径，提升儿童道路活动安全，制定儿童安全出行系统指引。经过头脑风暴和实地搭建，街区内增设了用箱子堆砌的儿童·家庭友好座椅、由水彩笔绘制的墙绘，以及彩色斑马线、垃圾箱、宠物便溺箱、灯杆、儿童友好树池篦子、儿童·家庭友好特色花坛等。

7.4.3 中国台湾街道创客游戏活动

可借鉴要点：社会组织、限时开放、可游戏

由台湾父母们成立的“还我特色公园联盟”从2015年开始致力于为孩子争取可作为游戏的公共空间，主张儿童游戏是他们的生存权，先后改建了员山公园、天和公园等特色公园。随后为了实现孩子在街道上跳房子、肆意奔跑的愿望，在2019年启动了“儿童重返街头”的游戏活动，第一次活动在台北市政府前广场举行，共有400多位亲子到场，有191位儿童一起玩耍，现场设置6大游戏主题区，供儿童进行吹泡泡、纸箱火车造房子、跳房子、画地板，钉木桩等活动。台北市副市长在现场进行承诺，未来将会大力推动儿童重返街道游戏，将游戏权交给孩子，让街道成为儿童最好的成长空间。目前，重返街道游戏活动在台北已经举办了三场，并且发展到高雄、新北等市（图7-39）。

图7-39 台湾“还我特色”公园活动与“儿童重返街头”活动
图片来源：台湾还我特色公园行动联盟官网

7.4.4 韩国学区改善项目

可借鉴要点：限制车速、安全设施、联合管理

20世纪90年代中期以来，韩国在多个城市推行“学区改善项目”，将学校正门300m半径范围内划定为学区，建设从儿童家庭到幼儿园、小学、特殊学校、私立补习班及保育设施之间的安全通道，以保护儿童在往返教育机构时免遭潜在的交通事故。具体提出以下四点改善措施：

（1）设置交通安全设施和监控设施

在学校区域内的道路上设置“保护儿童”的标志，帮助司机意识到他们已进入学校区域；明确区分人行道和车行道，安装人行道和道路设施，包括道路标志、反光镜、减速带、防滑设施、保护栅栏等；增设闭路电视，加强监控，保障儿童出行安全。

（2）停车限制和速度限制

在学校区域内，不得在与教育机构正门直接相连的道路上设置街道停车点；在学校区域内将行车速度限制在30km/h或以下。

（3）提高儿童交通安全教育

对包括学生、家长、教师、社区居民和司机等所有相关人员进行关于儿童交通安全的教育；在小学推行绘制安全校园路线图的程序。

（4）由政府机构加强跟进管理

明确市长管理学区改善项目的责权，每半年向国家警察局报告学区的管理情况；联动各政府部门，建立开放的联合工作机制。

后续韩国交通学会在“学区改善项目”的基础上进行完善，提出一系列政策，包括吸引社会各界，特别是学生、家长和教师参与制定和执行计划；稳步开展培训、鼓励和打击行动；采取更加积极的措施促进自行车的使用；推动学校使用步行、自行车等主动交通方式等（图7-40）。

图7-40　学区交通安全设施照片

图片来源：大韩经济新闻（의정부시，어린이보호구역 주정차위반 과태료 최대 13만원[EB/OL]. [2021-04-05]. https: //www.dnews.co.kr/uhtml/view.jsp?idxno=202104051131483070307）、新诗通讯社（민식이법 시행 1년 …여전히 위험한 스쿨존 등굣길 [EB/OL].[2021-03-24]. https：//news.naver.com/main/read.nhn?oid=003&aid=0010409397）、每日报纸（달서구，아이들의 안전한 등·하굣길을 위한 가방안전덮개 전달 [EB/OL].[2021-06-12]. https：//news.naver.com/main/read.nhn?oid=088&aid=0000651275）

百花[illegible]玩耍的儿童

第八章

儿童友好的社区营造

Chapter VIII

Child-friendly Community Construction

儿童是社区生活的活力发电机。

—— 黛娜·博纳特

养育一个孩子需要一个部落。

——非洲谚语

社区，是儿童生活的最高频率时空圈，是孩子们童年故事的源头，是喜怒哀乐的集散地。社区，应成为单个家庭养育孩子模式的社会助力。

远古的部落是古人生活的居民点，孩子在部落出生、长大，承担养育责任的是整个部落。农耕文明的古代社会，部落进化为城市或乡村，孩子在迭代的家族中养育。工业革命后，家族的结构变得松散，我们在一种新的形态中被养育成长——单位和大院。现代城市中，移民打碎了家族结构，单位大院难得一见，城市统筹基本公共服务供给，每个家庭都生活在现代居住区中，孩子成为单个家庭的养育责任。

经过了几千年，我们的孩子从有集体养育的助力走向单个家庭的养育模式，国家无法提供高福利养育，集体的助力也已不复存在，当需要单个家庭独立面对高竞争、高压力、高成本的城市生活时，年轻人再也不愿意生，更何况养。

儿童友好社区是在碎片化家庭结构的现代主义城市中重构养育模式，增强集体助力。它是当下缓解单个家庭养育压力、补充城市基本公共服务不足、缓解儿童成长过程中各种问题的创新型社会治理模式；是打通从政府到家庭社会治理经络的关键穴位之一；是面向低生育率社会的必由之路。

场景一：0~3 岁宝宝的清晨

爸爸妈妈一早上班了，哥哥姐姐们也都上学去了，小区里度过了清早的嘈杂，恢复了宁静，电梯不再拥挤，爷爷奶奶推着婴儿车里的宝宝轻松地搭乘电梯到小区里的绿地或周边的城市公园散步，老人们边遛娃边相互招呼，很快小区的老人找到自己的老乡，或者结识新的老朋友。不上班的妈妈会带孩子去上早教班，因为社区并没有供低龄孩子爬行、学步的室内空间，很多小区也没有给孩子玩耍的游戏场地，更别提2-3岁孩子的托管。没有老人照顾孩子的双职工家庭，就只能请阿姨代劳遛娃，除此再无其他人可以提供帮助。

场景二：3~6 岁宝宝的下午时光

终于熬到宝宝上幼儿园了，这三年真是最美好的时光，没有3岁前那么操劳，又不必承受读书的压力，每一个宝宝又都无敌可爱。幼儿园放学本应是孩子们在社区里玩耍的时光，但是小区里游戏的孩子没有多少，孩子们都去外面上各种兴趣班了，因为社区里并没有有趣的常态活动，甚至没有宝宝们可以玩耍的室外和室内空间。周末，孩子们也难得相见，因为要参加各种兴趣班，或者和父母一起开车去游玩。

场景三：6~12 岁小学生的欢乐时光

小学时光开启，学校的严格规训和放学后的自由狂欢是巨大的对比。中午时间以吃饭为主，没有多少可玩的余地。午后，放学后的一小时是孩子们自由玩耍的快乐时光，此时，天还是亮的，社区里充满孩子们的欢笑声。一小时后是严肃的作业时间，直到晚饭后的八点，终于又可以下楼玩啦，此时，太阳早已落山，但“黑夜给了我黑色的眼睛，我注定要用他来寻找好朋友”，可惜经常会失望而归，因为好朋友们正在上各种辅导班。但即便这些也是发生在社区里有游戏场地的场景，如果居住的地方没有游戏场地，那么无论白天和黑夜也无法相聚一处游戏了。

场景四：12 岁以上

“叔叔好。”

“你们好啊，好久没见到你俩了，上初中了很累吧。”

“哎，好累啊。”

自从邻居家的大男孩上了初中以后，比见到他们的身影还少的是从此消失的笑容。曾经欢乐的孩子，似乎一夜间变得忧郁和愁苦，眼神里全是无奈。即便这稀有的偶遇，也都发生在半夜或者一些特殊的时间，再也见不到他们在社区里游戏。

四个场景，是社区时空的一个缩影，儿童友好社区最需要的是两大部分内容：一部分是各年龄段儿童所需求的室内、室外空间；另一部分是社区的文化凝聚力。空间是碗，各类活动是菜饭，凝聚力是菜饭的味道，而做出最美味菜饭的厨师是社区的社团组织和参与社区营造的所有居民。只有当社区的自组织能够长期持续地激励社区居民广泛参与到儿童友好的营造中来，才能形成具有凝聚力的社区互助文化，也只有形成这种文化，才能形成社区养育儿童的集体助力。

8.1 在社区中找到归属

8.1.1 社区的理解

从地理学意义上，社区是在相对固定区域的、具有一定人口数量的居民区。但我们谈及“社区”时往往也会谈及它的社会属性，社区是一个小型社会，居民拥有共同的身份认同，社区居民的关系涵盖日常生活的社交互动、利益相关的社区事务决策等多个方面。在西方，“社区”等同于“共同体”，英语为“community”，德语为“gemeinschaft”。1887年，德国社会学家费迪南・滕尼斯（Ferdinand Tönnies）在《社区与社会》（*Gemeinschaft and Gesellschaft*）中提出：“（社区是）一种由一定人口组成的具有价值观念一致、关系密切、出入相友、守望相助的富有人情味的社会群体”。20世纪20~30年代，芝加哥学派开始将社区定义为“一种地域社会”，认为社区是“进行一定的社会活动、具有某种互动关系和文化维系力的人类群体及其活动区域”。在古汉语中，“社”和“区”都是独立的概念，最早给出“社区”概念的是1948年的费孝通，他在《二十年来之中国社区研究》中提到社区应以地区为基础，被界定为一个相对独立的地域社会。从“社区”概念的发展历程以及国内外释义变化来看，社区的概念绕不开两个关键词：“地域”与“人际关系”。

风景园林大师西蒙兹在考察笔记中曾写过这么一句话：“友谊能设计出来吗？答案是几乎不可能的，但可以确定的是，有助于人们相识交集的场所是可以设计出来的。”社区空间在一定程度上可以影响到居民的社交频率。虽然伴随城市便利程度的提高以及通信方法的改善，拥有手机的成人可以快捷地与更广阔的社会网络联系，尤其是对于“易城而居”的成年人而言，社区甚至整个城市里可以产生生活交集的人都不多，对邻居的依赖已完全不像村落时代那么紧密。但对儿童而言，由于儿童的活动范围有限，当代社区对儿童的影响比成人更强：一方面，社区是儿童接触社会及世界的第一个地方，对真实世界的理解往往建立在家附近的空间、街道、社区公园，孩子们理解周边环境、获取社会经验往往就是从社区开始；另一方面，伴随越来越多的双职工父母奔赴职场，中国的很多儿童由祖辈养育，而祖辈的活动范围往往也在社区及周边，社区成为大多数儿童尤其是低幼儿童成长的重要地方。由于学区的划分，这里往往也有他们熟悉和共同成长的小伙伴，社区对他们的影响要甚于对成人的影响。

就地域范围而论，学界对“社区”应容纳的空间尺度理解并不一致。联合国儿基会给“社区”的定义为：规模、人口或重要性小于城市的有人居住的地方。印度定义一个“社区/邻里单位”的尺度约为60~80hm^2，每平方千米约200~300人。美国社会学家C·A·佩里提出“一般社区（邻里单位）的规模应提供满足一所小学服务人口所需要的住房，它的实际面积由当地人口密度决定，一般而言，宜160英亩（65hm^2），半径不超过400m”。2020年，住房和城乡建设部在《完整居住社区建设标准》中提出：“完整居住社区是指为群众日常生活提供基本服务和设施的生活单元，也是社区治理的基本单元。以0.5~1.2万人口规模的完整居住社区为基本单元。”结合2018年《城市居住区规划设计标准》，“完整居住社区”对应的是“5分钟生活圈”[①]的范围，本章节对社区尺度的界定将结合儿童的活动能力，定义为儿童从家庭区域出发步行5分钟的区域，考虑儿童步速，约为半径400m的范围。

8.1.2　儿童友好社区的价值与意义

（1）对儿童个体而言，儿童友好社区有助于其锻炼真实社交能力，促进成长发展

社区对儿童的健康和幸福至关重要，社区的公共空间往往包括街巷角落、商铺广场、公车站台、游戏场地、社区服务中心等，若能进行儿童友好化的改造，对有儿童的家庭而言，将增加儿童离家就近玩耍的机会，这有助于增加儿童户外运动的时间，帮助他们构建更加稳定的朋友关系，对儿童的身心健康起到双向促进的作用。在儿童对电子依赖程度不断提高、网络虚拟交往频率不断加大的背景下，儿童接受不同信息的机会受到了压缩，儿童在网络社交上变得单一，进行建设性的公共讨论的能力和意愿不断下降。良好的社区氛围营造，可以丰富儿童真实的人际交往能力，通过可视、可感知的感官体验，让孩子们更加立体理解社交的复杂性，同时社区儿童之间的熟知度也可排除一定的网络虚拟交友潜在危险性。

（2）对社区自身而言，儿童是活力的源泉，儿童友好的社区将更有活力与凝聚力

在一个城市社区中，触发两个陌生邻居之间对话的对象往往有两个：宠物与孩子。儿童在户外玩耍的时间要长于成人，儿童的公共空间活动也会带领成人到访户外，从而增加了社区互动的机会。儿童活泼的天性，可以轻松催化社区网络的多触点搭接，儿童相关的社区空间改造与社区活动往往更能激发社区家长们的参与性，通过以儿童为纽带，可以让家长从社区的旁观者变成参与者，有利于凝聚社区认同感和归属感，促进社区共治。对整体社区而言，当社区为儿童提供了良好的生活环境时，也为社区发展与经济促进起到积极的作用，这些空间因儿童正式游戏以及非正式游戏的多样性与不确定性，也将有可能转变为更加快乐、丰富的空间场所，成为城市活力新的刺激点。

---

① 5分钟生活圈居住区是以居民步行5分钟可满足其基本生活需求为原则划分的居住区范围；一般由支路及以上级别的城市道路或用地边界线所围合，居住人口规模为5000~12000人（约1500~4000套住宅）。

北京朝阳区双井街道九龙社区

为了更好地提供社区服务，给孩子们开辟游戏和学习空间，双井街道九龙社区在极为有限的公共用房中挤出母婴室，并建设了一座市级科普体验厅，让孩子们结识了更多不同年龄的小伙伴，有时候年龄大些的孩子会主动建议老师“再等下（年龄更小的）小朋友”，学龄前的孩子会问五年级的孩子“上学好不好玩呀”，孩子们之间社交机会的增多，也为邻里关系的融洽提供了有益的帮助（图8-1）。

图8-1　九龙社区儿童工作坊集锦

图片来源：北京朝阳文明网

（3）对整体居民而言，以儿童为纽带的社区营造，有利于增加代际沟通与互动

积极的社区交往有助于邻里关系的建立，可以让居民获得更多的包容感和安全感，居民对社区的所有权意识和归属感会更强，从而产生更多的自然监视与社区维护，可以有助于社区街道空间更加安全、干净与吸引人。通过参与儿童友好化的社区事务与社区营造，儿童也能学习如何与他人相处，了解社区运作机制，获得回馈社区的机会，并在此过程中建立新的友谊。在社区营造中，如通过社区园艺等活动，可以减少社区老年人之间的隔离，增加老年人与儿童之间的对话，促进代际互动与社区可持续发展，让邻里之间更加熟悉，孩子们也会获得更多的来自邻里的善意。

儿童有助于代际融合的澳大利亚案例

澳大利亚在2019年曾拍摄过一部名为《4岁小孩们的养老游乐园》（The Old People's Home For 4 Year Olds）的纪录片，记录了“终生照护（RSL Life Care）养老院”里11名老人和10名4岁幼儿的日常相处。这里有些老人的家属亲友探视次数很少，近5成人有忧郁倾向。84岁的雪莉（Shirley）在养老院被诊断罹患忧郁症，但4岁小孩们的到来，让她孤单感大幅降低，活动量也增加了，最后抑郁症不药而愈。由此可看出，儿童在改善高龄长者老化、记忆衰退、独居、抑郁和寂寞等问题上，具有非常显著的价值（图8-2）。

图8-2　孩子可以提振高龄老人的低落情绪
图片来源：Face Book@ RSL护理院专页

（4）对管理者而言，建设儿童友好的社区，是创新基层治理的路径之一

社会治理的目标是追求社会的“善治”状态，即促使公共利益最大化的社会治理过程，格外强调各个主体的主动参与性以及对公共生活管理的协商性。在社会治理层级中“社区基层治理”是非常重要的一环，“儿童带动家庭，家庭改变社区”，儿童是社区的催化剂，儿童服务越好、儿童活动空间越多的社区往往活力越强，邻里关系会更强有力，也更容易形成共建共享、社会参与的平台。儿童友好社区通过教育、医疗、卫生、游戏交往、事务参与等多方面的改进，将促进社区与家庭、学校的融合，有助于鼓励和孵化有意向从事儿童服务的社区居民加入社会创业，最终为政府拓展儿

童创新服务平台提供社区资源力量，通过把对儿童的柔性关照渗透到社区基层治理，将成为完善共建共治共享的基层治理体系和提升城市治理能力现代化的有力举措。

上海市松江区广富林街道的创新社区治理探索

2019年，上海市妇儿工委办指导全市开展“儿童友好社区创建”试点工作，明确到2020年底，全市至少建成50个具有示范效应的儿童友好社区示范点。广富林街道成为松江区儿童友好社区的创建试点之一。在建设过程中，广富林街道注重儿童友好社区的模式探索、创新，例如在社区活动设施的增设、维护、管理上，依托居委会、业委会，发动社区家庭、社会组织、热心志愿者团队几方出资，各类资源按照“谁提供、谁管理、谁维护”的原则进行运维管理，从而使得社区儿童服务资源更全面、更长效地发挥作用，充分凝聚了社会力量参与，形成多方共治模式（图8–3）。

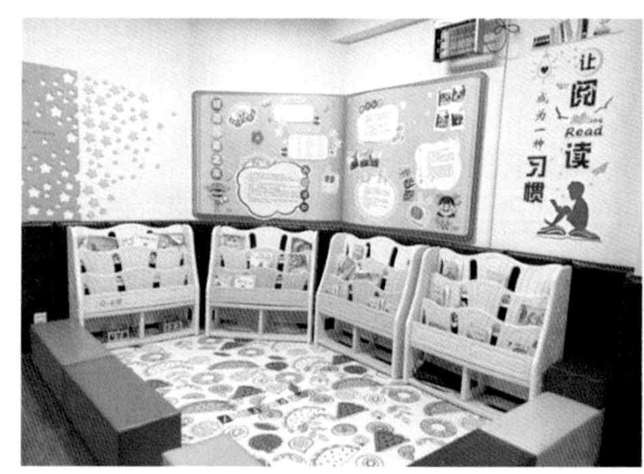

图8–3　广富林街道的“萌童乐园 儿童之家”
图片来源：公众号@松江区妇儿工委办

8.2　儿童与社区的重逢

8.2.1　发生缘起：因灾后儿童保护而起，开始强调社区的儿童服务功能

我国对于儿童友好社区的探索要早于儿童友好城市。2008年汶川地震灾后重建过程中，由国务院妇儿工委办与联合国儿基会联合发起了一项基于社区的灾后儿童保护项

目——“儿童友好家园”项目，在四川省8个重灾市（州）的21个县（市、区）建立并运行了40所儿童友好家园，为受地震灾害影响的儿童及其家庭提供以社区为基础的游戏、娱乐、教育、卫生与社会心理支持等一体化服务，帮助灾区儿童消除地震造成的不利影响，回归正常生活。因该项目为弱势群体提供了有效的保护，儿童友好家园的作用得到了政府的认可，2011年7月30日，由国务院颁布实施的《中国儿童发展纲要（2011—2020年）》提出了“90%以上的城乡社区建设1所为儿童及其家庭提供游戏、娱乐、教育、卫生、社会心理支持和转介等服务的儿童之家”的目标，并“要强化城乡社区儿童服务功能，充分挖掘和合理利用社区资源，整合社区资源建设儿童活动场所配备专兼职工作人员提高运行能力为儿童及其家庭提供服务”，明确强调加强社区儿童服务功能。

8.2.2　地方探索：广东、上海等地开始儿童友好社区的探索与评估工作

2011年5月，广东等地开始了“儿童友好社区”探索建设工作，并制定了《广东省儿童友好社区评估标准》，提出了儿童友好社区建设的“五有”标准：有儿童活动场地；有尊重儿童的社会氛围；有家庭亲子活动；有能指导家庭并提供服务的志愿者和专家队伍；有应对儿童事务的支持系统。2013年6月，由广东省妇联、安利基金会主办，广东省妇女儿童基金会协办，启动了农村儿童友好社区创建工作，鼓励农村社区提供儿童活动中心、配备电脑与书籍等设备、提高留守儿童监护教育能力等。《广东省儿童发展规划（2011—2020年）》中要求到2020年，全省90%以上的城乡社区均建一所能为儿童提供游戏、娱乐、教育、卫生、社会心理支持等一体化服务的儿童之家，儿童友好社区的概念逐渐进入决策主流。

8.2.3　规范成形：为提升社区服务专业化水平，开始出现系列建设指南与规范

2016年3月，由国务院妇儿工委办指导，中国儿童少年基金会、中国社区发展协会、北京永真公益基金会联合发起并制定了“中国儿童友好社区促进计划”，开始推动中国儿童友好社区从理念逐步向落地推广。2016年6月，中国社区发展协会成立中国儿童友好社区专项工作委员会；同年，由中国社区发展协会主办的“中国社区发展年会”首次就“儿童友好社区”进行了年会分论坛讨论，就儿童友好社区的宗旨、原则、评估维度以及内容指标进行了详细的阐述；以清晰的图表形式，对国内外儿童友好社区方式进行了重点介绍；指出了儿童友好社区的发展方向和建议。

2017年，为了整合社会资源、保护儿童权利、提升社区公共服务的专业化水平，中国社区发展协会儿童友好社区工作委员会牵头制定了《中国儿童友好示范社区

建设指南》，从“制度友好、空间友好、服务友好、文化友好及从业人员友好”五个维度提出倡导性的社区儿童友好服务标准。

2019年11月，国家标准委员会审议通过了由中国社区发展协会/北京永真公益基金会牵头起草的《儿童友好社区建设规范》，该规范从制度建设、空间营造、服务提供和文化建设四个方面提出了儿童友好社区的建设要求，提出社区的建设应秉承“儿童利益最大化、普惠公平、儿童参与以及共建共享”的原则，是国内首个儿童友好领域的全国性团体标准。

8.2.4 热切发展：各地建设全面铺开，初步形成了各具特色的建设成果

伴随相关建设标准化文件的出台，全国各地围绕儿童友好社区建设目标逐渐有了可参考、可借鉴的依托。2019年中国儿童友好社区促进会开始了儿童友好社区的首批试点预审。2020年，全国首批“中国儿童友好社区建设试点”公示，确定了首批16个“中国儿童友好社区建设试点”社区。目前，在上海、成都、珠海等地区，儿童友好社区已成为当地建设儿童友好城市的主要抓手。

8.3 儿童友好社区营造建议

8.3.1 措施一：增加儿童在社区中自由玩耍和接触自然的机会

随着城市化进程的推进，城市向高密度形态发展的趋势已不可挡，儿童的生活环境对比几十年前已有了非常大的差异；为了促进儿童的身心健康，引导孩子尽可能多地进行户外活动，降低肥胖率、缓解心理问题，社区应为儿童就近创造可进入的游戏空间，保障儿童游戏的权利，并尽可能多地让儿童就近接触自然，为孩子们保留寻找昆虫、采摘树叶、收集东西的体验与乐趣。

①鼓励利用社区空地、闲置地建设小型公园和小型广场，作为居民户外聚会的重要空间，并应尽可能地为孩子提供充满活力的游戏空间。

②社区应尽量保留公园、绿地的自然本真，游戏空间也应尽量自然化，如沙、水、树枝等自然材料，以激发孩子们创造力；而非直接购买只有单一玩法、容易让孩子失去兴趣的结构性游戏设备。

③鼓励利用社区周边的闲置用地或零散用地建设社区花园，为儿童就近提供自然教育、科学观察等方面服务，积极促进儿童与本地其他居民和社会的联系。

比利时安特卫普“绿色区”自然游戏场

比利时安特卫普“绿色区”（Groen Kwartier）曾经为军事医院，后来被改造为公寓和家庭住宅，设计师Jan Ooms通过减少地面停车位、将汽车移至地下公共空间等方式，使得建筑物之间完全无车，因此提供了大面积的绿色开放空间，并建设了自然化的儿童游戏场。游戏场内提供由木、绳索、钢等材料构成的游戏设施，可供儿童攀爬玩耍（图8-4）。

图8-4　比利时安特卫普“绿色区”自然游戏场

图片来源：扬·奥姆斯工作室官网（studio jan ooms）

④重视非正式游戏场地的友好型设计，居民到访频繁的公共场所，如便利店门前、骑楼长廊、门厅大堂等，应结合街道家具及其他设计元素促进无组织的互动与游戏。

⑤鼓励将儿童游戏场地靠近老年人活动场地布置，让老人和家长在满足自身社交需求的同时能够照看儿童；同时，让儿童能够独立、不受干扰地玩耍。

8.3.2 措施二：多年龄段共享的慢行系统

近年来，国际上非常关注儿童的“独立行走能力（independent mobility）”，并且常用“冰棒测试”（Popsicle Test）来判断一个社区的好坏：“一个好社区应该能让一个8岁的小朋友安全独立去买个冰棍，并在冰棍融化之前回到家。”在汉语中，也有相似的表达——“孩子可以打酱油”，可以独立行走、安全穿梭的社区对儿童非常重要，应保证儿童在社区慢行系统步行的安全畅通，保障儿童独立出行与安全游戏。

①恢复住区街道作为休闲、交往和游戏的功能，选择儿童日常出行活动分布最主要的线路，结合人行道和建筑前区，建设安全、便捷的住区慢行系统。

②慢行系统应独立路权，与非机动车道或机动车道相邻时，应采用隔离桩、绿化带、地面高差等方式进行清晰的路权划分，以保证儿童出行安全。

③社区灰空间对儿童的日常生活而言至关重要，如：与邻居共用的庭院、大堂、入口、楼梯、走廊、骑楼、建筑前广场等，应将社区的灰空间与步行道路一同视作完整流线来进行整体规划。

④慢行系统与市政道路交叉口，宜考虑儿童步行过街步速和安全性，设置“车辆减速慢行”“注意儿童”等标识。

⑤构建完整的无障碍出行系统，标识系统应清晰易读，应配备婴儿车/轮椅坡道、垂直电梯等无障碍设施，并考虑良好的夜间照明。

⑥社区服务设施及商业设施宜布局在学龄儿童5~10分钟步行可达的范围内。

⑦重视安全环境的整体维护，减少环境中会给孩子安全带来威胁的元素，如坏掉的电灯、低悬的电线等。

⑧尽可能实现公共空间的多代际共享，不同年龄人群的活动时间会有差异，当公共空间能被各个年龄阶段的人群共享时，邻里照看的“街道眼”延续时长也会更久，公共空间的活力才会更加旺盛，邻里也才会更加安全。

新加坡组屋空甲板及链接通道

新加坡约80%的人口居住在由政府补贴的公共住房“组屋”之中，为了促进代际融合、重塑甘榜精神（Kampong Spirit，指邻里守望相助的精神），新加坡建屋发展局（Housing & Development Board）设计了各种类型的社区空间，如空甲板、链接通道、三代游乐场、社区花园等。空甲板（Void Decks）是指组屋底层的开放空间，最早作为雨天儿童的庇护所而创建，后来成为了社区儿童玩耍、老人活动、举办各类仪式以及社区交流活动的重要场所。空甲板除设置信箱、自行车架、电梯等基础设施之外，还提供乒乓球桌、棋盘桌、凳子、长椅、儿童玩具图书馆等休闲娱乐设施。同时，邻里警察站、消防站、居民委员会中心、小商店、幼托、老年日托中心等保障居民日常生活的设施也设置在空甲板周边，带孩子的家长在附近购物、办事时，空甲板可供儿童就近玩耍。链接通道（Linkways）为居民提供有遮蔽的便捷通道，连接着社区内的邻里商店、社区花园、游戏场地和社区外的交通站点，甚至区域中心。这些通道使得汽车与社区内的居民活动空间分离，令儿童能够安全地穿梭于社区之中（图8-5）。

图8-5　新加坡组屋空甲板及链接通道

图片来源：威尼斯建筑双年展上的新加坡馆展览没有免费空间了吗？（No More Free Space?）

8.3.3　措施三：提供多元化的社区儿童服务

由于两岁以下的婴儿往往需要不间断地喂养和睡眠，父母带婴儿出行的范围也大多在居住区附近；两到三岁的儿童可以到访一些公共空间，但他们出行能力有限，而且看护人往往也会选择在家附近照看，社区对低龄儿童的影响作用更大。与此同时，新手爸妈由于养育知识有限，也是最希望得到育儿帮助的群体，为此社区应格外重视低幼儿童及家庭的需求。

①社区宜识别特殊需求和提前介入，提供产前、婴儿家访服务，包括疫苗普及、生产知识、产妇关怀等服务。

②社区服务中心宜满足儿童在成长过程中所需的空间与服务需求。3岁以下有被照护的需求，3~11岁儿童有在社区游戏、社交和课后服务的需求；初高中青少年有参与社区事务的需求。在新建住宅类项目中，宜配建社区儿童综合服务中心，建筑面积宜不小于1000m^2。

萨德伯里“更好的开始 更好的未来”项目

加拿大安大略省于1991年开始在8个经济条件欠佳的社区推行“更好的开始 更好的未来”(Better Beginnings Better Futures，简称BBBF)项目，旨在减少儿童问题、促进儿童健康发展。其中，萨德伯里地区的BBBF项目以社区为起点为儿童和家庭提供多方面的支持，包括社区服务和儿童看护、课外活动、食品项目、土著项目等。萨德伯里设置有三处早期儿童与家庭中心，作为社区活动的主要场所，其中多诺万早期儿童与家庭中心鼓励亲子互动、儿童玩耍和探索，并提供家长相互交流的机会；土著早期儿童和家庭中心整合了当地土著知识和资源，与参与的家庭共享当地土著民族奥吉布瓦族(Ojibwe)的音乐、语言和仪式，以寓教于乐的方式介绍奥吉布瓦族文化；婴儿呼吸早期中心为青年父母及儿童提供营养支持、产前和育儿教育，帮助他们应对挑战(图8-6)。

图8-6 萨德伯里“更好的开始 更好的未来”社区活动
图片来源：更好的开始 更好的未来官网(Better Beginnings Sudbury)

8.3.4 措施四：建立儿童参与社区治理的长效机制

儿童享有社区事务的参与权，能够“参与家庭、社区和社会生活”是儿童参与权的重要侧面，儿童可以通过自己的方式为社区生活质量做贡献，包容、聆听儿童的意见对社区及儿童而言都是件好事。一方面，可以让决策者对孩子们的生活和空间利用有更深入的了解，提高社区的服务水平与设施供给精准度，同时加强社区的凝聚力，让儿童成为社区的贡献者和参与者，而非被排挤在社区之外的边缘人士；另一方面，对儿童尤其是青少年来说，可以更好地了解政府、社会运转方式，以及了解如何通过积极的行动去影响社区的变化，通过参与城市事务可以很好地发展他们的领导潜力与社会回馈能力，并能在社区的改进中获得收益。

①社区宜让儿童和青少年了解社区正在发生的事情，为儿童和青少年提供更多参与社区相关事务的机会。

②社区宜有相关的工作人员专职于儿童领域工作，如为儿童参与发展培训工作坊，提供可供儿童参与的相关资源，帮儿童联系相关社区负责人进行磋商等。

③提供儿童参与的环境应保障安全和充满关爱，可以让儿童感受到尊重与信任，从而促进儿童开放交流和自由表达。

④儿童参与的时间宜尽量安排在适合儿童活动的时间，地点应位于儿童经常到访的地方（如社区公园、社区中心）。

⑤儿童参与的方式应适宜不同年龄、丰富有趣，尽量通过如模型制作、地图绘制或者艺术参与等活动让儿童真正参与其中，而非仅仅以观看ppt演示的方式进行旁观。

⑥尽量包容不同能力的儿童，为社区的残疾儿童提供同等的参与机会，尽量减少被边缘化的儿童群体。

印度胡马拉·巴赫潘基金会儿童主导的贫民窟改造计划

胡马拉·巴赫潘基金会（Humara Bachpan Trust，HBT）是成立于印度的非营利组织，自2014年注册以来致力于解决城市贫困幼儿的生活问题，并积极引导儿童、青少年和妇女参与城市规划。HBT在印度多个城市的贫民窟尝试推行儿童主导的规划（Child–led planning），在儿童友好型社区的建设上取得了积极成效，使社区儿童参与到计划的全过程中。社区历史分析中，儿童通过与祖父母交流了解社区发展历程，并以图画的方式进行总结记录；邻里测绘中，儿童通过实地测绘制作基础设施地图、流动性地图、社会机构关系图、日常活动地图，全面认识自己所在的社区，并提出现状存在的问题；问题分析阶段，社区领导者组织儿童讨论现状问题的根源及影响、分析问题优先级，引导儿童提出可实施的解决方案，最后，所有参与活动的儿童共同绘制“梦想地图”，表达他们对未来生活环境的期许。在儿童主导规划的过程中，社区领导者通常会选定儿童领导并对他们进行培训，儿童领导作为代表向当地领导人及其他利益相关者宣传儿童友好型社区的建设理念和改造诉求，许多利益相关者对他们做出了回应，使参与计划的儿童看到了在他们努力下社区环境切实的改善（图8-7）。

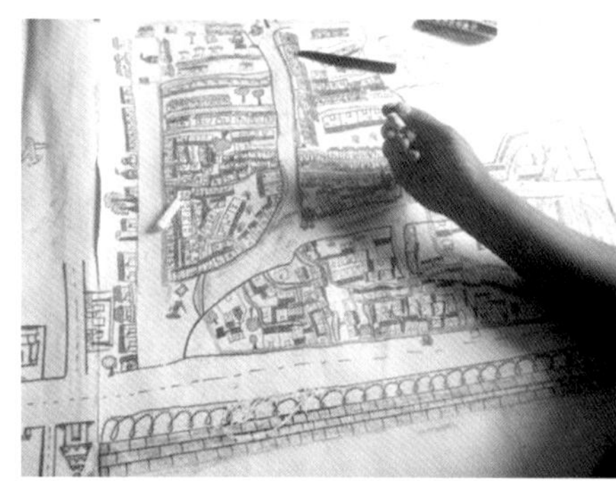

图8-7　儿童参与贫民窟改造计划活动
图片来源：胡马拉·巴赫潘基金会官网

8.3.5　措施五：组织面向家庭的丰富社区活动

城市化造成大量人口的迁移，很多家庭脱离故土、远离亲戚支援，处于孤立状态。社区对儿童非常重要，成为当代城市儿童的最新故土，也影响着他们的社交圈。社区活动对加强居民凝聚力非常重要，大家在活动中可以更加熟络，更有助于产生对社区的信任感与安全感。

①增加周末和晚上的活动，方便家长和儿童共同参与社区活动，并通过社区活动，为儿童和家庭提供固定、安全的休闲空间。

②通过多样化的艺术、文化活动来活跃社区空间，促进社会凝聚力。

③多代互动、面向家庭的社区活动可以促进社区代际融合，如社区农园活动，可以减少老年人之间的隔离，增加孩子们之间的互动。

④推动更多有益于社区互动的免费活动，如为新手妈妈、孩子、青少年及其家庭提供更多的项目和多元文化项目。

苏黎世邻里藏宝图游戏及隧道壁画计划

欧盟“蜕变”项目（Metamorphosis Project）致力于以儿童友好的方式改变邻里关系，阿尔巴尤利亚、格拉茨、梅兰、慕尼黑、南安普敦、蒂尔堡和苏黎世7座城市参与到了“蜕变”项目中，开展了一系列活动，并对活动成果进行了评估。如苏黎世组织6~12岁的儿童进行邻里空间的分析，在为期一天的工作坊中，孩子们对社区内自己喜欢和不喜欢的地方进行拍照，并寻找可能的解决方案，最终得到了有关安全、游乐场、绿地、公共空间的多项建议，并向市议员进行了展示。基于邻里分析的结果，活动组织者进行了游戏卡牌制作和隧道壁画计划。游戏卡牌充分利用了工作坊中儿童拍下的自己喜欢的社区景点照片，通过对照片进行专业的设计，制作成为寻找照片在地图上所在位置的邻里藏宝图游戏，有助于引导居民重新发现社区步行的乐趣。隧道壁画计划改造了邻里分析中儿童感到不舒适的一处隧道，孩子们在街头艺术家和家长的指导下以水下世界为主题，设计并绘制了隧道壁画，使其变得友好明亮，成为孩子们喜爱的场所（图8-8）。

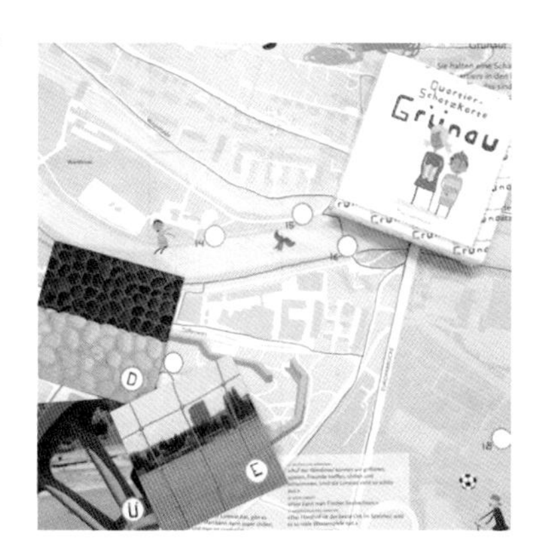

图8-8　苏黎世邻里藏宝图游戏及隧道壁画

上图来源：欧盟蜕变项目官网（EU Metamorphosis Project）；下图来源：协同工作有限公司官网（synergo GmbH）

8.3.6 措施六：培育服务儿童的社区平台

社区主管部门宜为社区建立开门、开源的综合服务平台，加强信息共享和建立更强力的伙伴关系，搭接更多专业主体资源（如社区规划师、建筑师、景观设计师、心理咨询师、教育机构、儿童服务机构等），为社区提供包括前期策划、规划设计等服务，确保社区儿童和家庭获得更多的服务机会。发挥社会组织作用，协调社区服务组织、社会力量的主观能动性，实现政府治理、专家加持、社会调节、居民自治的良性互动。

①应保障社区儿童工作的财政和人力资源。可在社区成立专项委员会或者协调单位对社区儿童事务进行专项协调，有能充分了解儿童权利的社工负责儿童事务，并可以对社工或社区志愿者进行儿童工作的审查、培训和能力建设。

②构建青少年、家庭、儿童服务机构、教育机构、社会团体、当地社区业委会、企业和政府部门协作平台，促进多部门共同协作与信息共享，促进各个部门与儿童之间的合作。

③充分利用社交媒体，吸引更多团体参与，增加跨部门合作的机会。

④鼓励成立青少年协会，直接由青少年定期参与社区规划、社区服务、家校联合等相关事务，包括资料收集、咨询或亲身参与相关项目。

埃德蒙顿市“青年委员会”

埃德蒙顿市是加拿大最年轻的大城市之一，25岁以下的人口比例超过22%。青年委员会（City of Edmonton Youth Council）成立于1995年，成员由13岁以上的青少年的组成，这些青少年来自不同的族群，拥有着开放的思想、新鲜的想法和独特的经历。埃德蒙顿市的青年委员会可以有机会和市政府官员进行沟通，例如2021年6月的一次会议，他们和市长就几项暑假倡议和提案进行了投票。

25年间，青年委员会的青少年们分享信息，并参与城市可持续发展、社会公平、营养环保、青少年身心健康等议题的重要对话，具体如对不环保的行为进行研究并组织活动，通过社区教育消除社区不公正的障碍，倡导弱势青年进行积极的社区参与，研究并撰写可供市政府审查的政策建议，对青少年进行城市治理和政策制定方面的教育，促进支持青少年福祉的举措，等等。作为未来城市的建设者、企业主，这些青少年正用热情和独特的视角对城市的发展起着重要作用，并与市政府、地方组织和企业之间建立了紧密的联系（图8–9）。

图8-9　埃德蒙顿市“青年委员会”活动
图片来源：埃德蒙顿市青年委员会官网（City of Edmonton Youth Council）

8.4　实践案例

8.4.1　上海社区花园

可借鉴要点：自然教育、多代际共融、提供儿童支撑服务、儿童参与、邻里互动、多方共建

上海是高密度城市的典型代表，由于土地稀缺，中心城区缺少自然空间。与此同时，上海老旧小区普遍存在着社区治理的困境，小区绿地疏于管理、利用率低下。四叶草堂团队自2014年以来在上海中心城区陆续打造了超过100个社区花园，并以儿童参与、课程培训等方式形成了600多个迷你社区花园，花园营造充分调动居民积极性，引导社区居民和儿童参与花园的设计、建设和管理，不仅为居民提供了亲近自然的场所，增强了邻里间的联系，也为儿童友好理念的传播提供了土壤，其创新点与可借鉴之处主要有：

（1）多种方式开展儿童自然教育

社区花园是开展儿童自然教育的绝佳场所。四叶草堂自然体验中心在创智农园特别聘请自然课程教师定期举办主题活动，面向创智坊社区亲子家庭公益开放，内容涉及当下农园内的农事活动、儿童有关自然教育的课程等，带领孩子们拔萝卜、割麦子、插秧、种土豆、做标本。在居民自治的社区花园中，儿童能够通过认养植物、照顾植物的方式获得自然知识（图8-10）。

图8-10　创智坊自然教育活动
图片来源：四叶草堂

（2）充分挖掘“一老一小”力量，实现多代际共融

此类社区花园由居委会主导，通过购买社会组织服务对花园进行改造，并由居民承担花园的维护工作，如杨浦区鞍山四村第三小区百草园。百草园由街道牵头并提供资金、居委会组织引导、同济大学提供设计指导、四叶草堂提供支持。百草园所在小区老年人较多且有较好的社区自治基础，四叶草堂充分挖掘“一老一小”的力量，由老年人组成的芳邻花友会和儿童组成的小小志愿者团队作为主力，发动社区居民共同参与百草园的设计、建设和管理（图8-11）。

图8-11　上海百草园
图片来源：四叶草堂

（3）提供丰富的儿童支撑服务

社区花园营造的过程是不断拉近社区居民距离的过程，社区花园也成为开展睦邻活动的良好载体，为家庭提供了丰富的社区活动。创智农园已组织了多届社区互助自治共享夏令营，由社区居民和儿童作为志愿者共同组成互助共治委员会，提供社区

儿童暑期托管和作业辅导，并在此基础上提供儿童社会实践、团队活动、自然体验活动。同时，每年春季创智农园举办创智社区花园节，组织花园营建、午餐会、读书会、亲子手工制作等家庭活动（图8-12）。

图8-12　社区互助自治共享夏令营
图片来源：四叶草堂

（4）格外注重儿童参与

儿童参与的理念在上海社区花园营造的全过程中均有体现。方案设计阶段，四叶草堂自2016年起开展小小景观设计师的培训，让儿童参与到社区花园的初步设计中，儿童完成的方案由专业设计师进行转译并与社区居民共同讨论。建设营造阶段，将以往施工队的工作内容进行拆解，选取其中适合儿童参与的工序交由儿童与社区居民共同参与，如铺路、铺草皮、厚土栽培等。后期维护阶段，引导儿童参与场地维护、浇灌植物等，以非制度化的形式将儿童活动与花园维护相结合。深度参与使得儿童对社区花园有了主人翁意识，有助于培养儿童责任心和自组织能力（图8-13）。

图8-13　儿童参与社区花园营造
图片来源：四叶草堂

（5）通过活动设计，增强邻里互动

疫情期间四叶草堂发起的“播种”（seeding）计划，以无接触分享种子和绿植的方式鼓励人们开始种植，让人们从营造自家阳台、庭院做起，逐渐走向半公共空间、公共空间的花园营造，并在此过程中建立邻里关系、形成社区网络、孵化社区小组。通过线上线下宣传、种子与种植工具发放，吸引更多的人尝试在公共空间进行种植，对于传播社区自治理念、增强人与人之间的联系起到了重要作用（图8-14）。

图8-14　四叶草堂“播种”计划
图片来源：四叶草堂

（6）重视人才，开源建设，努力实现多方共建

在上海有部分社区花园是由多方共建的，往往由政府指导、企业提供经费、专业社会化组织运作，这类花园通常功能完备、规模较大，可作为社区营造的示范性基地，如上海杨浦区创智天地的创智农园，该农园由香港瑞安集团代建代管并提供主体经费，区政府管理部门为项目实施提供政策保障，四叶草堂作为被聘请的第三方社会组织负责农园的景观改造和运营维护，街道办购买社会组织服务并多渠道地推动居民参与社区花园的营造。

同时，上海社区农园鼓励由相关专业研究者、学生、设计师和创业者等与社区志愿者共同组成在地共创小组，小组的关注不只包括社区花园营造，还涉及社区环境、社区文化等多个方面。以在地共创小组推动社区营造的模式既能够令居民的诉求以专业方法得到解决，又能够使研究者获得社区营造的实践经验。

8.4.2　成都市簇桥街道锦城社区

锦城社区位于成都武侯区簇桥街道，为2019年中国儿童友好社区建设首批16个“中国儿童友好社区建设试点”社区之一。整个社区大约有5万名居民，其中18岁以下的儿童约7000多人。社区书记李鑫非常认同“儿童带动家庭，家庭改变社区”的理念，自2016年起便开始探索儿童友好社区的建设，通过儿童友好的理念探索进行了社区的多维空间改造，包括社区天文馆、彩虹厨房、幸福餐桌、屋顶可食农场等内容。

（1）首个社区天文馆，让孩子们在城市中看到星空

为了弥补城市儿童看不到星空的遗憾，在四川省科协、成都市科协、武侯区科协以及簇桥街道的支持下，锦城社区成立了西南地区的第一个社区天文馆——“锦悦星辰”公共空间，结合丰富的天文设备，围绕宇宙探索、自然认知等主题，面向辖区居民开展系列科普活动，居民可以通过社区微信公众号预约天文馆活动以及星空主题生日会。社区内部的三台望远镜（牛顿式反射天文望远镜、电子天文望远镜、折射天文望远镜）能观测到15亿km外的土星表面，可以通过较低的价格或者社区信用积分租赁给居民带回家使用，租金后期会再反哺到社区其他公共事项。2019年3月，社区天文馆天文课程开班，成都科普产业协会的老师担任社区天文讲师。如今，社区已经和中科院云南天文台、阿里天文台、贵州“天眼”等建立联系，并进行信号调试，未来孩子们可以实时观测到云贵高原和西藏高原上浩瀚的星空（图8-15）。

图8-15　锦城社区天文馆

（2）首个社区食育中心，让孩子们种植触摸自然

锦城社区的空间探索与社区融合工作从未中断过，2021年6月1日，锦城社区成立了全国首个社区食育中心，在空间上使用胡萝卜和白菜的形象打造了亲切生动的食育科普讲堂，并充分利用屋顶空间打造了屋顶食物森林；此外，社区还构建了营养烹饪教室、感官实验室、食物图书馆、社区儿童食堂等多个食育体验场景，从自然教育、药膳烹饪和科学实验等方面构建了儿童食育体系，让城市里的孩子有了种植的机会，了解到一颗种子是怎么从生根发芽到长成果实，又如何经过烹饪到达餐桌……每一个环节孩子们都可以亲身参与其中，为儿童饮食与健康成长提供了支持，并让孩子们体会到了种植的不易与烹饪的快乐（图8-16、图8-17）。

图8-16　锦城社区食育中心举办儿童食育活动

图片来源：公众号@锦城社区妮妮环球国际儿童食育中心

图8-17　锦城社区食育中心内部环境

（3）鼓励儿童参与，共建社区公共空间

玲珑郡广场是锦城社区重要的公共活动空间，但之前只是大面积的硬质铺地，广场绿化、健身设施管理无序，存在一定的安全隐患，吸引力较弱。2019年开始，锦

城社区开始了对广场的改造，并在方案期间开展了多次“小小建筑师”行动，引导孩子、家长和志愿者共同参与广场的调研规划、模型搭建和实际改造等任务，公共空间被分成了“自然认知教育”与“创造性游戏活动”两个主题，设计了鸟类招引区、昆虫喂养区、农作物认养区以及儿童沙池、户外蹦床、亲水活动区、滑梯和秋千、树屋木屋等游戏区域和设施。除此之外，社区内部空间也处处可见儿童参与的痕迹，例如社区内各个空间的标识标牌就由儿童绘制完成（图8-18、图8-19）。

图8-18　玲珑郡广场改造前后

图片来源：公众号@锦城社区

图8-19　玲珑郡广场的儿童友好化改造

（4）社区活动常态化，为家庭提供支持

锦城社区的活动已经走向常态化、品牌化，通过开展儿童托管、科普教育和暑期青教几大主题活动，建立了3岁以下的婴幼儿公共托育服务中心，0-3岁的幼儿宝宝可在工作日上午由家长带领到儿童之家自行玩耍；以天文馆为载体，还通过组建小小天文家志愿讲解团队，开展针对社区青少年群体的科普讲堂与科幻文化沙龙等活动；打造了叠溪书院、锦瑟年华、锦香书阁等多个社区品牌，开展读书分享会、儿童趣味运动会、阅读马拉松、四点半课堂、绘本阅读、节假日舞台等常态化活动；同时为有养育儿童的家庭提供了家长教育讲座、阅读沙龙等活动，为家长解答育儿疑惑，为家庭教育提供社区支持（图8-20、图8-21）。

图8-20　社区中心儿童参与制作的标牌（左图为工作人员办公室，右图为厕所）

8.4.3　北京海淀小南庄社区

可借鉴要点：人防工程与儿童游戏结合、儿童参与、多元共建

海淀街道小南庄社区位于苏州桥西北角，是一个典型的老旧社区，无法通过大拆大建的方式进行改造。在14号、15号楼之间，有一处闲置、失修的人防工程，整个空间长期没有得到合理利用。为了激发社区活力，海淀街道策划推出了“小微空间改造”系列活动，将破败的人防设施改造成了一个深受儿童喜爱的大滑梯，墙面彩绘和社区花园的建设过程加入了儿童与社区居民的全流程参与，通过小空间的改善，让社区变得更有人情味儿，在共建的过程中，居民也产生了对社区更深的感情。

图8-21　锦城社区锦瑟年华和锦香书阁活动场地

（1）人防工程的趣味化改造，增加儿童游戏场地

原有的水泥表皮被木质构造重新包裹，通过合理的分区设计实现并融合了沙池、观景台、社区花园、动植物科普等功能，既满足儿童的游戏需求，又给家长提供了无死角的看护与休憩空间。原木色的滑梯、彩虹色的台阶，搭配满墙绚丽缤纷的涂鸦，让闲置的人防工程变身梦幻般的儿童乐园（图8-22）。除此之外，场地改造也考虑到儿童安全与卫生，除了里圈立有高约70cm的铁栏杆之外，外面又加了一圈2m多高的木栅栏；所有的拐角都加了防撞角，甚至凸起的螺母上都加装了橡胶螺母套；为了避免流浪猫夜间跑到沙坑里排泄造成污染，沙坑在晚上还会盖一层塑胶垫（图8-23）。

（2）注重儿童参与

确定改造目标为儿童空间后，规划师和社区工作者组织了来自小南庄社区及附近社区近20名4~11岁的孩子，让他们参与到现场考察与方案设计中。为了让孩子们更加大胆、清晰地表达心中所想，在现场考察结束后，规划师们通过组织“手工

图8-22　人防设施改造前后对比
图片来源：公众号@北京女性

图8-23　人防工程的儿童友好大变身
图片来源：公众号@北京海淀

活动”的方式，让孩子们参与到方案构思中。每个孩子可以通过橡皮泥、画图的方式表达他们对该空间改造的奇思妙想，家长和志愿者则负责提供“技术支持”。孩子们以极富创造力的作品展现了他们对社区微空间的理解，以及渴望参与社区管理和建设的小主人翁热情（图8-24）。

图8-24　现场考察与手工方案设计活动

图片来源：北京规划自然资源局官网

（3）注重多方共建

这个特殊空间的改造需求得到了北京市海淀区海淀街道办的大力支持，通过“1+1+N”（1个镇街规划师+1个高校合伙人+N个设计团队）的模式，聚合两所高校的师生团队、专业微空间改造设计团队企业、社区居委会、业主、物业公司、职能部门共同参与到小南庄社区“小微空间”改造之中。在改造过程中，高校志愿者团队主要负责普及“儿童友好”城市及社区建设知识，为后期活动开展蓄力；社区居民也积极参与到设计方案意见征集活动中，针对设计方案进行多次交流与讨论，为社区的共建出一份力。

8.4.4　上海打浦桥街道儿童友好社区

可借鉴要点：统筹社区儿童活动空间、儿童参与、邻里互动

上海创建儿童友好社区的内涵就是坚持儿童视角，以儿童优先为原则，以儿童需求为导向，重点优化配置、整合统筹社区内儿童活动场所和服务项目，依托全市各街镇、居村资源，以儿童服务中心和儿童之家为阵地，通过加强管理、整合资源和优化服务，以嵌入式、菜单式、分龄式服务为儿童打造一个环境友好、设施齐全、服务完

善的15分钟社区生活圈，增强儿童及其家庭对社区的归属感、获得感和幸福感。重点是在创建过程中尊重儿童的主体性，形成儿童参与机制，通过创建工作促进全社会形成儿童友好的理念和视角。

（1）重视儿童支撑服务，提供“一中心+多站点”的活动空间

一中心：打浦桥街道的儿童服务中心，面积达300多平方米，包含大活动区、绘本阅读区、表演展示区，还有儿童美育区、书画传习室等多个活动区域，并针对社区儿童及家庭开展了18个月以上儿童的早教班、0~3岁儿童的童萌绘本馆、4~6岁儿童的童萌剧社和6~18岁儿童的快乐营寒暑托班等特色项目。

多站点：蒙西居民区“童智园”为儿童提供室内阅读和健身区域，同时室外配建“低碳花园”；辖区“童乐园”为社区儿童提供托育服务；大同花园儿童之家“童心园”为儿童提供阅读、玩乐、心理辅导、儿童议事等功能；汇龙居民区儿童之家“童汇园”有“自然观察角”“书香小屋”“乐高墙”，以及“跳房子”“爬格子”“游乐区”等功能区，同时还会不定期开展“童友发展汇”培训与活动（图8-25）。

图8-25　打浦桥街道社区活动空间照片
图片来源：公众号@黄浦女性

（2）注重儿童参与

开展“童友议事会”系列主题活动，鼓励儿童参与到打浦桥社区的发展和建设。“童议剧场”是打浦桥街道儿童议事会活动的特殊表现形式，让孩子们以保护社区环境为主题，通过角色扮演的形式，参与“雷神之锤争夺战”“英雄见面会”“世界在我脚下”等活动，为社区议题提出想法和建议（图8-26）。

（3）邻里互动，培育社区儿童服务志愿者队伍

社区内20位志同道合的妈妈一起组建儿童服务志愿者队伍“童萌社”，利用周六休息的时间，陪伴社区内的孩子们一同参与社区活动，通过绘本、绘画、音乐、游戏、运动等形式，促使孩子养成良好的行为习惯，助力其健康安全地成长；通过儿童与家庭服

图8-26　“儿童议事会”和“童议剧场”活动照片
图片来源：公众号@打浦桥

务培训，也让参与的家长学会如何运用适合儿童成长的方式去培养孩子的主观能动性。同时，社区内还由初高中学生组成一支青少年志愿者队伍，他们利用寒暑假的时间，为托班的小学生辅导功课，陪伴社区低龄儿童参与各种社区活动（图8-27）。

图8-27　童萌社活动
图片来源：公众号@打浦桥

8.4.5 “小禾的家”——流动儿童社区

可借鉴要点：邻里互动、多方协作共建

千禾社区基金会成立于2009年，是中国第一家以社区命名的基金会，致力于建设公正、关爱、可持续的社区，通过“城市支教”“小禾的家”“可持续社区”和“益动”（Walking Proud）等社区公益项目，推动社区的创新发展、合作与多元治理。2017年，千禾社区基金会开始发起“小禾的家”公益项目，在16个流动人口聚集的城中村建立儿童友好空间。

（1）增强邻里互动，鼓励家庭参与

“小禾的家”鼓励流动儿童的爸爸妈妈们加入社区志愿者队伍，通过家长互助成长、家庭互助教育的方式，给孩子们更多关爱和陪伴，也更有助于流动人员对社区产生归属感。一方面发动社区内父母的力量盘活社区资源，如社区活动中心、公园绿地、祠堂等公共空间，为社区的儿童提供固定开放、安全友好的儿童社区空间；另一方面组织社区内父母陪同孩子一起参与“禾唱团”“菜市场经济学”“欢乐颂”“绘本故事会”等社区活动，增强亲子间的互动，让父母在陪伴中更加了解孩子的内心世界（图8-28）。

图8-28 “小禾的家”社区活动照片

图片来源：公众号@千禾社区基金会

（2）注重多方协作，共建儿童友好社区

柯木塱新村是广州天河区的一个城中村，村里存在大量跟随父母来广州生活的流动儿童，千禾社区基金会联合荒岛书店、新新木朗、广州市凤凰街社工服务站、玛氏箭牌等一起开展柯木塱新村“小禾的家”社区空间建设活动。荒岛书店将新村社区内一家独立书店转变为一所社区公益图书馆，为城中村的儿童提供一个亲子共读的空间；新新木朗利用柯木塱新村内的农场打造集循环农业、生态农业、自然教育于一体的田园综合体，借助社区图书馆将新村社区的传统农业资源盘活，让农业回归柯木塱，让文化进入社区；社工站负责运用社会工作的手法为社区内居民提供服务，打造综合服务平台；玛氏箭牌除资助“小禾的家”社区空间建设外，也积极组织企业志愿者们参与社区支教活动。“小禾的家”通过联动家庭、社区、社会，共同助力流动儿童社区内儿童友好空间的建设（图8-29）。

图8-29　柯木塱新村“小禾的家”儿童友好空间照片
图片来源：公众号@荒岛书店

立新湖儿童友好
第二组

第九章

儿童参与空间建设

Chapter IX
Children's Participation in Public Spatial Construction

当我们谈论儿童和青少年参与城市规划时，我们指的是“与他们一起规划”，而不仅仅是“为他们”。

在城市建设过程中，儿童应该是我们的伙伴和利益攸关方。通过让他们参与城市的设计和建设，我们可以为我们的未来打造更美好、更健康的城市。

（UNCIEF，2019）

"同学们，你心中的儿童友好是什么？"

"尊重！"

2017年，深圳罗湖，菁华实验学校，这是在深圳儿童友好城市建设初期的一次儿童调研，一位高中女生在听到问题后，稍作停顿，用肯定的语气给出了这个答案。调研团队没有讲解什么是儿童友好，这完全是由"心"生出的答案，却与儿童权利公约高度吻合。

2018年，深圳宝安，立新湖儿童游戏场地设计前举办了一场儿童参与，窗外大雨如注，室内欢乐热烈，孩子们热情地表达着他们想要的游戏场景，描述着他们心中自己的公园。轮到第二组孩子讲述设计方案了，她们走上台，组长是一位女同学，自信坚定，微笑着开始讲述她们的理念。笔者低声和旁边的小朋友说："她讲得不错，很有讲演才能啊！"小朋友轻声回答道："她是我们班长。"台上，女班长讲到"未来，我希望我的爸爸妈妈能多陪陪我，我能和弟弟、爸爸、妈妈，全家一起在这里玩儿……"突然，清脆的声音卡住了，所有人都将目光转向她，她将头转过身后，当她再次转过来的时候，满眼流满泪水。原来，她的父母是来深的打工者，她与弟弟和父母一起生活，但因小学毕业后继续读初中有学位问题，所以父母决定送她回老家读书，她毕业后即将离开深圳，再难见自己梦想的游戏场，再难见朝夕相处的小伙伴，再难获得父母的陪伴……

2018年，深圳，"大梦想家"活动，这是深圳市城市规划设计研究院和深圳万科联合组织的一场儿童参与活动，策划了不同板块，由专业规划师和万科教育的导师组成导师团，带领全市报名的儿童行走深圳，认识这个城市，提出孩子们的设计策略。在玉田村，笔者和万科负责接待的建筑师一起走进电梯，"你怎么这么多汗？"笔者问。"哇，这些孩子好厉害啊，问我很多专业问题，有人问，你们做这个城中村整治租赁项目成本是多少？利润是多少？能运营下去吗？15m^2这么小的房间怎么住？"建筑师边说边摇头感慨。笔者笑一笑说："别把他们当什么都不懂的小孩，他们完全有参与城市建设的能力。"活动结束时，证明了这句话，同学们提出了非常多的建议，深圳外国语学校的李瑞恬同学以前从来没进过城中村，调研后，她设计了一系列的城中村儿童共享玩具，3年后，在城中村推进儿童友好工作的时候，设计师们依然在用她的设计想法。

儿童参与是儿童友好这座拱桥的拱顶石，没有这块宝石，拱桥将会立刻坍塌，因此，所有儿童友好的项目，如果缺乏儿童参与，都不是真正的儿童友好项目。儿童有能力、有权利表达自己的需求，与成人世界里五花八门、耗财耗时的需求不同，儿童的需求简单而朴实，亲和而真挚，那些需求充满的不是对物质欲望的极度贪奢，而是对最纯真美好生活的期许，是对爱和温暖的渴望！

2018年红荔社区儿童参与活动

2018年 万科 · 大梦想家城市少年行

9.1 在参与中实现权利

早在1989年《联合国儿童权利公约》就提出:“缔约国应保证有能力形成自己意见的儿童，有权利在一切涉及儿童的事项上自由表达自己的意见，应根据儿童的年龄和成熟程度给予儿童意见适当的重视。”该公约有效地提高了儿童权利的可见度，作为一个人，儿童不仅应享有传统观点所认为的被看到的权利，而且也应享有被倾听的权利。让儿童参与城市环境规划的想法出现在20世纪70年代，到了20世纪80年代，开始倡导儿童要积极参与规划过程（Alparone，2001）。1992年里约会议的《21世纪议程》强调了儿童和青年在环境保护和改善环境方面的能力，并主张有必要制定程序，将儿童的优先事项纳入地方或上层的政策议程。1996年，联合国第二届人类居住会议不仅强调了儿童享有宜居社区的权利，而且提出“儿童友好型城市”的概念，强调“一个明智政府在城市所有方面全面履行儿童权利公约的结果，不论是大城市、中等城市、小城市或者社区，在公共事务中都应该给予儿童参与权，将儿童纳入决策体系中”。

目前，世界多地都在致力于“儿童友好城市”建设，为儿童提供了发展参与技能和行使参与权的途径，通过这个途径，成人们有机会坐下来认真、系统地聆听孩子们的想法，孩子们也在此过程中，通过观察、思考与表达输出，得到思维上的进步与成长。对参与的儿童个人来说，参与可以让儿童有更积极的自我意识，锻炼团体合作能力，提高对他人观点的宽容度和敏感度。查瓦拉和哈夫特（2002年）在其关于物质环境与儿童参与之间关系的研究结果中指出，一个功能健全的人不可缺少的能力之一是“以有选择的、自我指导的、有目的的方式与周围环境互动”。从这个角度而言，“儿童参与”是提高社会责任感和思考能力的有效方法，如果儿童习惯于“没有机会参与改变某种事项”，那么他们将无法发展出“更为完善的自我人格”。引导儿童参与城市建设，可以让他们尽早了解一些社会责任，这对提升他们的社会能力将大有裨益。

在国内，公民参与城市规划为一种“原则性规定”，儿童参与萌芽于社区治理和日常空间改造层面，南京、成都、北京、深圳等地都正探索适合本地化的儿童参与体制机制。本文中提到的儿童参与更贴近其实际的描述，将其作为一种根植于儿童日常环境和互动的更多样化社会过程，主要关注儿童参与日常生活的空间改造和社区公共事务。

9.2　问题：无处发声的儿童

9.2.1　良好的儿童参与氛围有待形成

在中国，“三纲五常”是中国延续几千年的道德伦理规范，对儿童的关爱始终是从“德”和“仁”的角度出发；改革开放后，随着西方文化传入，中国儿童生活的客观环境被西化，但受到传统儒家道德伦理规范的影响，以及对儿童“脆弱的、易受伤害的形象”的普遍认同，儿童仍视为“成人控制的社会化过程中的被动主体”。儿童在成人构筑的现代主义城市中尚未获得平等的权利，被“排除”在成人社会和城市社会之外。《中华人民共和国未成年人保护法》明确将“儿童参与”作为基本原则，“未成年人享有生存权、发展权、受保护权、参与权等权利”，儿童参与权实现了从应有权利向实有权利的转化。《中国儿童发展纲要（2011—2020年）》中也将儿童参与作为儿童保护工作的基本原则之一，并明确提出要提高公众认识，将儿童参与纳入儿童有关事务的过程中。但在具体实践过程中，“受保护权”俨然成了儿童权利的代名词，市民对儿童参与的价值认识和环境氛围仍有待完善。

9.2.2　参与领域仍主要集中在社会服务领域

根据《儿童蓝皮书：中国儿童参与状况报告》相关研究，学习是儿童生活的主要内容，学校之外的参与很不充分；已有的儿童参与实践“以社会服务参与”为主。但在现代主义城市中，不能以空间形式实现的权利不具有真实性。《中华人民共和国城乡规划法》作为市民空间权利表达的主要依据，隐含的权利对象是十八周岁以上具有完全民事行为能力的成年人，而不是客观意义上的全年龄段的市民，国内儿童参与空间建设和公共事务的体制机制尚未建立。2015年以来，随着深圳、南京、上海等地儿童友好城市建设以及社区营造的开展，儿童参与空间建设和社区事务开始不断出现在公众视野当中。

9.2.3　上下联动机制有待畅通链接

目前全国层面儿童参与制度体系尚未建立，基于儿童友好城市、社区建设背景之下，深圳、成都、广州、长沙等地出台了适应本地化的儿童参与顶层设计，具体的工作方法、组织方式、信息发布、儿童代表选取、评估监督等实施指引有待进一步完善。已有儿童参与实践一般是由民办非企业组织（以下简称：民非组织）和基层社区组织结合实践提出的工具包，如南京吴楠老师团队围绕儿童参与式社区营造与社区空间儿童参与式设计开发的一套可复制的工具包+指导手册，同济刘悦来老师基于“社区花园”营造下的儿童参与探索，北京规划院提出的“小小规划师”制度等。如何建立一套自上而下规范的儿童参与制度，同时调动发挥自下而上的社会力量，成为儿童参与是否可以长期有效的关键。

9.2.4 儿童参与决策及有效性评估制度有待建立

儿童参与涉及前期问卷调查（问题提出）、工作坊讨论、决策反馈、实施运营监督等全流程过程。根据哈特的儿童参与阶梯理论，有效及有实质性的儿童参与一般指儿童能够自我发起参与活动，并拥有与成人共同决策的渠道和平台。目前国内儿童友好建设领域已经开展的儿童参与实践，主要集中在社区微更新改造和公共事务层面，在组织方、民非组织、基层政府等多方合力下，儿童可以参与到需求调研和方案设计的讨论当中，对于儿童参与结果组织方如何解读落实、儿童如何参与最后方案的决策尚没有明确的平台路径。

9.2.5 儿童参与能力培育有待系统优化

由于儿童发展的阶段性，其参与的能力需要通过社会经验和与他人的互动来培养，具体参与实践中儿童自身是否具备某些知识来清晰表达自己的诉求存在不确定性。现阶段，成人虽然对儿童利益满腔热情，并试图落实真正的儿童参与，但由于缺乏系统性的针对儿童参与成人协作者、儿童自身参与能力培训的课程体系，儿童参与被尊重的多少仍取决于儿童适应成人话语下的实践程度。如何开发和采用适应儿童能力的参与工具，让儿童学习如何提问、如何表达自己的观点并让自己的观点得到重视，是现阶段国内各儿童友好城市探索的一个重要领域。例如，深圳市妇联依托深圳市妇女儿童发展基金会等社会组织，举办了一系列儿童参与能力培训和成人支助者组织儿童参与工作的能力培训，开展了“2020深圳市妇联阳光行动——童创未来儿童参与机制化建设项目”等，并研究出台《深圳市儿童参与工作指引》《深圳市儿童议事组织工作指引》等指导文件。

9.3 促进儿童参与空间建设的措施建议

儿童友好城市/社区建设背景下的高质量儿童参与，一方面应避免将“所有儿童的市民身份实践都纳入”带来的质疑，而重点关注儿童日常生活环境及其相关公共事务；另一方面，在具体参与制度上，可以借鉴联合国《儿童权利公约第12号一般性意见》提出“高质量参与”九项基本要求，涉及“透明公开、自愿参与、尊重儿童、有相关性、对儿童友好、有经过适当培训的成年人提供支撑，有包容性、确保安全、保持较强的风险防范意识及负责任”，对于涉及儿童日常生活环境的领域开展从需求调查、方案设计、共同决策到实施评估反馈的全流程机制（图9-1）。

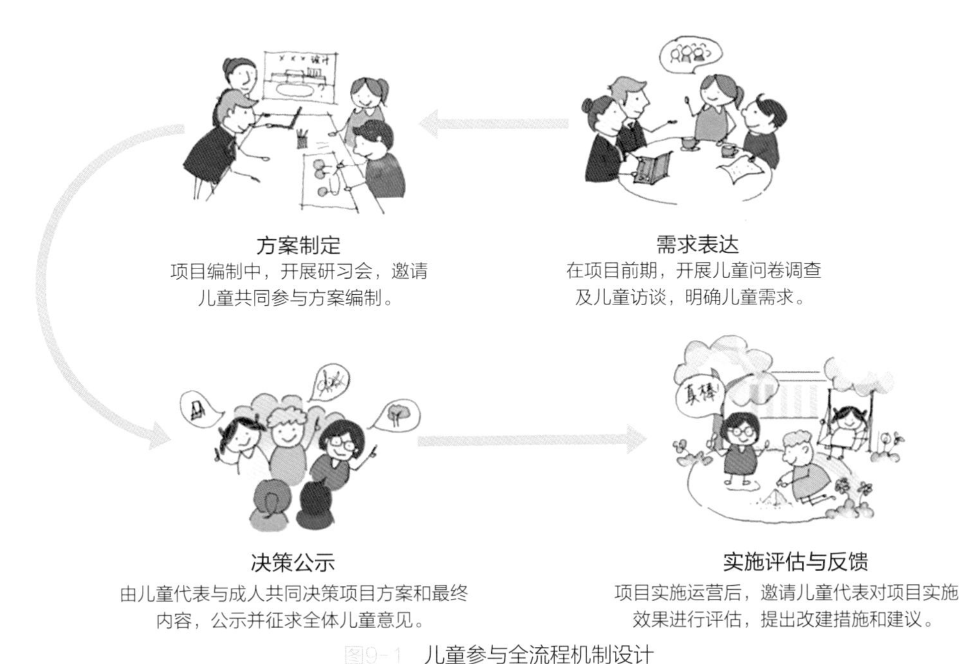

图9-1　儿童参与全流程机制设计

9.3.1　措施一：儿童参与领域聚焦于儿童日常生活环境和公共事务

主要涉及社区、校园、公共空间和公共服务设施四个层面。

（1）纳入社区规划/改造和社区营造

围绕儿童日常基本生活圈，结合老旧小区的改造与更新和新建小区的建设，在规划改造现状调研到方案形成及后续运营管理的全流程中，宜开展儿童参与，包括与儿童相关的社区服务中心、社区文化设施、绿地、儿童游戏场地、体育场地、社区日常运营等方面。让儿童在参与过程中，逐步建立与社区空间、社会和文化结构之间的联系，通过与社区建设和运营之间的互动，可以创造儿童的身份、建立儿童自己的地方，从而给儿童一种自由、控制和自尊的感觉，进而促进社区未来可持续的发展。

青年规划方法

该项目（Youth-Plan，Learn，Act，Now）是一项教育策略，将年轻人和学校纳入城市规划和社区变革的核心，使年轻人能够通过基于项目的公民学习经验来解决社区中的现实问题，并为大学和职业生涯做好准备。项目是美国第一个大规模公共住房复兴项目（HOPE-SF）的一部分，后者旨在将海湾景观和旧金山被忽视的空间转变为充满活力的、健康的社区。目前，围绕该项目已经有超过175名高中生调查了超过6年与他们学校周围的住房重建有关的问题。具体做法：

1.真实的市民

学生们作为“共同研究人员”，直接与项目相关单位合作，并通过与专业的建筑师、景观设计师和规划师一起工作，解决社区发展问题。

2.注重场所营造和建筑环境分析

让学生对他们居住的地方进行批判性分析，审视并找到解决社区建成环境问题的方法。

3.批判性探究的5步方法论

学生们通过测绘、访谈、观察和分析等方式对学校和社区进行研究；以参与式规划过程和科学方法为模型，为客户和真正的利益攸关方提供基于证据的解决方案。

4.适应学术需求

与学术目标相结合，旨在为学生提供职业、大学和社区准备的经验和工具。通过创造演讲和视觉展示的机会，尊重学生的声音，并在公共舞台上有礼貌地展示他们的绘画、模型和艺术品。

5.注重社会正义和公平

通过向年轻人和社区成员开放传统的权力和决策渠道来改变现状，这些人往往被排除在城市规划和决策过程之外。

资料来源：Small children，big cities. Blueprints for hope：engaging children as critical actors in urban place making[EB/OL]. [2021-08-15]. https：//y-plan.berkeley.edu/.

（2）纳入学校建设改造当中

改变过去成人主导下的校园建设，结合未来学校创新实践让儿童这个使用主体回到空间和课程设计的主体地位，促进校园空间成为缓解儿童学业压力的理想场所。规划建设主管部门、教育主管部门和学校管理部门可联合儿童参与主管部门，及时发布参与信息和需要达成的效果，具体儿童参与的领域建议包括但不限于校园新建改造、室内活动空间的用地安排、课程设计等方面。

（3）纳入城市公共空间与公共设施的改造和建设

包括但不限于公园、图书馆、博物馆、科技馆、医院、文体活动中心、青少年宫等为儿童服务的城市公共空间和公共设施的改造和建设。

9.3.2 措施二：建立全流程、长效儿童参与机制

（1）明确儿童参与的信息发布机制

要把涉及儿童日常生活相关的建设和公共事务及时通知到儿童参与主管部门，由儿童参与主管部门（或政府授权的社会组织）对信息进行评估，明确儿童参与的必要性，避免儿童参与疲劳；在此基础上，发布儿童参与活动的具体方式、主要参与内容、要达成的效果、需要征集参与的儿童年龄段等内容，由主管部门通过官方统一的线上线下平台发布，包括但不限于微信公众号、小视频软件、政府官网、线下宣传单等方式（图9-2）。

图9-2 深圳市塘尾社区中心发布的儿童参与信息

图片来源：深圳市妇女儿童发展基金会：六一儿童节 | 为城中村儿童建一个屋顶花园！

https：//mp.weixin.qq.com/s/bDeYvyjKYljlbbQe7-Cvsg

（2）确定儿童参与的组织方式

不论是政府协助还是儿童自主发起的儿童参与活动，都需要有一个相对稳定的组织结构。可以借鉴欧盟等国以及深圳经验，探索设立的“青少年/儿童议事会”等组织；议事会成员由儿童选举产生，可以在主管部门（或政府授权的民办非组织）派遣的成人协助者帮助下出台议事会章程，明确议事会代表选举流程、主要工作内容、工作开展方式等内容（图9-3）。

图9-3　成都儿童参与社区营造委员会工作手册

图片来源：©吴楠

（3）设置儿童议事会空间，作为儿童议事的固定场所

儿童参与宜设置专属活动空间。条件受限地区的社区儿童参与活动、儿童议事会等可依托社区服务中心、儿童服务中心、儿童之家等开展，市区级儿童议事会宜依托市、区级青少年活动中心（少年宫）等平台设置。儿童议事空间宜配置有会议桌、投影仪、讲台等基本会议设施，宜满足多样化儿童参与活动需求。

（4）建立儿童参与决策的路径平台

主管部门应搭建明确的儿童参与决策平台和路径，明确要求项目组织方职责，包括但不限于对儿童议事会提交的议案和结果给予明确的答复、对于未采纳内容进行解释说明等，在与儿童议事会代表充分协调的基础上，确定项目的最后采纳方案，并对全体儿童公示。

（5）监督评估机制

主管部门宜每年对儿童参与活动进行总结评估或作为儿童友好城市建设评估的一部分，明确参与效果和执行情况，出台儿童参与年度报告，面向全社会公布，一方面作为儿童参与宣传，普及儿童参与知识，营造儿童参与的良好社会氛围；另一方面，让本地儿童了解参与活动的执行情况，打消儿童对自身参与有效性的疑虑，促进全社会监督。

衡量儿童参与价值与意义的九大条件：

①透明：有清晰完整的信息可用；
②自由（自愿）：这是出于儿童的自由意愿；
③尊重：每个人都适当考虑表达的内容；
④相关：对儿童来说，他们为什么参与是有意义的；
⑤（儿童）友好：体验适合每个儿童的需求和兴趣；
⑥包容性：每个人都应该觉得自己可以参与（以他们自己的方式）；
⑦安全：儿童感到免受任何伤害；
⑧支持：参与的每个人都觉得他们准备好了；
⑨响应（负责）：儿童必须知道如何处理他们的观点。

参考资料

UNICEF. Child and Youth Participation：Options for Action[D].UNICEF，2019.

9.3.3　措施三：出台儿童参与指导手册

主管部门宜编制或委托第三方专业组织编制儿童参与指导手册，依托规范明确儿童参与的组织、管理和监督要求，保障儿童参与的有效性；主要内容包括但不限于儿童代表选取、儿童议事组织构建方式、儿童参与信息发布平台、儿童参与主要工作方法、儿童参与成人协作者培训、儿童参与评估、监督管理机构基本信息等。

案例链接：联合国儿童基金会《儿童参与行动手册》

手册就儿童和青年如何通过“儿童友好型城市倡议”以及更广泛地在当地社区参与涉及其生活的决策提供了指导和建议。它介绍了有意义和包容性的儿童参与原则（第2章），并提供了从建立“儿童友好型城市倡议”到评估进展（第3章）整个循环的行动选择。涉及正式和非正式的参与机制，前者包括设在学校或在地方政府主持下的儿童和青年理事会，后者涉及包括社会媒体、调查、请愿、焦点小组、青年团体或地方会议；并提出了几点小技巧：

- 从最早期阶段就让儿童和年轻人参与进来；
- 认识到儿童和年轻人需要持续的培训和支持，确保成年人也接受过培训；
- 始终向儿童和青年提供反馈，说明他们的意见如何得到考虑，并可能对地方决策产生影响；
- 让父母和照顾者参与进来，帮助所有儿童和青年，包括最边缘化的群体；
- 确保从一开始就承诺必要的资源来支持参与过程——参与不是免费的；
- 参与是一种权利，而不是义务。
- 让它变得有趣!

9.3.4 措施四：研究开发适合儿童参考的空间工具与方法

规划实践需要找到适应儿童日常生活能力的儿童参与方法和实践方式，使儿童在规划和城市设计过程中做出更有意义和更有影响力的贡献，并最终实现他们的福祉。包括规划设计技能、城市认知的教育，成人与儿童聆听与对话的方法，对儿童想法的持续跟踪研究等内容。

①根据欧盟等国的实践，开设非正式课程、举办“建成环境教育”等方式，可以成为当前儿童参与实践合格的重要方式。通过多方面和跨学科手段，专注于设计和规划技能的教育过程，以供年轻人了解自己的环境并获得必要的设计技能。北京市规划和自然资源委员会等单位开办的“我们的城市——北京儿童城市规划宣传教育计划”，从城市规划的科学启蒙和科普教育的角度做了大量的工作，以期培养孩子的参与感、价值观和责任感。

北京："我们的城市——北京儿童城市规划宣传教育计划"

1.牵头单位

北京市规划和自然资源委员会主办，北京市城市规划设计研究院、北京市规划和自然资源委员会宣教中心及北京市弘都城市规划建筑设计院联合承办的公益宣传教育项目。

2.背景

始于2014年开始的"规划进校园"活动，2014—2018年，共开展授课50余次，授课方式"从最开始的单纯地规划师讲座和儿童沙龙形式升级为更加互动性、游戏性的教育产品"。基于5年探索，2019年正式推出"北京儿童城市规划宣传教育计划"。

3.目标

以城市治理为出发点，通过3~5年的儿童城市规划宣传教育，旨在以生动有趣、学习与实践相结合的方式，面向儿童传播城市规划知识和理念，增强社会整体对城市规划的认知能力、审美水平和家园责任感。在少年儿童心中播下规划的种子，让大家一起了解北京、热爱北京，共同规划建设这座城市。

①建立儿童对城市各系统的整体认知，形成规划与公众沟通的共同认知语境；

②建立儿童关怀城市环境和公共利益的价值观，形成公众对规划的集体观念和社会监督；

③以家园情怀培育儿童参与城市治理的责任感，为城市品质的提升提供源源不断的动力。

4.主要做法

编制一本指南、研发或合作研发系列产品、建立公益服务教育机制。

一本指南：《儿童城市规划宣传教育指南》，解决"要传播什么知识和理念"的问题。

研发系列产品：解决"用什么载体呈现知识和理念更能激发儿童兴趣"的问题。规资委与专业教育机构合作开发了标准化的"我们的城市·规划课程盒子"，包括六门主题课程，分别是城市与规划、北京城市的历史与保护、交通、市政、设计、社区规划，每堂课的研发成果包括标准化的PPT课件、教学流程、备课学案和教具说明等，希望打造一套共创、共享的，具有趣味性、开放性、生长性的城市规划科普课程。

建立公益服务教育机制：依托北京现有党员社区服务制度、责任规划师制度等组织机制、研发产品的授权使用机制等（图9-4）。

图9-4 北京市人民政府官网关于《计划》公益课程的宣传报道（网站截图）

注：结合文献[194][195][196]整理

②儿童追踪方法（Children's Track Methodology）——通过地图让孩子们画出活动的中心和日常生活中的重要位置，并对其进行评估，可以将儿童所感知的社区环境体验等隐性知识转换为规划语境下的显性知识，为儿童参与规划发挥积极作用。类似的还有德国等地开展的“街区漫步”（Streifzugprotokoll），这是由成人组织、儿童带领的街区行走活动，获知儿童日常生活行为轨迹的同时，记录儿童对沿路空间的真实感受，从而把儿童所感知的社区环境体验等隐性知识转换为规划语境下的真实空间话语，为空间优化提升提出针对性措施。

③青少年城市玩家（Stadt Spieler）是德国等地儿童参与城市发展的一种工具，也是青少年工作和沟通培训的方法，为青少年提供了讨论个人观点、探测其执行可能性的机会。儿童通过游戏定义自己对城市的想象，提出解决城区各种问题的看法；并设置“反馈环节”，让儿童和青少年们获得审核参与结果的机会。

④“声音机会力量”（Voice Opportunity Power）旨在促进苏格兰11~18岁的年轻人参与社区的建设和管理。这是一个免费、实用的工具包，围绕五场会议组织，旨在英国皇家建筑协会（RIBA）提出的典型设计程序中，从第 1 阶段开始，一直到第 3 阶段的规划提交，让年轻人有意义地参与开发过程的早期阶段，让他们对规划和设计产生有意义的影响。

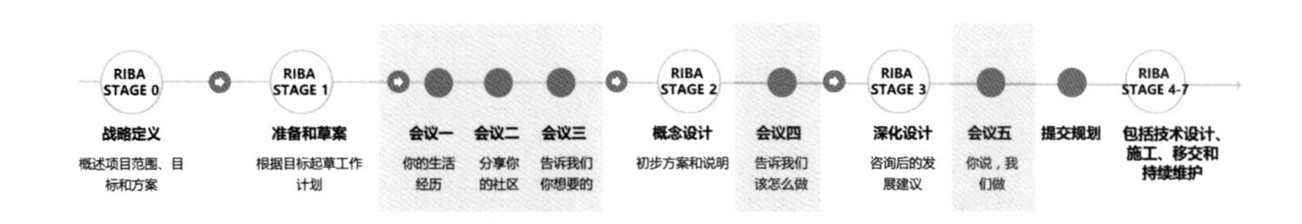

图9-5 “声音机会力量”五场会议在典型设计程序中的位置
图片来源：根据https：//voiceopportunitypower.com/改绘

⑤“一天建成一个社区”（Building a Community in a Day）。这是由伯明翰大学开发的一套让儿童和年轻人参与规划和设计的资源包，最多可容纳30名9~18岁的儿童，是作为大规模住房发展规划以及城镇小型项目、学校和社区中心再生项目等支撑。

“一天建成一个社区”的基本流程

10：00 – 10：30 介绍新的发展计划

10：30 – 11：00 现场步行调研

11：00 – 11：45 活动：放开想象（Thinking big）
输出：年轻人希望在新城镇看到的情绪板（Mood board）。

11：45 – 12：15 专业对话
每个专业人员就他们在发展中的角色进行10~15分钟的简短陈述。会谈应有助于确定以后活动的指标，也鼓励儿童和年轻人更多地了解他们的工作，以此作为未来的职业选择。
这些介绍可以包括①他们是谁；②他们做什么；③为什么他们的工作在建设社区中很重要；④在构建社区时，他们工作中的三个主要挑战是什么；⑤年轻人在设计新社区时需要注意的主要事项是什么。

12：15－13：00 午餐
13：00－14：15 活动：设计社区
输出：基于区域的总体规划设计和核心建议。
14：15－15：00 活动：利益相关者推介
输出：代表利益相关者群体向设计人员进行1分钟的推介。
15：00 结论和后续步骤

资料来源：[199]

9.3.5 措施五：明确儿童参与管理和组织机构

儿童参与涉及儿童日常生活的方方面面，建议由儿童事务主管部门（如各级妇儿工委）设立专职的儿童参与工作人员或者委托民间非营利社会组织，对接城管局、住建局、自然资源和规划局、教育局等各领域主管部门，承担儿童参与的信息发布、专业辅导、监督评估等职责，保证儿童参与是在尊重儿童、儿童自愿参与的前提下，确保各部门开展的儿童参与活动公开透明并与儿童日常事务相关，避免儿童参与疲劳。

案例链接：德国雷根斯堡市儿童参与工作管理单位

雷根斯堡市青少年事务管理局主管儿童和青少年工作，儿童参与是该部门“现在以及未来展开工作的一个重要出发点”，对于重大事项相关的儿童参与项目负主导责任，包括救助计划、游戏场规划、土地利用总体规划、青少年救助规划、中小学改建等。“市政府相关部门需将当前的规划工作及早告知市青少年事务管理局，以便其在决策之前核实参与形式和内容是否合理”，然后由该局工作人员联合市政府相关负责人筹备合适的参与途径并发布准确的参与信息，包括“告知儿童确切的参与目的和需达成的目标、项目实际情况、参与过程中可能出现的局限”等；“只有为儿童提供与他们的年龄相适应且容易理解的信息，儿童和青少年才能够形成自己的主张并参与发表意见”，让儿童和青少年们及时参与的同时避免参与疲劳。

此外，为加强儿童和青少年们参与雷根斯堡市生活相关事务的纽带，并链接公益组织和社会团体力量，该市青少年事务管理局成立了市级的“联络中心”，所有城区都有青少年中心，所有小学、初中都设置了学校青少年社会工作者，这些专业机构为日常空间中的儿童和青少年提供了低门槛的联络中心，进一步保障了儿童及时获得参与信息。

参考资料：[197][198]

9.4　实践案例

9.4.1　深圳福海街道儿童参与

2018年深圳市正式出台建设儿童友好城市的顶层设计和行动计划，儿童参与是顶层设计的三大核心战略之一，明确提出要探索建立儿童参与社会公共事务的长效机制，并将其作为市级儿童友好城市建设行动计划的重要抓手。在此背景下，2019年，宝安区福海街道在建设儿童友好街道试点过程中，市、区、街道三级妇联与深圳市妇女儿童发展基金会进一步明晰了儿童参与城市建设的制度框架和具体实践领域，如“社区儿童参与专题培训”“儿童议事会培育计划”“儿童参与公共空间新建和改造”；2021年深圳市出台了《深圳市儿童参与工作指引（试行）》《深圳市儿童议事会组织工作指引》等文件。

组织机构：宝安区妇联、福海街道妇联、深圳市妇女儿童发展基金会。

信息发布平台：组织机构微信公众号和线下社区服务中心海报。

活动组织形式：儿童议事会、儿童参与设计工作坊。

儿童议事代表选取：街道下辖各社区，采取儿童报名、竞选报名，通过无领导小组讨论，成人协助者适当引导选取社区儿童议事代表；在社区儿童议事代表的基础上，选取福海街道儿童议事联盟儿童代表。

参与领域：社区空间微改造、学校课程活动、校园食品安全的监督、家庭会议等日常生活领域。

参与环节：调研及问卷、方案设计、儿童提案等。

参与能力培训：依托“2020深圳市妇联阳光行动——童创未来儿童参与机制化建设项目”，深圳市妇女儿童发展基金会举办了一系列儿童参与能力培训和成人支助者组织儿童参与工作的能力培训，如儿童参与专题培训线上微课等（图9-6、图9-7）。

图9-6　福海街道桥头社区儿童议事会儿童代表竞选会
图片来源：福海街道桥头社区

图9-7　儿童参与专题通识微课宣传
图片来源：深圳市妇女儿童发展基金会微信公众号

9.4.2　南京莫愁湖儿童友好街道儿童参与

“儿童在社区中的参与是无处不在的，并且通过儿童的社区参与，不仅可以改善社区公共空间，还可以为孩子、家长赋能，让大家意识到自己可以有改变自己社区的能力。”

——吴楠（南京互助社区发展中心理事长）

为推进“莫愁湖西路儿童・家庭友好国际街区”建设项目，《莫愁湖西路儿童・家庭友好国际街区规划指南》中将“儿童参与”作为普及儿童友好理念的方式之一，明确了儿童议事会职责，强调从“调研—规划—实施—评估”全过程的儿童参与，并在三年行动计划中明确了具体儿童参与行动任务，涉及“五日工作坊”“莫愁小导游”“街区儿童参与专题培训”“儿童参与公共事务和街区发展建设行动”五项内容。

在实践过程中，政府和社会组织共同开发了儿童参与式社区营造、社区空间儿童参与式设计的一套可复制工具包+指导手册，涉及参与式预算、共识原则、议事规则、SWOT、5W1H、可视化六方面。

组织机构：南京市建邺区妇联、莫愁湖街道妇联、南京互助社区发展中心。

信息发布平台：建邺区妇联、莫愁湖街道妇联、南京互助社区发展中心微信公众号。

参与人员的选取：儿童自主报名，成人工作选取。

活动组织形式：五日工作坊、莫愁小导游、儿童友好地图绘制、儿童友好街道改造、线上儿童议事会等活动。

参与领域：莫愁湖公园设计、街区地图绘制、莫愁湖西路社区新社区空间打造、北圩路社区茶花里小广场改造等。

参与环节：调研问卷、方案设计、儿童提案等。

参与能力培训：社会组织依托儿童议事会开展儿童培训（图9-8）。

图9-8　莫愁湖西路儿童 · 家庭友好国际街区儿童议事会

参考资料：吴楠，社区发展与社区营造 微信公众号《儿童友好中的社区参与》

9.4.3　长沙丰泉古井社区屋顶花园儿童参与

丰泉古井社区是位于长沙市中心城区的一个老旧社区，面积12.9hm^2，居民约5500人。自2016年起，湖南大学儿童友好城市研究室一直深耕社区，以“校社共建”的方式，开展了一系列儿童参与活动，通过儿童带动家长，进而激发社区核心家庭居民的参与。

组织机构：湖南大学儿童友好城市研究室、芙蓉区定王台街道丰泉古井社区。

信息发布平台：儿童友好城市研究室微信公众号和线下社区服务中心海报。

活动组织形式：“小小规划师”“街巷游戏节”“小精灵花园”墙绘等多种形式和主题的参与式工作坊。

参与领域：社区微空间改造，包括屋顶花园、街巷墙面和公共空间等。

参与环节：调研及问卷、方案设计等。

丰泉社区儿童参与空间改造活动情况

2016年5月，“我的社区我做主”——儿童参画工作坊。

2017年7月，国际学生联合工作坊社区设计。

2017年9月，“儿童·青年·艺术·社区”游戏空间参画工作坊。

2017年12月，“大手拉小手，共绘丰泉梦”墙绘工作坊。

2018年6月，丰泉古井社区街巷游戏节参与工作坊。

2018年9月，丰泉古井社区公共空间改造设计工作坊。

2018年11月，丰泉古井社区“游戏场图鉴”工作坊。

2018年12月，“陪伴，是最长情的告白”口袋花园共建工作坊。

2019年12月，“小小墙绘师，共绘丰泉梦”系列活动之终极墙绘绘制。

2020年10月，“我的屋顶有点‘田’”——丰泉社区屋顶花园改造（图9-9）。

图9-9　“小小规划师”和湖南大学建筑学院设计团队的学子共绘理想家园

图片来源：https：//www.icswb.com/h/100036/20180909/557778.html（长沙晚报记者 王志伟摄）

参考资料：根据“儿童友好城市研究室”微信公众号文章和参考文献[201]整理

第十章

空间建设机制探讨

Chapter X

Discussion on the Mechanism of Spatial Construction

“儿童友好城市建设是一个庞大的系统工程，需要聚合全社会力量共同推动。”

将儿童置于城市规划和设计的核心，将为所有人带来更可爱、更宜居、更可持续、更安全、更包容的城市。

——Maimunah Mohd Sharif

（联合国人居署执行主任）

儿童友好城市建设是一个庞大的系统性工作，在国内仍属新鲜事物。从各地已有的实践经验来看，推进路径也各不相同。体现在空间建设领域，主要涉及如何让儿童友好理念从概念到实施能贯彻执行。首先，空间领域的工作主要涉及城管、住建、自规、园林等部门，而作为现有政府体制下儿童事业的主管部门，妇联/妇儿工委是一种协调议事机构，缺乏独立的事权和财权开展儿童领域的空间建设和改造，一般采取指导参与的方式进入，这使得儿童友好理念的落实程度要看具体实施部门的理解和重视程度。第二，如何做好规划指引，儿童友好是一个理念，为便于基层实施，什么是可衡量的儿童友好、具体空间怎么做，需要有可操作的实施指引，降低成人对儿童的规训，这就需要平衡规则与指引之间的拿捏问题。第三，如何评估这个地方是不是儿童友好，这个需要使用者自身来回答，防止打着“儿童友好”的名义，实际上没有改善、甚至反向的实践，这就涉及政府自上而下的评估督导机制、专家库机制以及自下而上的广泛群众监督机制等。第四，空间需要有明确的管理运营主体才能真正促进儿童健康成长，如儿童游戏设施建成后的日常维护、室内儿童服务设施的物业移交单位及运营组织等。

10.1　构架三级规划传导体系

在儿童基本社会保障层面，历版《中国儿童发展纲要》已经做了详细阐述，并明确了指标控制和督导机制。深圳、长沙等先行推进儿童友好城市的地区，开始重点关注儿童的物质环境，依托规划师的综合协调能力，以规资局、规划院、高校等为平台，开展顶层设计，编制指导全市的战略规划、总体规划；并在对接各部门实施项目的基础上，提出近期行动计划。在国家标准和指引尚未明确的背景下，为更好地指导基层部门实施落实儿童友好理念，各地可以配套出台适合本地的工作指引、建设指引等。

（1）措施一：以总体规划（战略规划）明确儿童友好共识和重点建设领域

在总体规划中，明确主要工作领域和实施机制建设。其中，工作领域层面，联合国儿童基金会提出的九大建设板块只是一个基础框架，更多的是在儿童需求调研的基础上，提出本地应关注的重点领域。对于一二线发达城市，在儿童教育、医疗、卫生等基本保障已经相对完善的情况下，可以重点关注如何更好地促进儿童潜能的发挥，改善儿童日常生活环境，强调儿童的发展权和参与权。在实施机制层面，要为儿童友好从理念到落地搭建一套切实可行的实施机制，这就包括组织领导机制、监督评估机制等内容。在全市总体规划的基础上，各辖区、街道可以制定下一层级的工作方案，进一步细化落实总体规划内容。

（2）措施二：以行动计划（工作方案）明确工作重点和工作组织方式

以总体规划为战略引领，通过跟各部门衔接，明确近期行动实施方案，明确有效期，工作路径、工作方向、具体项目等，作为儿童友好理念迈向实施的重要支撑。考虑到儿童友好城市建设涉及的各个方面，行动计划在编制过程中，重点应开展对现状城市儿童状况评估，明确迫切需要解决完善的儿童发展问题；提出的指标任务和具体行动项目应有明确的主管部门和财政保障；并联动社会力量，为全社会参与儿童友好城市提供渠道和平台。此外，要对行动计划的实施效果进行自评估，一方面将自上而下的政府行动与基层儿童、家庭的真实迫切需求相吻合；另一方面，通过自评估，可以为“十四五”期间国内开展的儿童友好城市示范提供基础支撑。

（3）措施三：试点先行，探索适合本地的实施推进路径

现阶段国内负责儿童友好城市推进的主管部门各不相同，通过试点项目，可以先行探索如何有效地统筹各部门合力推进，保证儿童友好的共识能贯彻落地，并向基层具体人员提供可操作的技术指引。试点也是试错，可以为完善行动计划（工作方案）提供支撑。试点领域可以包括儿童日常生活的空间环境、公共服务提升、社区营造等诸多方面。

（4）措施四：对公共空间、社区、学校等儿童日常生活空间开展专项规划

对于儿童日常生活的主要空间如公共空间、学校等开展专项规划，在儿童和家庭调研的基础上，明确现状空间存在的问题，提出需提升改造的空间分布、改造策略和设计导则，结合各部门事权范围，形成改造行动项目库，如德国各地编制的《游戏总体规划》等。

10.2 完善规划标准与指引

儿童友好城市是城乡规划领域对普惠城市空间权益体系构建的一次探索，也是弥补过去儿童视角在空间建设中的缺位。现阶段国内基于儿童视角下的公共服务设施、公共空间、街道、社区服务设施等标准和指引较为缺乏，深圳、长沙、北京等地结合本土实践，创新发布了地方性的建设指引。但这些倡导性的建设指引，并不是强制性的规定，尚未融入本地法定性规范当中，各部门的执行力度不一，儿童的空间权利尚未真正融入建设当中。从国外建设经验来看，涉及儿童类的规划标准与指引采取的是刚弹结合方式，刚性涉及空间供给的类别、规模和基本安全，如儿童类服务设施和游戏空间规模配置要求，通过法律保障来回应成人对儿童空间优先级的困惑心理；另一方面，通过弹性的建设指引，明确空间设计的价值共识，同时为具体的空间设计留有弹性。

（1）措施一：刚性指标纳入当地城市规划和建设领域标准与准则

在现代主义城市中，不能以空间实现的权利不具有真实性，儿童需要有一个明确的空间载体来享有其休闲、游戏和文化娱乐活动的权利。在国家层面尚未出台或修订相关标准的情况下，各地政府可以将涉及儿童友好的刚性空间指标研究纳入本地的城市规划和建设领域标准与准则当中，这包括但不限于公园绿地、居住区配建的儿童游戏场地的规模和可达性要求，社区儿童服务设施配建要求等。

（2）措施二：出台儿童空间领域相关设计指引

借鉴联合国儿基会《儿童友好型城市规划手册》及国内相关城市建设指引，可以出台儿童友好空间建设指引，或者将儿童友好相关内容融入已有设计指引里面，例如街道设计导则、生活圈设计导则、学校设计导则等。这里面有一个核心，就是要邀请各领域的专家集思广益，不是只有规划一个口径来编制，而是需要儿童心理、儿童教育、建筑学、景观学等多领域专家共同探讨，以儿童友好共识的形成为主要目标，提供建设方向和日常运营建议，避免模式化。

（3）措施三：出台公众版，便于大众、儿童和基础工作人员使用

规划的语言要转译为大众容易懂的话语，尤其是要考虑儿童阅读与成人之间的差异性，建议出台儿童版的设计标准和指引，告知儿童享有的空间权利、普及儿童规划知识。

10.3 制定评估和实施保障机制

"要了解儿童友好型城市倡议的成效和影响，就必须制定相关机制，用以测量儿童友好型城市倡议实施后，给儿童生活带来的影响。"

——《构建儿童友好型城市和社区手册》（UNICEF，2019）

10.3.1 开展儿童友好城市建设评估

目前国内儿童友好城市建设尚处于起步阶段，实施评估与监督尚不健全。建成环境以及城市规划对儿童健康和发展的长期影响尚未得到充分评估。对于建成环境的实施效果与监督，未来可借鉴国土空间规划背景下的"城市体检"方式，从空间的数量、可达性、使用舒适性、服务供给、儿童参与等方面提出评价指标，可由主管部门主导、第三方组织支撑和市民满意度调查相结合的方式，结合儿童友好城市相关战略规划和顶层设计，对儿童友好城市空间建设开展评估。

儿童友好城市建设评估可结合各地《儿童发展纲要》《妇女儿童发展"十四五"规划》等规划的中期评估开展，出具相关专题评估内容。考虑到儿童是儿童友好城市空间建设的实际使用者，开展建设评估应通过儿童调研访谈、儿童参与等方式了解儿童的真实感受。

10.3.2 明确工作组织和资金保障机制

现状儿童友好城市建设工作涉及多部门，但在各部门协作之间会存在理念不一致、资金保障困难等问题。未来各个城市在推进儿童友好城市过程中应明确牵头单位、领导机制和组织架构，在明确的工作组织下，进一步将儿童友好建设相关工作纳入各行政部门日常工作和项目建设当中，让儿童友好理念成为政府日常治理的一个维度，并建立各部门与儿童友好相关实践组织之间的互动机制，以提高儿童友好干预措施的有效性和连贯性。

推动将建设儿童友好型城市相关经费纳入各级政府年度财政预算，鼓励各级政

府及各部门结合已有财政拨款项目，增设儿童友好型城市建设相关内容，专项资金建议精准支持主管机构。推动设立儿童友好型城市公益基金，鼓励全社会捐助，共同参与儿童友好型城市建设；对于社会力量开展的优秀儿童友好型城市实践给予适当扶持资金。

10.3.3 开展儿童友好城市相关培训和宣传

儿童友好城市工作者作为儿童权利的倡导者和为儿童及其家庭提供友好服务的一线人员，其作用不可低估。根据欧盟《12部长委员会就儿童权利和对儿童和家庭友好的社会服务向成员国提出建议》，“从事儿童工作和与儿童打交道的专业人员的能力建设是确保尊重、保护和实现儿童权利的一个基本机制”，“特别是那些直接与儿童接触的一线人员，必须认识到儿童的权利，并具备在实践中应用这些权利的技能”。为了保障这一点，开展儿童友好城市工作者培训和交流必不可少。通过系统培训和特色培养，建设与时俱进的儿童友好工作队伍，及时为儿童友好一线工作队伍提供专业的儿童友好理论支撑、实践分享等，成为儿童友好城市建设工作最具活力和可持续性的核心资源。积极组织市、区和跨部门的儿童友好城市建设交流会，学习交流各地优秀经验，推动儿童友好城市建设水平整体提升。

广泛宣传和精准宣传相结合，积极普及儿童友好理念。加强自媒体、平面媒体、电视和报纸媒体的立体化宣传，投放儿童友好城市建设公益广告。在精准宣传上，儿童友好理念基于儿童，服务儿童和家庭，所以宣传层面，常规的各类媒体宣传不足以深入到最基本的单元，可以鼓励儿童友好进入学校、进入社区，通过幼儿园、学校与社区三个核心，覆盖从出生到17岁的全龄段儿童及其所在家庭，同时也让学校教师群体和社区基层服务者了解儿童友好的理念和价值观，从而在儿童、父母、教师、社会服务者四类人群中全面普及，达到深入人心效果。如开展中小学学校校长培训课程，影响“关键少数”；开发儿童权利、儿童友好城市知识宣传手册、小视频、微信小程序，在中小学校普及宣传儿童友好理念等。

10.4 实践案例

2010年，国务院妇女儿童工作委员会办公室起草《中国“儿童友好城市”的创建目标与策略措施》，鼓励地方政府提高管理儿童事务的责任意识，制定有利于儿童发展的公共政策。2015年以来，以深圳、长沙等地为代表的城市，率先在全国探索建设本土化的“儿童友好城市”样板，在空间、服务、组织体制等方面积累丰富的先行实践建议。

10.4.1　深圳儿童友好城市建设规划体系

在2016年深圳市“十三五”规划明确提出建设儿童友好城市的背景下，为保障儿童友好城市的落地实施，在现有法定规划普遍缺乏儿童相关视角的背景下，先期探索了一条以规划为支持、由政府主导实施的儿童空间改善路径，构建从“战略规划→行动计划→试点项目”的空间传导机制。通过战略规划统一社会共识和儿童友好城市建设的主要空间领域，作为政府各部门实施城市建设的共同纲领；依托由市政府审批的三年《深圳市建设儿童友好型城市行动计划》，将具体需开展的儿童空间改造内容以项目方式落实到责任单位，在深圳强区放权的背景下，通过区级政府来推动实施，并以行政考核机制的方式进行监督评估。此外，《行动计划》还搭建了一个项目动态申报机制，鼓励社会资本共同参与儿童友好空间建设；形成政府主导、各部门协同和社会参与推动实施的儿童友好城市建设格局；万科、华润等企业正与政府共同合作，推动儿童友好社区建设、大梦想家计划。而且为了指导具体空间建设，通过试点项目形式，探索了学校、社区、医院等儿童友好型空间改造的方向和措施，出台了相应的建设指引，为全市推广儿童友好空间建设提供支撑（图10-1）。

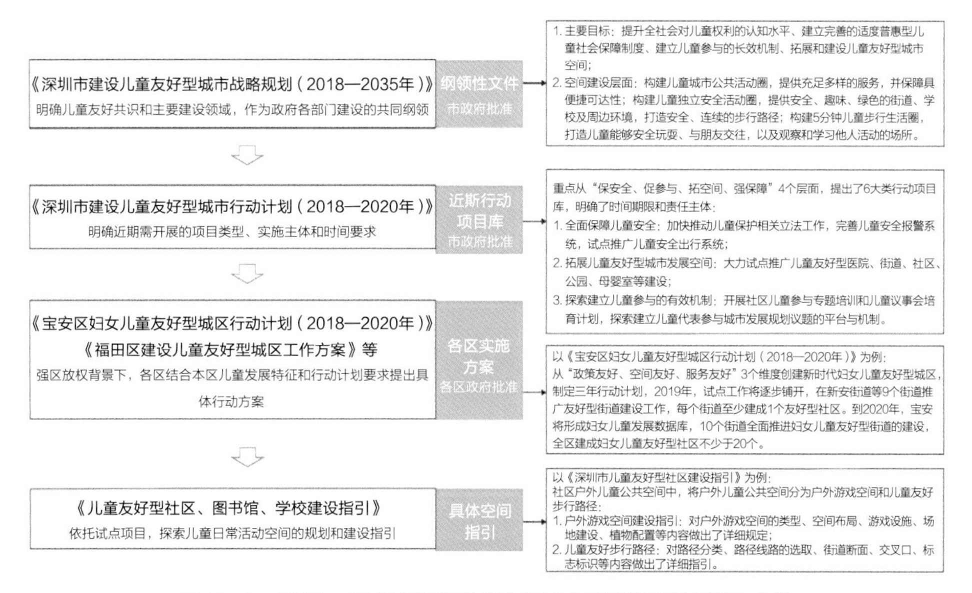

图10-1　2016—2020年深圳儿童友好城市建设的相关规划和文件

10.4.2 长沙儿童友好城市建设规划体系

2015年长沙市提出建设“儿童友好型城市”，并写入《长沙2049远景战略规划》中；2019年长沙市自然资源和规划局、市教育局、市妇联联合发布《长沙市创建“儿童友好型城市”三年行动计划（2018—2020年）》围绕“政策友好、空间友好、服务好”展开10大行动42项任务；2019年发布《长沙市“儿童友好型城市”建设白皮书》，对儿童事业现状、行动计划的实施进展与面临的问题进行了总结。

为更好地指导基层实施推进，长沙市城乡规划局联合市教育局、市妇联发布《安全有趣公平的儿童友好微空间案例赏析》，从学校、社区、公共建筑三个方面整理总结国内外优秀儿童微空间规划建设经验；并开展《长沙市儿童友好城市行动导则》《长沙市儿童友好城市规划导则》等导则研究，以期为长沙创建儿童友好城市提供方向和指引。此外，长沙市教育局发布了《长沙市儿童友好型学校建设导则》，涉及以人为本的设施空间、营造安全的内外环境、提供公平的全纳教育、保障身心健康的权益、实施有效的教育教学、维护儿童参与的权利等六方面。

附录 A

儿童友好城市相关政策文件

国家层面

1、《中华人民共和国国民经济和社会发展第十四个五年规划和2035年远景目标纲要》

2、《中国儿童发展纲要（2021—2030年）》

3、《关于推进儿童友好城市建设的指导意见》（发改社会〔2021〕1380号）

4、《国家发展改革委关于推广借鉴深圳经济特区创新举措和经验做法的通知》（发改地区〔2021〕1072号）

深圳层面

1、《关于先行示范打造儿童友好型城市的意见（2021—2025年）》（中共深圳市委全面深化改革委员会）

2、《深圳市建设儿童友好型城市战略规划（2018—2035年）》（深妇儿工委〔2018〕2号）

3、《深圳市建设儿童友好型城市行动计划（2021—2025年）》（深妇儿工委〔2021〕2号）

4、《深圳市儿童发展规划（2021—2030年）》（深府〔2022〕30号）

5、《深圳市国民经济和社会发展第十四个五年规划和二〇三五年远景目标纲要》

6、《儿童友好公共服务体系建设指南》《深圳市儿童参与工作指引（试行）》《深圳市儿童友好实践基地建设指引（试行）》《深圳市儿童友好出行系统建设指引（试行）》《深圳市儿童友好社区建设指引（修订版）》《深圳市儿童友好图书馆建设指引（修订版）》《深圳市儿童友好型公园建设指引（试行）》《深圳市儿童友好学校（中小学）建设指引（修订版）》《深圳市儿童友好医院建设指引（修订版）》《深圳市母婴室建设标准指引（试行）》

7、《深圳市儿童友好型城市建设评价手册（试行）》（深妇儿工委〔2019〕7号）

国家层面文件摘录

《中华人民共和国国民经济和社会发展第十四个五年规划和2035年远景目标纲要》

专栏18“一老一小”服务项目

……

05 儿童友好城市建设

开展100个儿童友好城市示范，加强校外活动场所、社区儿童之家建设和公共空间适儿化改造，完善儿童公共服务设施。

《中国儿童发展纲要（2021—2030年）》

……

（六）儿童与环境。

主要目标：

5. 建设儿童友好城市和儿童友好社区。

策略措施：

7. 开展儿童友好城市和儿童友好社区创建工作。鼓励创建社会政策友好、公共服务友好、权利保障友好、成长空间友好、发展环境友好的中国特色儿童友好城市。建立多部门合作工作机制，制定适合我国国情的儿童友好城市和儿童友好社区标准体系和建设指南，建设一批国家儿童友好城市。积极参与国际儿童友好城市建设交流活动。

……

《国家发展改革委关于推广借鉴深圳经济特区创新举措和经验做法的通知》

深圳经济特区创新举措和经验做法清单

序号	名称	具体内容
四、创新优质均衡的公共服务供给体制		
34	率先创建儿童友好城市	率先提出“建设中国第一个儿童友好城市”目标，实施儿童优先发展战略，倡导“从一米高度看城市”的儿童友好理念，积极贯彻儿童优先原则，扩大儿童发展空间，首创儿童友好社区、学校、图书馆、医院、公园、实践基地等建设指引，让儿童参与到儿童友好城市建设之中。已建成各类儿童友好基地360个、妇女儿童之家713个、公共场所母婴室超千间。

《关于推进儿童友好城市建设的指导意见》

各省、自治区、直辖市人民政府，新疆生产建设兵团：

儿童友好是指为儿童成长发展提供适宜的条件、环境和服务，切实保障儿童的生存权、发展权、受保护权和参与权。建设儿童友好城市，寄托着人民对美好生活的向往，事关广大儿童成长发展和美好未来。为落实党中央、国务院决策部署，推进儿童友好城市建设，让儿童成长得更好，经国务院同意，提出以下意见。

一、总体要求

（一）指导思想

坚持以习近平新时代中国特色社会主义思想为指导，全面贯彻党的十九大和十九届二中、三中、四中、五中全会精神，坚持以人民为中心的发展思想，坚持以立德树人为根本，坚持儿童优先发展，从儿童视角出发，以儿童需求为导向，以儿童更好成长为目标，完善儿童政策体系，优化儿童公共服务，加强儿童权利保障，拓展儿童成长空间，改善儿童发展环境，全面保障儿童生存、发展、受保护和参与的权利，让儿童友好成为全社会的共同理念、行动、责任和事业，让广大儿童成长为德智体美劳全面发展的社会主义建设者和接班人，不断为实现中华民族伟大复兴的中国梦贡献力量。

（二）基本原则

——儿童优先，普惠共享。坚持公共事业优先规划、公共资源优先配置、公共服务优先保障，推动儿童优先原则融入社会政策。坚持公益普惠导向，扩大面向儿童的公共服务供给，让广大适龄儿童享有公平、便利、安全的服务。

——中国特色，开放包容。立足国情和发展实际，促进儿童参与，探索中国特色儿童友好城市建设路径模式。结合推进“一带一路”建设，坚持世界眼光，借鉴有益经验，强化交流互鉴，以儿童友好促进民心相通。

——因地制宜，探索创新。适应城市经济社会发展水平，结合资源禀赋特点，因城施策推进儿童友好城市建设。鼓励有条件的城市改革创新，先行先试，探索建设模式经验，积极发挥示范引领作用。

——多元参与，凝聚合力。坚持系统观念，强化儿童工作“一盘棋”理念，发挥党委领导、政府主导作用，健全完善多领域、多部门工作协作机制，积极引入社会力量，充分激发市场活力，形成全社会共同推进儿童友好城市建设的合力。

（三）建设目标

到2025年，通过在全国范围内开展100个儿童友好城市建设试点，推动儿童友好理念深入人心，儿童友好要求在社会政策、公共服务、权利保障、成长空间、发展环境等方面充分体现。展望到2035年，预计全国百万以上人口城市开展儿童友好城市建设的超过50%，100个左右城市被命名为国家儿童友好城市，儿童友好成为城市高质量发展的重要标识，儿童友好理念成为全社会共识和全民自觉，广大儿童享有更加美好的生活。

……

全文详见：http://www.gov.cn/zhengce/zhengceku/2021-10/21/content_5643976.htm

附录 B

联合国儿童基金会关于儿童友好城市的部分指导文件

	文件名称	主要内容
纲领性文件	Building Child Friendly Cities: A Framework For Action（2004年）	本文件提供了定义和发展儿童友好城市的框架。它确定了建立致力于实现儿童权利的地方治理系统的步骤。该框架将各国政府实施《联合国儿童权利公约》所需的过程转化为地方政府的过程。
	A Practical Guide for Developing Child Friendly Spaces（2008）	本指南旨在帮助联合国儿童基金会工作人员和合作伙伴在紧急情况下建立和运营儿童友好空间（CFS）。它试图为读者提供 CFS 的主要原则以及如何建立一个 CFS 的过程。
	Child Friendly Schools Manual（2009）	总结全球各地儿童友好型学校经验及建立模式，以在广泛的国家范围内实施儿童友好型学校。 主要目标： 1. 介绍儿童友好概念、基本意识形态以及推导儿童友好型学校主要特征的关键原则。 2. 概述儿童友好型学校促进优质教育的多种方式，并附上支持论据。 3. 强调儿童友好型学校模式在任何教育系统中发展质量的内在价值。 4. 就设计、建造和维护儿童友好型学校提供实用指导，强调与社区的联系、考虑对教学的影响、成本效益和可持续性。 5. 为儿童友好型学校的运营和管理提供实用指导，详细说明校长、教师、非教学人员、学生、家长、社区以及地方和国家教育当局的作用。 6. 为儿童友好型学校的课堂过程提供实用指导；强调儿童友好型学校对培养社区意识的重要性。 7. 提供“最低限度的一揽子计划”，为解决学校及其周边社区内的环境风险和气候变化脆弱性提供指导和工具。 8. 提供大量来自不同国家背景的儿童友好型学校实践案例，说明良好做法的原则、战略和行动。
	Child Friendly Cities Initiative brochure（2018）	概述了儿童友好城市倡议是什么、获得认可的过程以及该倡议如何在世界范围内实施的一些示例。
	《构建儿童友好型城市和社区手册》（2019）	简明地概括了一系列实践、常见挑战以及从中汲取的经验教训，包含一套构建儿童友好型城市的分步骤指南，方便各地结合当地机构、优先事项和需求，做出因地制宜的调整。本手册还提供了一个经过修订的行动框架，旨在提供有关实施、监督、评估的指导意见，以及一套覆盖广泛的全球基本标准，目的是在全球范围精简“儿童友好型城市倡议”，以提升效率，为联合国儿童基金会的儿童友好型城市认证提供依据、奠定基础。

续表

文件名称		主要内容
纲领性文件	《儿童友好型城市规划手册：为孩子营造美好城市》(2019)	旨在为参与建成环境的规划、设计、改造、建设和管理工作的人士提供参考。利益相关方相信，营造儿童友好的城市是最佳选择，主要目标包括：推动规划为儿童营造美好的城市、支持构建儿童友好型城市的进程、为构建儿童友好型城市提供依据、影响利益相关方等。
各国（地区）实践分析	Cities With Children：Child Friendly Cities In Italy (2005)	记录意大利是如何在国家和地方层面建立CFCI，由此产生了在通往成功道路上要吸取的教训和要遵循的政策。
各国（地区）实践分析	The Child-Friendly City Initiative in Germany (2017)	案例研究是作为“CFCI 工具包开发项目”一部分而开发的方法指南。案例研究的国家选择源于向所有对执行CFCI感兴趣的联合国儿童基金会国家委员会，并注意记录各种经验，以便为 CFCI 工具包提供信息。德国重点关注四个主题：儿童参与、公平和不歧视、伙伴关系、监督和评估。
	The Child-Friendly City Initiative in Finland (2017)	芬兰关注十个建设领域： 1. 让儿童权利为人所知； 2. 平等和不歧视； 3. 参与：规划、评估和服务发展； 4. 参与：公共空间的规划与发展； 5. 参与：制定议程和影响决策； 6. 参与：民间社会活动； 7. 参与：同伴和成人关系； 8. 参与：重视儿童和童年； 9. 战略规划、协调机制和儿童影响评估； 10. 广泛的知识基础。
	The Child-Friendly City Initiative in the Republic of Korea (2017)	韩国采用了CFCI建设九大板块，并考虑到儿童经常遭遇事故，增加了第十个安全部分，重点关注儿童的空间环境，特别是道路安全和预防事故。 1. 儿童参与；2. 对儿童友好的法律框架；3. 全市儿童权利战略；4. 儿童权利单位或协调机制；5. 儿童影响评估和评价；6. 儿童预算；7. 定期的城市儿童状况报告；8. 让儿童权利为人所知；9. 为儿童独立辩护；10. 安全的空间环境。
	The Child-Friendly City Initiative in the France (2017)	根据《儿童权利公约》专注于 10 个关键主题领域。 1. 福祉和生活环境；2. 不歧视和平等获得服务；3. 儿童和青少年的参与；4. 安全和保护；5. 养育；6. 健康、卫生、营养；7. 残疾；8. 教育；9. 获得玩耍、运动、文化与休闲；10. 国际团结。

资料来源：根据联合国儿基会儿童友好型城市官网（https：//childfriendlycities.org/）相关资料整理

附录 C

国外实践

C1 德国雷根斯堡市——欧洲儿童友好型城市实践典范

C1.1 基本情况

德国1992年加入联合国《儿童权利公约》，并于2005年出台《建设适宜儿童成长的德国：2005—2010国家行动计划》，提出了建设家庭友好型城市的指导方针，2010年正式启动“建设适宜儿童成长的德国”指导项目。2012年，联合国儿童基金会德国委员会和德国儿童基金会共同倡议成立“儿童友好型城市协会”，旨在地方层面可持续、有效地践行《儿童权利公约》，并同步推出了“德国儿童友好型城市计划”。目前，在联合国儿基会“儿童友好型城市倡议”（CFCI）的基础上，德国有20多个城市正在积极推进儿童友好型城市建设，重点关注“全面优先考虑儿童的最大利益，建立有利于儿童的结构性条件，确保儿童和青年的有效参与，以及传播关于儿童权利的信息”等四个方面；每个城市需根据自身发展情况确定具体的儿童友好措施。儿童友好型城市协会通过5个阶段持续的过程协助地方政府持续地履行儿童友好型城市建设承诺，包括“制定一个适当的决议→在儿童参与下，评估城市优势和需改进内容→起草一份行动计划，明确具体措施→对计划执行情况评估，是否授予儿童友好型城市称号→制定新的计划和重启方案周期”。

以雷根斯堡市为例。作为个具有吸引力的成长型城市，雷根斯堡市经济繁荣，各城区拥有优质的公共设施和服务，儿童福祉得到较好保障。2018年城市总人口16.8万人，儿童人口（18岁以下）22473人，占总人口比例13.3%，儿童人口占比自2000年以来基本保持稳定；但相较于德国其他城市儿童人口规模下降的现状，雷根斯堡市儿童人口规模仍在不断增长。2009年，雷根斯堡市议会通过了“适宜儿童成长且对家庭友好的雷根斯堡市”纲领，此后儿童与家庭友好性就成为城市建设有约束力的内容，致力于“将儿童的最大利益放在首位，把联合国儿童权利纳入儿童的日常生活”。2015年2月雷根斯堡市荣获“儿童友好型城市”称号，是德国儿童友好型城市实践典范（图C1）。

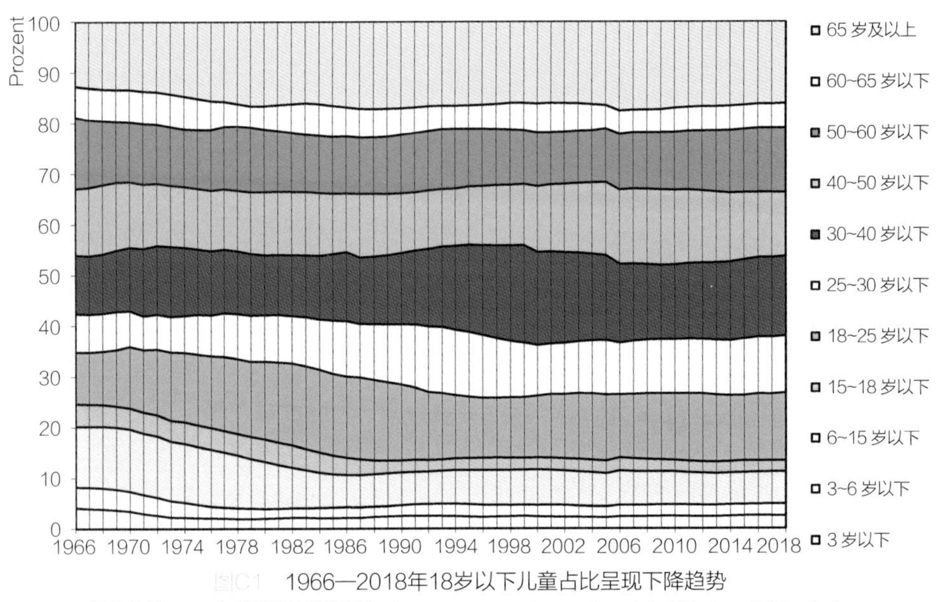

图C1　1966—2018年18岁以下儿童占比呈现下降趋势

图片来源：2019年雷根斯堡统计年鉴；http：//www.statistik.regensburg.de/publikationen/jahrbuch.php

C1.2　重点实践领域

雷根斯堡市城市经济繁荣的背后是生活成本高，住房需求大、空地资源紧张，儿童活动空间和公共服务设施供给面临挑战；因而为儿童和青少年提供足量的、吸引人的、离居住区近的游戏场和绿地，扩大为儿童和年轻人提供的设施等，是雷根斯堡一个针对性的建设方向。此外，儿童参与是儿童友好型城市建设的基石和儿童权利实现的基础。考虑到雷根斯堡市老年人口规模的不断增长（老人拥有选举权的，儿童没有），容易形成地方政府施政的偏向，儿童参与城市公共事务是雷根斯堡儿童友好型城市建设的重要板块，政府出台了《儿童与青少年的参与：进一步提高雷根斯堡市儿童与青少年参与度的纲领》；并在两版雷根斯堡市儿童友好型城市行动计划、游戏总体规划等编制过程和编制内容中重点突出了儿童参与内容。此外，为满足残障儿童和不断流入的移民儿童需求，在“儿童友好型城市”行动计划当中，雷根斯堡市强调了“包容性”的重要，如包容性游戏场和体育设施建设等。

C1.3　儿童友好型城市建设的规划支撑

（1）总体规划:《游戏总体规划：雷根斯堡市儿童、青少年与家庭友好纲领》（2013年）

“游戏总体规划”是进行儿童友好规划和发展的战略工具，类似城市建设专业规划，是莱茵兰-普法尔茨州（Rheinland-Pfalz）为描绘儿童和青少年的整体空间利益而开发出来的；与《2025雷根斯堡市内城区城市建设框架》同步编制，相应内容用于内城区城市建设框架。其在编制过程中就创新采用了“游戏总体规划”的方法，让儿童参与规划、表达其空间诉求。以此为基础，描绘儿童和青少年的整体空间利益，规定了对儿童友好的规划和建设标准。共涉及10个目标，包括“对家庭友好的城市规划”“适宜儿童成长且对家庭友好的住房/居住环境”“儿童和青少年的出行灵活性”“受基础设施制约的自由空间”“绿色基调的自由空间”“城市里的自由空间”“鼓励运动和活动”“儿童和青少年的参与以及家庭的参与”“确立对儿童和青少年友好的城市发展”。每个目标会有明确的有助于提高儿童和家庭友好性的规划原则和要求，并提出了对下层次规划编制的指导建议。为落实“游戏总体规划”提出的质量目标，各城区开展了分区游戏总体规划，在儿童和青少年的参与下，分析现状城区游戏、体验和休闲空间，明确儿童发展需求，提出需要改造、建设的地区和设计方案和建议。

（2）行动计划：雷根斯堡市儿童友好型城市行动计划

2014年，在结合德国“儿童友好城市协会”对雷根斯堡市的评估结果、迷你雷根斯堡活动中对儿童和青少年的调查以及“城市玩家”这种儿童参与模式的基础上，雷根斯堡市青少年事务管理局出台了《雷根斯堡市儿童友好型城市建设行动计划》（以下简称《行动计划》），重点部署了雷根斯堡在儿童福祉层面还应完善的领域的工作。涉及“强化儿童权利的措施”“保障教育机会公平的措施”“为父母提供的服务”“业余活动安排”“儿童福祉”“出行灵活性”“参与”等8方面内容，每个方面都提出了行动目标和具体的措施、主管部门、时间范围和经费来源，保障顺利推进。

2017年，针对《行动计划》实施情况，雷根斯堡市青少年事务管理局发布了《雷根斯堡市行动计划中期评估报告》，认为儿童友好型城市建设是一个必须不断检验、进一步发展和持续推进的过程；具体对行动计划中的各个板块执行情况进行了评估，认为“行动计划”通过采取大量措施，系统化地确立了各种生活条件下儿童友好型的地位；而面临的巨大挑战在于如何做到始终坚持高标准。

2019年，在第一版行动计划的基础上，雷根斯堡市青少年事务管理局出台了《雷根斯堡市儿童友好型城市建设第二个行动计划（2019—2022年）》，认为儿童友好型城市建设是一项需要持续关注的任务，没有“完成”时，进一步应对城市高密发展带来的公共空间压力、儿童人口增长对公共服务需求增长等挑战，提出了扩大为儿童和青少年服务的俱乐部、游泳池、新运动场地、儿童游戏场地等设施和服务的内容。

C1.4 空间建设相关法律法规和标准

在儿童空间的法律法规保障上，除必要的学校、医院等公共设施外，主要集中在游戏场（可供游戏的自由空间）和绿地空间上，涵盖从全国到地方层面的法律法规和规范。在全国层面，德国《建设法典》提纲挈领地提出在制定土地利用总体规划时，要考虑“人口的社会和文化需求，特别是家庭、青年、老年人和残疾人的需求，对男女的不同影响与对教育系统以及体育、休闲和娱乐的关注”；“要尽早让公众们了解……土地利用规划的总体目标和用途；要给予他们表达和评论的机会。上一句所说的‘公众们’也包括儿童和青少年。”德国工业标准《游戏场和可供游戏的自由空间——规划、建设和运营要求》DIN 18034作为规划和建设具有吸引力的游戏和业余活动场所的指南，在全国层面明确了儿童游戏场所的规划、设备和维修的目标和要求。

在地区层面，《巴伐利亚建筑法规》第7条第3款，明确提出“当建造具有三间以上公寓的建筑物时，必须在建筑工地上或附近另一个合适的工地上建立一个足够大的儿童游乐场，其必须为此目的永久使用，并必须依法获得建筑监督当局的法人担保。如果在社区附近创建了可供儿童使用的社区设施或其他游乐场，或者由于公寓的类型和位置而不需要此类游乐场，则此规定不适用”。

在雷根斯堡市层面，根据《巴伐利亚建筑法规》进行了细化落实，出台了《儿童游戏场法规》（1984年），对与建筑物有关的儿童游乐场的大小、位置、可达性、设备配置、维护等内容进行了更进一步地说明，如“游乐场的总面积每25m^{2}居住面积必须至少1.5m^2。每个游乐场必须至少60m^2。儿童实际可用的区域（可用的游戏区域）必须至少为总面积的80%。”（表C1-1、表C1-2，图C2）

DIN 18034 规定的可达性和面积标准　　表 C1-1

	面向6岁以下儿童的游戏场和可供游戏的自由空间	面向6~12岁儿童的游戏场和可供游戏的自由空间	面向12岁以上儿童和青少年的游戏场和可供游戏的自由空间
可达性、距离	步行距离短于200m或步行时长少于6分钟	步行距离短于400m或步行时长少于10分钟	步行距离短于1000m或步行时长少于15分钟
面积	总面积至少500m^2	总面积至少5000m^2；大面积的、接近自然的游戏区的面积至少为10000m^2，这样可以保证再生能力以及体验的多样化	总面积至少10000m^2

表 C1-2 以游戏场地建设为例，雷根斯堡市规划的层级传导

第1步：提出总体纲领 《适宜儿童成长且对家庭友好的雷根斯堡市》（2009年） 雷根斯堡市的生活环境应当适宜儿童成长且对家庭友好。 **第2步：明确规划目标、原则和建设标准：** 《游戏总体规划—雷根斯堡市儿童、青少年与家庭友好纲领》（2013年） ——目标4：受基础设施制约的自由空间 **游戏场** · 所有住宅区配备的游戏场的面积必须达到1.5m²/每位居民。新建工程的开发商应当承担新建筑居住人口对应的游戏场需求。对于现有的缺口，雷根斯堡市试图在即将开工的新建工程项目和翻修项目中新建、翻修和升级游戏场以及在绿地上安装游戏设施，希望以此逐步弥补缺口。 · 保证游戏场的可达性。 · 确保通往交通区域的过道安全。 · 游戏场的建设便于以后改造。 · 提供各种功能空间。 · 使用天然材料。
· 地形塑造作为空间划分和设计元素。 · 通过保护或种植树丛留出躲避空间。 · 提供玩水的机会，如泥地或水泵。 · 为成年人提供休闲区。 · 定期清理垃圾。 … **第3步：开展儿童参与调查，明确改造区域和主管部门** 《雷根斯堡市东南区（含兵营区域）儿童、青少年和家庭友好纲领》（2016年） 现状情况：在调查区域内的有些地方，面向儿童和青少年的游戏场地和运动场地供应严重不足。城区里的各种障碍更加重了供应不足的情况。游戏场的不足必须通过开放和改进现有场地以及建设新的游戏场来弥补。 **措施举例：在尼伯龙人兵营新建设区里建设大规模的游戏场和运动场** 这些场地应当嵌入到绿化带里，以便于孩子们在大自然里进行游戏。绿化带要包含4个面向青少年的游戏地块，里面有健身区、砾石区、跑酷区、乒乓球区、踢球草地以及舒适角落。此外，还要为儿童提供两个游戏地块，包括戏水区、攀爬和平衡设施，以及树屋。该区域也规划了一个包容性住房项目，所以无论是青少年活动场地还是儿童游戏场都要设计得具有包容性。在规划青少年活动场地时要注意为女孩建设一些设施，这些设施要能够对青少年中心空地上的设施提供有益的补充。此外，青少年中心里的溜冰场地需要扩大。2016年春季，雷根斯堡市已经在儿童和青少年（包括残障儿童和青少年）的参与下成功制定了这些游戏场的规划。 主管部门：园林局、市青少年事务管理局 时间范围：短期-中期，视建设进度而定 **第4步：实施行动** 《雷根斯堡市儿童友好型城市建设第二个行动计划（2019—2022年）》（2019） 为了让儿童、老人和青少年在该地区找到有吸引力的娱乐场所、游戏场所和运动场所，计划在翻新过程中重建或升级以下青少年娱乐场所： · 市政广场中青少年娱乐场所改造（2020年）； · 滑板设施提升（2019年）； · 伯格温汀（Burgweinting）的滑板、跑步机、健美操设备和保龄球馆建设（2019/2020年）； · 开放式休憩区建设：包括足球场、新十字路口的篮球区等（2019/2020年）。 …… 负责人：市议会与市青少年事务管理局

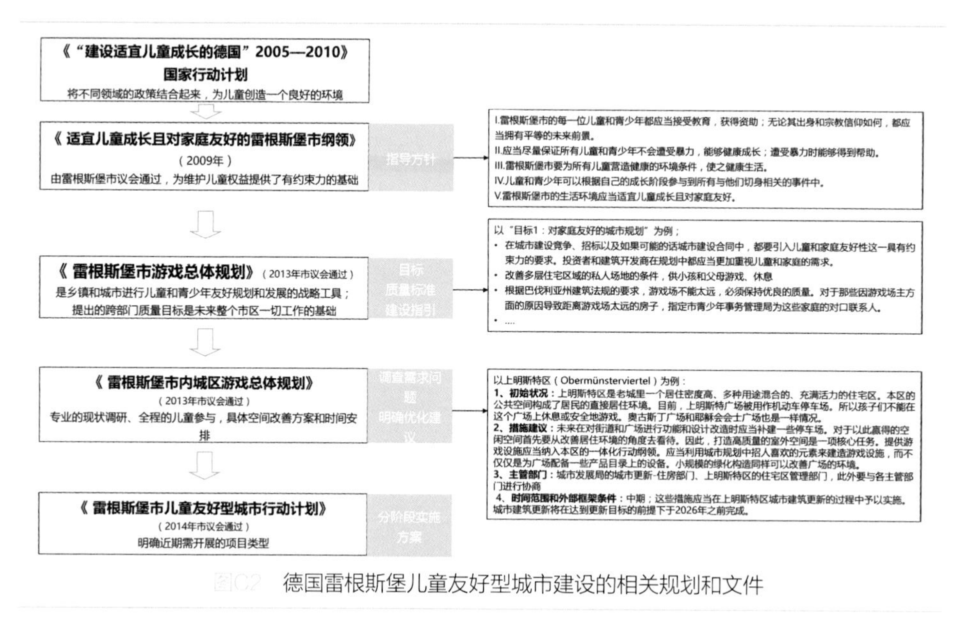

图C2　德国雷根斯堡儿童友好型城市建设的相关规划和文件

（结合参考文献[23][197][204][205][206]整理）

C2　日本奈良市——基于老龄少子化、女性就业下的育儿支援

C2.1　基本情况

2015年，儿童友好城市被纳入联合国可持续发展目标中并确定由联合国儿童基金会日本事务局承担该使命后，儿童友好城市的相关准备工作开始快速推进。

奈良市面积276.85km^2，人口354878人（2020年12月），新干线通车后距东京约60分钟。2015年根据国家《儿童与育儿支援法》制定了第一版《奈良市儿童育儿支援事业计划（奈良市儿童友好城市建设计划）》（2015—2019年），以加强该市的儿童与育儿支援；2020年3月，出台了《第二版奈良市儿童育儿支援事业计划（奈良市儿童友好城市建设计划）》（2020—2024年）（以下简称《建设计划》）。

C2.2　《建设计划》主要措施

在奈良市育儿需求调查的基础上，召开由公民、企业、学术专家和儿童/育儿支持等参加者组成的“奈良市儿童育儿大会”，征求各部门、相关组织意见后发布。

基本政策1：建立一个小镇，让孩子们可以活泼和精神地成长

保障儿童的重要权利。为了支持儿童的意见和参与，举办由儿童独立和自愿举办

的“儿童大会”。

加强幼儿期的教育和育儿。确保在婴儿期提供教育和育儿的系统。统筹提供高质量的教育和育儿，并提高质量。

加强适龄教育和培训措施。加强学校教育，培养丰富的人文和生活能力。丰富儿童的课后活动。加强身心健康发展。

基本政策2：可以安心让孩子出生和成长的城镇发展

确保儿童和父母家庭的健康。加强从怀孕到分娩和抚育孩子的无缝支持。加强咨询制度和信息提供，促进健康成长与发展。加强儿科医疗系统等。

加强当地抚养子女的支持。为父母养育子女提供育儿场所。加强各种育儿支援服务。

促进提供有关抚育子女的信息并加强经济支持。完善育儿咨询制度和信息供给。加强对育儿家庭的财政支持。

在各种情况下加强对儿童和抚养子女家庭的支持。加强对单亲家庭的支持。加强对残疾儿童和育儿家庭的支持。加强防止虐待儿童等工作。促进消除儿童贫困的措施。

基本政策3：守护全地区儿童和育儿家庭的城镇建设

创造一个在社区中抚养儿童的良好环境。加强社区中抚育子女的支持活动，在社区内促进儿童看护活动。

促进对工作与育儿之间平衡的支持。促进男女共同育儿，并培养重视儿童的社会价值。

促进创造一个对儿童和抚养子女的家庭友好的生活环境。公租房的建设、公园的维护和设施的整治、校道的维修、育儿家庭公租房的优先入住等（图C3）。

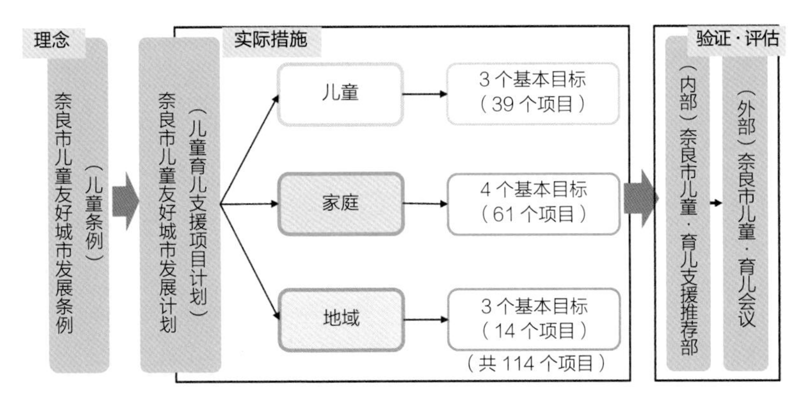

图C3　奈良市《儿童友好城市发展计划》和儿童友好型城市倡议（作者改绘）

资料来源：木下勇，沈瑶，刘赛，郭小康.日本儿童友好城市发展进程综述[J].国际城市规划，2021，36（1）：8-16.

C2.3 政策和法规支撑

与儿童友好相关的建设法规主要为2015年4月开始实施的《奈良市儿童友好城镇建设条例》。条例全文共21条，分为总则（目的、基本理念、定义）、重要的儿童权利、成人的角色、促进儿童友好城镇的发展、政策的推进等五个部分。

第四章 促进儿童友好城镇的发展
（表达孩子的意见，促进参与）
第十一条
1 市政府、家长、当地居民等和儿童成长学习服务的有关人员应当努力鼓励和支持儿童的独立活动，以促进他们的意见和参与。
2 市政府将努力提供有关儿童相关措施的适当信息，并为儿童提供表达意见和参与的机会。
3 当地居民应努力为儿童提供表达意见和参与当地活动和事件的机会。
4参与儿童成长和学习设施的人员应努力为儿童提供表达意见、参与设施活动和运营的机会。
（儿童大会）
第十二条
1 市政府设立奈良市儿童大会（以下简称“儿童大会”），作为儿童发表意见、参与儿童友好社区建设和儿童相关措施的场所。
2 儿童大会应由参加会议的儿童自愿发起和运作。在这种情况下，儿童委员会可能会要求市政府为其运作提供必要的支持。
3 儿童大会应能汇总参加本次大会的儿童的意见，并提交市长。
（对育儿家庭的支援）
第十三条
1 本市应当努力对育儿家庭提供必要的支持，让家长安心抚养子女。
2 市、地区居民、儿童成长和学习设施的相关人员、企业应努力创造父母可以轻松抚养孩子的环境。
（对困难儿童及其家庭的支持）
第十四条
市政府、当地居民、儿童成长学习设施的相关人员、企业应当努力为残疾儿童、单亲家庭儿童以及其他残疾儿童及其家庭提供必要的支持。
（防止虐待儿童的努力）
第十五条
1 本市、家长、当地居民、儿童成长学习设施有关人员、企业应当努力预防和发现儿童虐待、欺凌、体罚等行为。
2 市政府、家长、当地居民及儿童成长学习场所的相关人员与相关组织合作，对涉嫌虐待、欺凌、体罚的儿童进行适当及时的救助，我们将努力以提供必要的支持。
（保护免受有害和危险环境的影响）
第十六条
1 本市、家长、当地居民、儿童成长学习设施相关人员、企业应保护儿童免受犯罪、交通事故、灾害破坏等儿童周围有害危险环境的侵害。安全的环境。
2 市政府、家长、当地居民和儿童成长和学习设施的相关人员要培养儿童保护自己免受犯罪、交通事故、灾害破坏和儿童周围其他有害和危险环境的能力。我们将努力提供必要的支持。
（为孩子们创造一个地方和一个游乐场）
第十七条
城市、家长、当地居民、儿童成长学习设施的相关人员，可以安心享受与自然互动、玩耍、互动的时光，我们将努力创造一个地方和游乐场，我们可以在那里培养活力的自我。
（咨询系统）
第十八条
1 本市应当健全咨询制度，让儿童在家、学校、虐待、欺凌、体罚等方面，可以方便、直接地咨询。
2 市政府将根据孩子的咨询内容，与家长、当地居民、孩子成长和学习设施的相关人员、企业等相关组织合作，为儿童提供必要的帮助。
3 市政府应当公布本市及有关行政机关的咨询窗口。

（结合参考文献[207][208][209]整理）

C3　加拿大多伦多——高密社区的儿童友好设计

C3.1　基本情况

根据2016年加拿大人口普查报告，多伦多市居住有398135名儿童（14 岁及以下）。虽然自 2011 年以来儿童人口略有减少，但仍占多伦多总人口的 15%，大约三分之一的家庭至少有一个12岁或以下的孩子（图C4）。考虑到越来越多的居民生活在高层社区（94%的新住宅单元都包含在中高层建筑中），如果没有更大的、适合家庭居住的单元，高层生活会很不舒服，甚至是不可能的。为了寻求留住年轻家庭的办法，2016年5月，多伦多市议会批准了“成长：为新垂直社区的儿童规划”，为开发更多家庭和儿童友好型公寓提供指导。

C3.2　主要措施

多伦多市议会早在1999年就通过了《多伦多市儿童宪章》和《多伦多市儿童战略》，并提出了“不论其家庭和所处社区经济状况如何，每个儿童都有权获得成长为一个健康、适应良好和富有成效的成年人的美好童年经历”的美好愿景。但6年过后，多伦多的垂直社区中仍存在例如社区服务与设施不足、儿童教育空间与公共空间可达性差、户型的儿童精细化设计不足等问题。因此，多伦多城市规划司

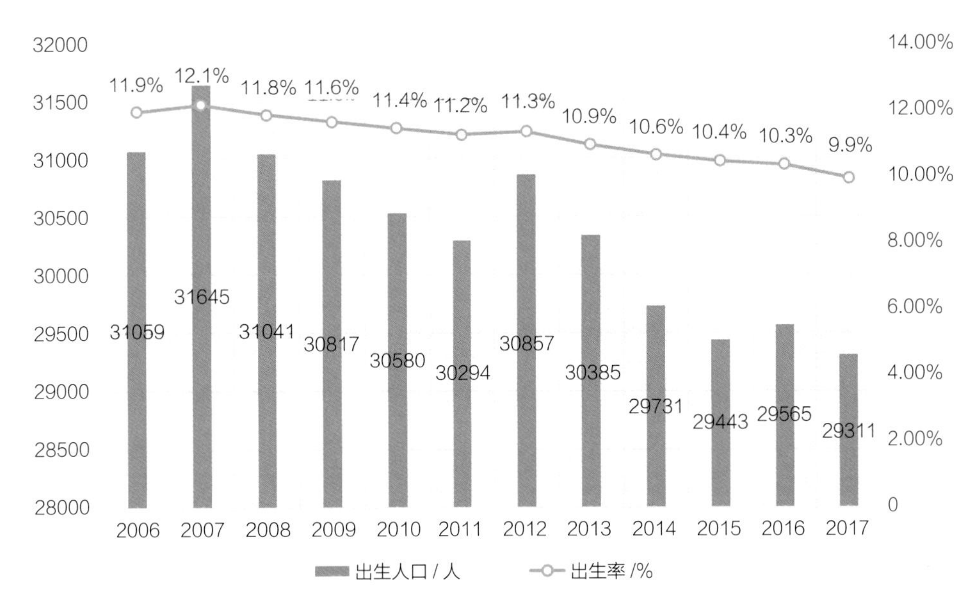

图C4　2006—2017年多伦多市出生人口和出生率

资料来源：https://raisingthevillage.ca/child-family-demographics/

（CityPlanning Division）于2015年发起，并于2016年11月16日在多伦多市议会审议通过了《基于儿童成长的新型垂直社区计划》(以下简称《成长计划》)的研究计划，本次《成长计划》则是对这个长周期研究计划成果的总结与提炼。

编制团队对目前居住在多伦多高密度社区的家庭、房地产开发商、规划设计者进行访谈，从居住单元、建筑、社区三个尺度了解有孩子的家庭对于垂直社区需要和要求。

C3.3 《成长计划》主要内容

C3.3.1 面临的核心问题

道路设计没有考虑儿童的安全性和趣味性；附近社区设施（儿童保育、学校、社区中心、公园和图书馆）的位置和可用性欠妥；儿童专用和青少年专用的室内和室外设施缺乏；垂直社区中作为社交空间的流通空间（走廊、楼梯和大堂）没有充分利用；居住单元设计不合理，对有孩子的家庭使用限制大；单元和走廊之间存在噪声问题；建筑内家庭单元的位置不合理；公共领域的设计没有考虑儿童的特殊需求。

C3.3.2 针对性措施

（1）儿童友好安全路线的构建

安全路线的构建不仅可以解决道路设计对儿童的安全性和趣味性考虑的缺乏，还可以将附近社区设施作为儿童重点目的地进行连接。

安全路线是通过连接以儿童为重点的目的地形成的环路或者是线性道路。安全路线应该是安全的、有趣的、舒适的、慢行的、满足儿童出行需求的。路线要考虑儿童步行和骑自行车、婴儿车的行动需求和停车需求，应尽量符合绿色无障碍通道的要求，并且控制路线上的车速。道路两侧应尽可能提供较宽的人行通道以考虑高峰行人活动，人行通道上应有用绿植遮阳的休憩空间。道路标识应选用儿童喜爱的多样性的标识（图C5）。

（2）共享空间及设施

在高密度住宅里，公共空间是稀有且珍贵的，所以针对儿童和青年的保育设施和游乐设施很少被考虑到。因此《成长计划》建议市部门、开发商和社区团体应继续讨论建立合作伙伴关系，探索在没有较大空间的情况下为设施提供空间，探索社区设施与住房合用的机会，以实现协同作用。

分时间段共享：在建筑物底部开发公用设施，支持和鼓励共享空间的做法，例如学校在学术时间之外为社区项目提供娱乐空间。公共空间的设计应多样且灵活，满足不同时间段不同人群对空间及设施的需求。

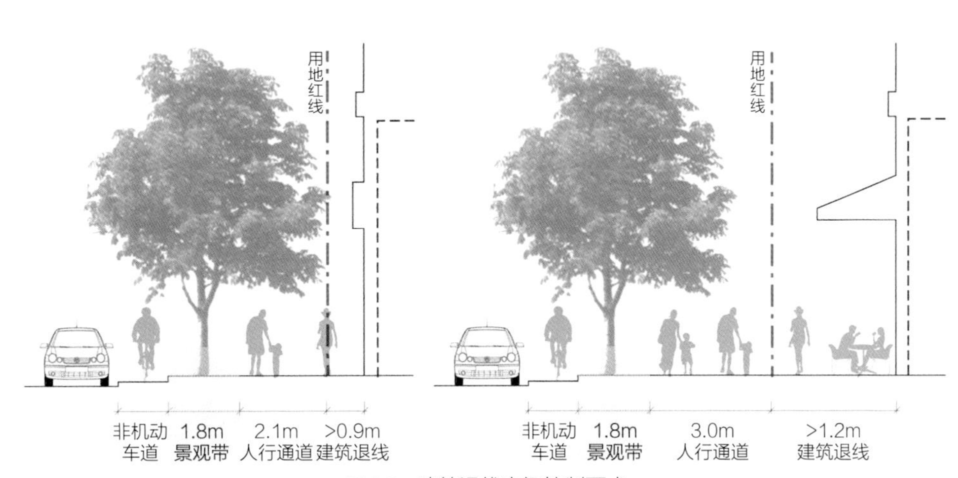

图C5　建筑退线空间控制要求

图片来源：《基于儿童成长的新型垂直社区计划》

公共属性和私人享有属性的切换：在可行的情况下，使用“私有可公共进入的空间”（POPS）为附近儿童专用目的地提供街区中间的行人连接。POPS的设计和位置可以包括庭院、前院和花园等，为前往目的地的家庭提供休息场所。这些空间可形成开放空间链，并为邻近地区提供可供选择的人行网络系统，从而增加邻里之间的接触机会，并建立更牢固的邻里关系；并且可采用POPS的方式将儿童成长空间连成一片，以扩大公共领域内儿童成长空间的网络，甚至形成一种绿色环路，方便孩子们的日常使用（图C6）。

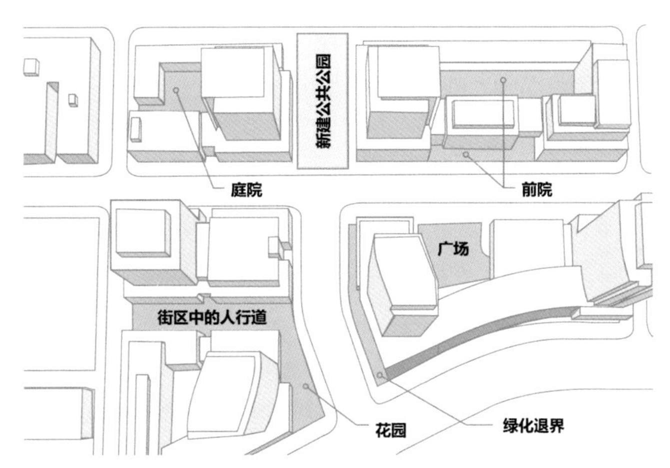

图C6　使用POPS的方式把不同类型的开放空间组成一个空间网络

图片来源：《基于儿童成长的新型垂直社区计划》

社区内可以布置共享厨房、共享菜园、共享客厅来促进社区儿童的交往行为，增强儿童的社区意识。

（3）垂直社区内部的儿童友好设计

①垂直社区功能性空间分布

在高密度社区，儿童室内保育空间和设施可以在垂直社区内垂直分布且跟户外公共空间进行联系，不仅可以增加儿童及青年游乐的机会，还能保证游乐的安全性和趣味性。

《成长计划》指出垂直社区底部的零售和服务设施不仅具有经济价值，而且有助于激活社区，并为居民提供便利，以满足他们的日常步行需求。垂直社区在总体规划中包括学校、社区中心、儿童看护设施、零售和服务中心，以及新建住房。通过对公共领域的投资，将社区设施整合到新建筑中，除了提供单身公寓之外，还提供一系列针对有孩家庭的建筑单元类型（图C7）。从而在确保宜居的同时，使城市满足不断增长的人口的需求。社区内，活跃和生动的建筑正面允许人们在街上进行非正式的儿童监督，以提高安全性。儿童保育应位于建筑物的低楼层，最好在一楼。新建的儿童保育设施应容纳至少62名儿童：1个房间有10名婴儿，2个房间分别有10名幼儿，2个房间分别有16名学龄前儿童。

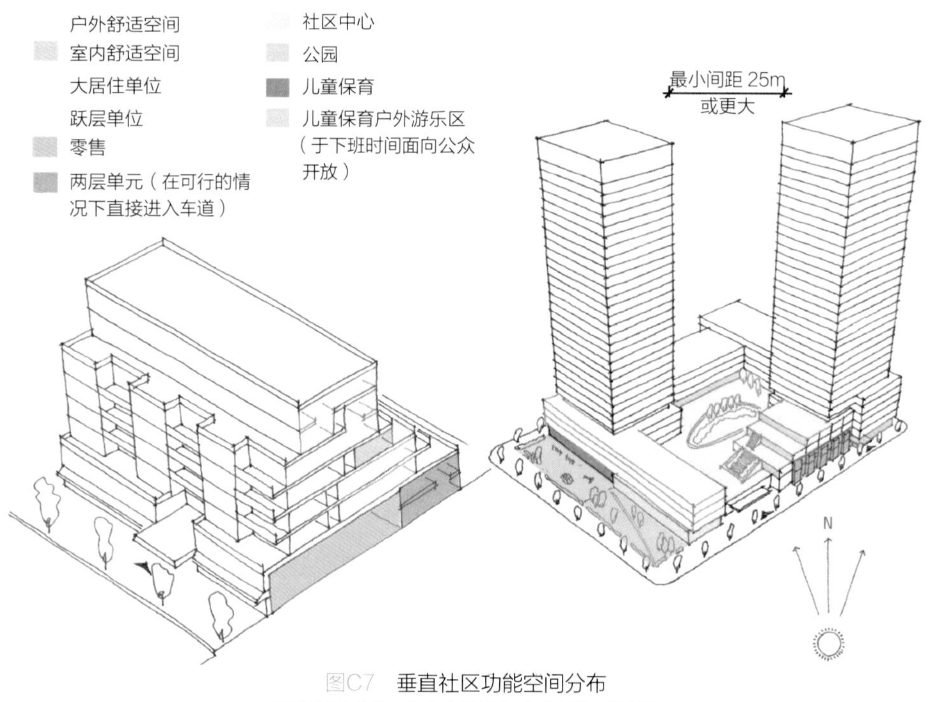

图C7 垂直社区功能空间分布

图片来源：《基于儿童成长的新型垂直社区计划》

其次，在户型安排上，《成长计划》建议中高层或高层裙房的建筑体量采用“C”或“L”形建筑类型，围合室外空间，最大限度地增加转角，从而有利于在较低楼层布置较大单元；同时使得儿童的室外活动空间可以被楼上单元监督与照看。合理设计建筑及其室外空间的朝向，合理控制建筑间距，在保护隐私的前提下最大限度地利用单元之间的自然光线。考虑一个适合多层单位的跃层式建筑部分，增加自然采光与通风同时消除了交替楼层共用走廊的需求。

②建筑内部通道空间

高层建筑中的通道空间为大厅、过道、楼梯电梯等相关空间，在现有的高层建筑中这些空间通常只作为流通的消极空间，阴暗和封闭使儿童不敢在此停留。为了增加儿童的游乐机会和空间，《成长计划》中指出大厅可以作为社区交往空间、街道与社区的连接节点空间。大厅应该与洗衣房、儿童保育室、户外游乐场等公共空间有视觉上和空间上的联系，方便家长对儿童进行非正式监督。大厅的布局应该灵活且大小适中，有儿童车、婴儿车等大件物品的临时储存空间。

过道和楼梯应该作为社区交往和儿童交流的公共性区域，是活跃的、令人愉快的，而不应该是压抑得密不透风的。社区要尽可能鼓励使用楼梯而减少电梯的使用，可以设计采光好、趣味性强的楼梯和过道。如果室内开放空间垂直分布在建筑内，应有楼梯和过道直接连接这些区域，鼓励社交，促进非正式监督。

③居住单元的设计

有利于儿童成长的功能性空间包含社区内部的配套设施和户型设置，如果缺乏《成长计划》的指引，开发商往往会以经济利益的最大化为优先考量，社区内的服务设施并不会太多考虑儿童的友好性，主要户型往往也会以最容易回笼资金的小户型为主。大户型往往会以景观为卖点，置于高楼层，以获得更好的溢价，而不考虑其对社区的作用和影响。针对此类现象，《成长计划》指出家庭居住单元最好的尺度为两居室86~90m^2；三居室100~106m^2。居住单位内部布局应该是灵活的可随着家庭意愿进行改动，且有充足的储物空间，鼓励在阳台上种植绿植以增加儿童接触绿植的机会。

（4）关注儿童的公共领域设计

针对儿童的公共领域设计需要满足儿童的特殊需求，在家长不要求的情况下，儿童也期待去玩耍，因此公共领域设计应该采用新颖有趣的公共设施和装置，同时可促进儿童发现、冒险和想象来促进心理健康发展。这些设计要可以应对季节和极端天气的挑战，延伸儿童可以在户外玩耍的时间。在这些游乐场地内应该有遮阳的休憩空间，方便家长进行非正式监督；在公共领域最大限度地利用自然和绿色基础设施；探索在开放空间开发社区花园或在屋顶休闲空间开发美食花园的机会。

（5）儿童参与规划、设计与评估

通过“教室中的规划师”等项目融入学校课程；上学期间/放学后和周末，在儿童聚集的地方，包括学校、图书馆、社区中心和公园，安排以儿童为重点的工具，如思维导图、实践研讨会、基于计算机的工具和社交媒体，旨在帮助孩子们挑战使用公共空间的传统方式；建立社区伙伴关系，让学生参与进来，并就当地规划问题征求他们的意见。

利用公共空间的公共活动向儿童展示使用公共领域的替代和灵活方式，如开放街道（街道暂时对人开放，对汽车关闭）和冬季车站（在多伦多海滩上建造了临时互动装置和家具）等活动。

（结合参考文献[210][211][212][213]整理）

C4　西班牙巴塞罗那——“超级街区”改造下的儿童街道生活

C4.1　基本情况

西班牙儿童友好型城市倡议于2002 年启动，得到了卫生、社会服务和平等部、西班牙省市联合会（FEMP）以及大学需求和发展研究所的支持。如今，西班牙全国已有342个城镇获得“儿童友好型城市”称号，组成的网络已经覆盖了 50% 的儿童人口，并且还在不断增长。

巴塞罗那是西班牙第二大城市，紧凑、居住高密、住房存量老化、缺乏绿地、机动车依赖等现象突出；儿童和青少年占城市总人口的15%（截至2017年1月1日）。据官方数据显示，巴塞罗那各级交通除了造成污染（空气和噪声），私家车还不成比例地占据了公共空间，虽然它只占城市总出行的25%，但有近85%的城市公共空间都被机动车占据。这导致了交通拥堵和交通事故风险的增加，并进一步阻碍了步行、慢行以及公共空间的使用。

C4.2　主要措施——超级街区（Superblock）计划

开展“超级街区”的目标是使改造地区更加人性化，通过限制私家车的流量，释放被“私家车所占用的公共空间”，让行人拥有更多的空间用于交流、文化、休闲和参与，让城市更具可持续性。通过提出“将一个城市作为一个大的可玩空间的模式”来规划公共空间是它的一个重要理念。“超级街区”计划拟在除老城区（Ciutat

Vella）之外的九个区划逐步实施，截至2019年12月，已在6个大区的8个街区开展了建设试点。

（1）概念模型

将原有130m×130m的一个街区单元合并形成一个400m×400m的超级街区。在区域内部调整车流方向，超级街区内道路只供内部住宅交通服务、紧急车辆和装卸车辆使用，车速控制在10km/h之内，以此减少过境通行（图C8）。

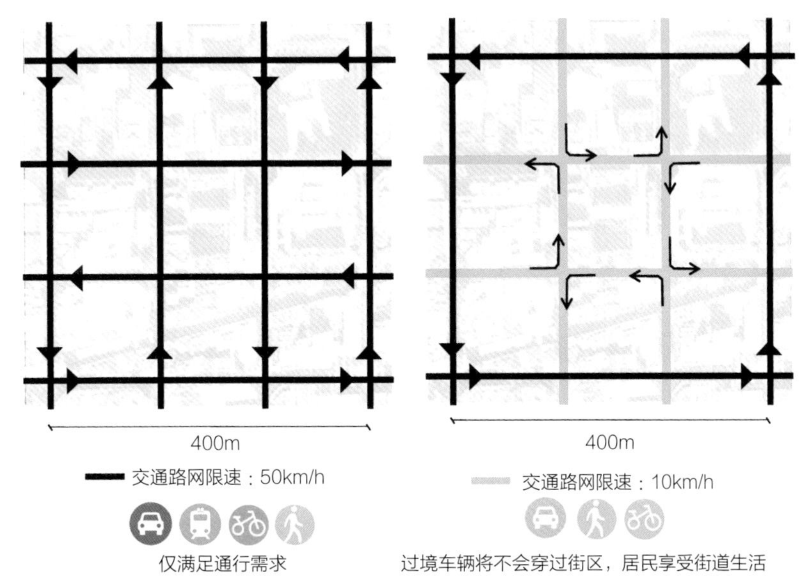

图C8　超级街区概念模式图（作者改绘）

参考资料：崔嘉慧. 巴塞罗那超级街区对中国街区制的经验启示[M]//中国城市规划学会、重庆市人民政府. 活力城乡美好人居：2019中国城市规划年会论文集（07城市设计）. 北京：中国建筑工业出版社，2019.

（2）波布雷诺超级街区（Poblenou Superblock）

①重新组织交通，释放约50%街道步行空间

外部道路（Tanger、Bodajoz、Pallars、LaLlacuna）依旧保持原规划设定的街道尺寸，中间为10m车行道（2-3条车行道和停车空间），两侧为5m步行道。

内部道路改造后，仅用于内部车辆通行。只保留停车区域和一条限速车行道并改变车辆行驶方向为单行。

在交叉路口处限制车行方向可限制过境交通，移除红绿灯，减少车辆和行人的等待时间。

在街道上设置少数停车位用于临时停放，集中修建地下停车场和停车楼用于居民停车。

②街道空间再利用：

在超级街区内部，更新原有绿地和广场，结合公共建筑和居住建筑进行内部公共空间设计，实现街道空间、开敞空间和私密空间的过渡，以便居民更好地使用。

从改善游戏区域开始，扩大多样化、自由、包容的游戏机会。如舞台、滑梯、秋千等（图C9、图C-10）。

（结合参考文献[214][215][216][217][218]整理）

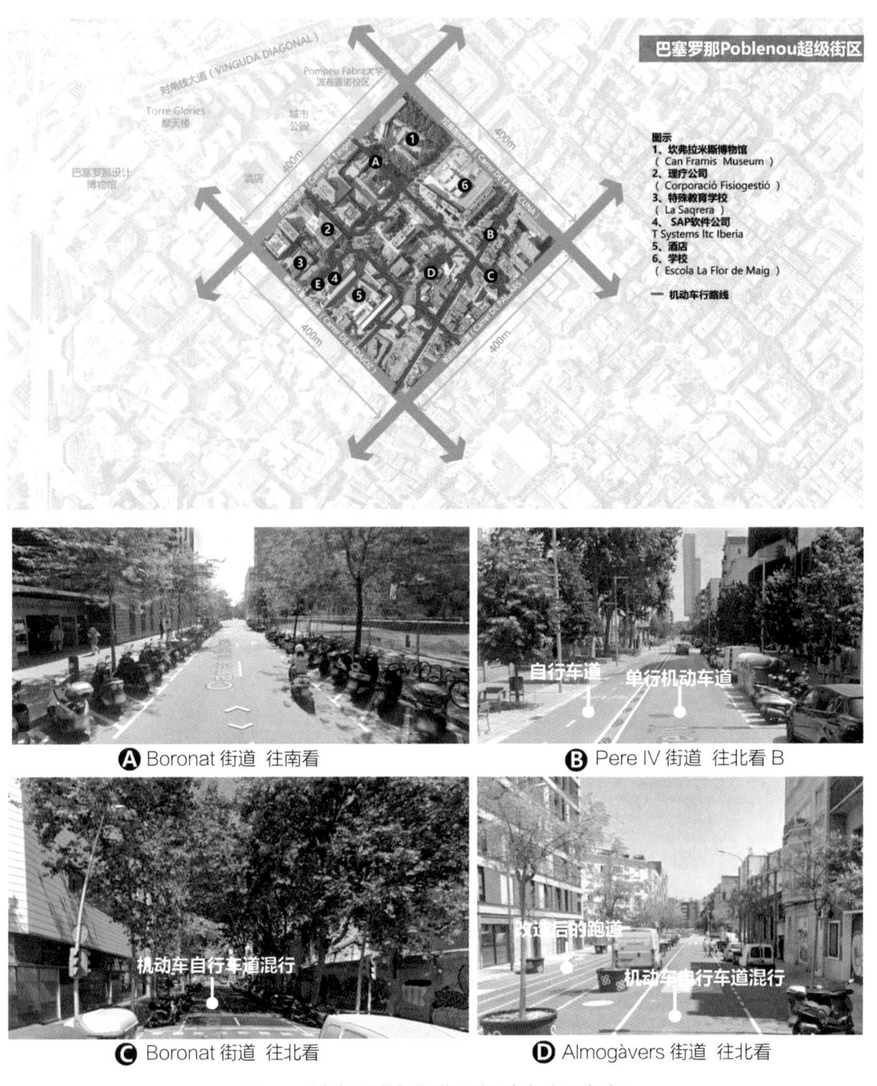

图C9 波布雷诺超级街区机动车交通组织

E Sancho de Ávila 街道　往北看

图C9　波布雷诺超级街区机动车交通组织（续）

图片来源：google地图和街景绘制

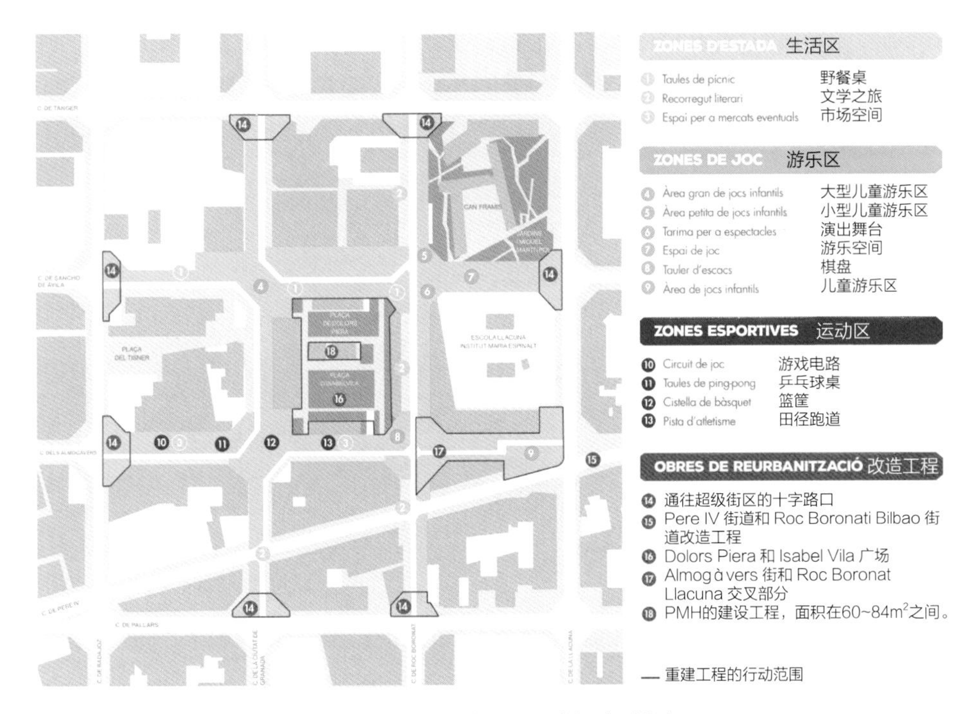

图C10　改造后街区公共空间类别分布

图片来源：Poblenou's Superblock 总平面https://ajuntament.barcelona.cat/superilles/sites/default/files/Comissio_de_Seguiment_12_gener_2016.pdf

C5 哥伦比亚波哥大——儿童优先区实践

C5.1 背景

哥伦比亚全国总人口为4983.4万人，18岁以下的儿童人口为1545.5万人，儿童人口占总人口的31%。2016年，联合国儿童基金会（UNICEF）和哥伦比亚救助儿童基金会（SCC）的理事机构——哥伦比亚家庭协会（ICBF）联合其他早期儿童跨部门委员会提出“儿童友好地区”（TAN）倡议，旨在将儿童置于决策的中心；并于2019年更新了第二版“儿童友好地区—2019愿景”，强调了三个维度：儿童权利保障，重点在于健康营养、暴力预防、教育；指向包容的社会和经济发展；治理强调监管和政策框架、对儿童的公共责任、儿童青少年参与公共管理。

在此背景下，2017年，伯纳德·范·里尔基金会与波哥大社区等合作提出了“Urban95”计划，旨在从儿童95cm的高度，来发现城市新问题，从一个小区域的实践示范开始，激发更多的全市范围的变化。“儿童优先区”（children’s priority zone）是“Urban95”计划在波哥大的一次试点尝试（图C11）。

优先区从临时干预开始，选定社区里的操场、学校或幼儿园等与家庭生活息息相关的场所，吸引社区参与，开展适应当地情况的儿童友好改造，探索改善公共空间的方法，然后从优先区一步步推广到整个城市。儿童优先区不是一个静止的概念，其中还要包括公共空间、空间连接、幼儿服务和数据的管理等。

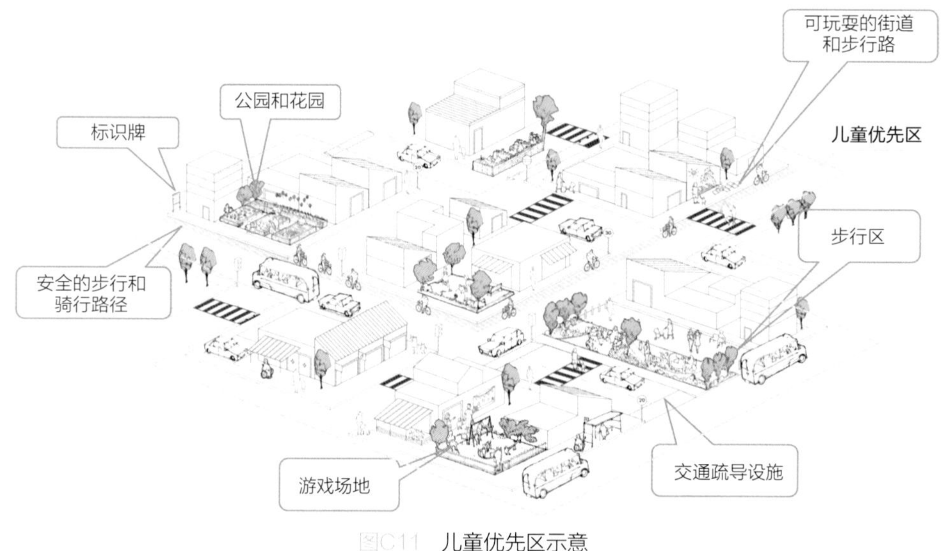

图C11 儿童优先区示意

图片来源：根据伯纳德·范·里尔基金会Cecilia Vaca Jones和Urban95内容改绘

C5.2 儿童优先区实施措施

1. 选定区域。在该区找到托儿中心、游乐场、社区厕所或健康诊所等婴幼儿家庭经常光顾的固定机构，并在周围设置一个公共空间的数据采集器。收集由儿童年龄、逗留时间、使用频次等组成的综合指标，为开展儿童友好量化分析提供支撑。

2. 号召社区成员参与其中，将街头涂鸦和植物被当作标记，以确定幼儿园、学校和公园之间的路线，同时减慢交通速度；而一些危险点则由当地组织负责发现并做出应对行动。这些建筑物便会因此被涂成鲜艳的颜色，并标注触发看护人和婴幼儿之间互动的行为提示，并可组织像快闪式游戏和街道游戏这样的临时活动，拉近社区之间的距离（图C12）。

3. 连接重要节点。有效串联儿童和成人照看者在该区域内的活动，如过街斑马线、可玩的人行道，提高自行车的通过性和孩子们的团体行动能力；学校周边设置安全区，打造安全低速的街道；将沿1.5km的交叉路口和路线进行安全改进，包括临时街道油漆和永久速度信号等。

4. 构建地标。在对数据与临时性活动进行分析，开展更多实质性的基础设施投资，比如新建或改建操场、公园、步行区和自行车道，从而巩固城市和社区的工作。社区也可以探讨永久性的交通措施，例如将污染严重的车辆调离儿童和照顾者最常行驶的路线，改造绿地以提供休闲和游戏空间。

（结合参考文献[219][220][221][222]整理）

图C12 儿童参与街道标识绘制

图片来源：https://bernardvanleer.org/cases/the-childrens-priority-zone-debuts-in-bogota/

C6 荷兰鹿特丹——由儿童成长最糟糕城市向“儿童友好”的努力

“虽然其他城市实际上可能更适合儿童，但鹿特丹的行动汇集了构成有效的适合儿童的城市规划倡议的许多原则和组成部分”

——蒂姆·吉尔

C6.1 背景

自 2010 年以来，荷兰每年出生的儿童数量从超过 18.4 万下降到大约 17 万；尤其是年轻女性生育的孩子更少，平均生育孩子数下降到1.6个。截至2021年8月，在联合国儿童基金会儿童友好型城市倡议官网上，荷兰目前尚无一个城市获得“儿童友好型城市”称号。鹿特丹是荷兰第二大城市，2020年，鹿特丹总人口651.2万人，其中18岁以下儿童占总人口约18.7%，出生率12‰（2019年）（图C13）。自2006年被研究机构评为“儿童成长最糟糕的城市”、2012年“儿童福利领域得分最差的城市”以来，鹿特丹市政当局采取了一系列措施来改善儿童福祉，努力减少离开城市的家庭数量，这主要涉及三个阶段的持续性改善计划。

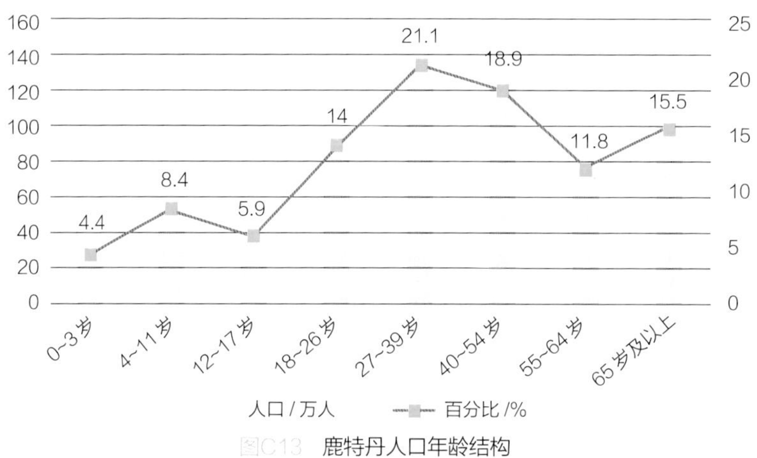

图C13 鹿特丹人口年龄结构

根据资料自绘：https://onderzoek.010.nl/jive/

C6.2 政府改善计划

第一阶段（2006—2010年）——“儿童友好的鹿特丹”项目。政府主要投资给具体的空间环境改善和社会项目，涉及8个行政区的11个试点地区，主要领域涵盖提供更绿色、趣味、共享的校园和公共空间，慢行线路和网络，适合家庭的住房供应，并形成了游戏空间规划规范。该计划总预算为1700万英镑，主要集中在“Oude Noorden”片区。

第二阶段（2010—2014年）——“儿童友好邻里”项目。根据第一阶段实践成果，形成“为儿童友好的鹿特丹建造模块”的发展愿景，提交给市议会，并进一步提出了维持儿童友好的“儿童友好邻里”计划，涵盖空间和社会因素。该计划重点从定向投资逐步转向政策制度转变，将儿童友好的方法和理念纳入城市的规划和实施，“应在现有政策中实施儿童友好邻里政策，市议会并进一步要求市政行政部门在每个新的领域愿景中纳入措施，以提高儿童友好度”。由于“指导政策实施的工具不足，政策本身可用的资源也不足”，“社会因素没有得到充分肯定”等原因，该项计划并未得到充分执行，但这些结论为后续方案的制定提供了支撑。

第三阶段（2014—2017年）——“充满希望的邻里”计划。旨在加速促进“有前途的家庭和其他有实力的群体定居在市中心及周边的老社区”，进而带动社区原住民（通常不富裕）福祉的改善，涉及9个社区（图C14）；根据2018年的统计，与2014年初相比，2018年富裕家庭的比例（占总居住人数的比例）增长了28%（占总居住人数的比例为8.5%）。项目着眼于住房、活动以及空间变化，并更加强调公民参与（包括成人和儿童），包括提供合适的家庭住房（通过新建、合并、改造、出售住房协会房屋），增加社区的生活质量（改善户外空间，例如更多的游乐区和绿化）并确保社区的良好（和适当）教育。根据2018年《新邻居：对鹿特丹三个社区不断变化的社会构成的调查》，居民对商业业态的变化、公共空间的改善持积极态度，但新居民和原住民之间几乎没有接触，期待新居民带来更多“组织力量”的愿望并未实现。

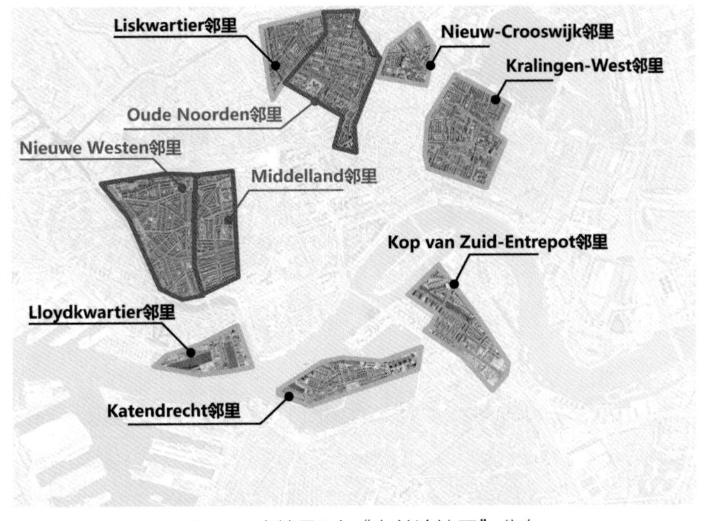

图C14　鹿特丹9个“有前途社区”分布
结合参考文献和google地图作者自绘

C6.3 儿童友好的空间改善措施

（1）街道

鹿特丹采用了传统的交通措施和更具创新性的设计，使其住宅街道对儿童更加友好。一个关键的干预措施是移除停车空间并加宽人行道，用游戏功能或其他元素填充回收的空间，以创造门前游戏空间和更友好的感觉。

（2）公园和公共场所的游乐设施

鹿特丹拥有丰富的公共游戏场所，儿童友好倡议的核心改善这些游戏场地的可达性、可玩性，创造更灵活、多功能的公共空间，让孩子们可以在其中玩耍，不同年龄的人可以见面、社交和更加活跃。

鹿特丹户外游戏空间规范

主要集中在空间配置规模和服务半径上，关于空间设计的较少，主要涉及安全、防护、尺度、多样性、结构、管理方面。

1. 每个大型障碍区*（Barrier blocks）内至少有一个5000m^{2}的中央运动/游戏空间（大于15hm^2）。在小型障碍区（小于15hm^2），一个至少1000m^{2}的大型运动和游戏区就足够了。
2. 此外，运动/游戏空间（至少1000m）每隔300米从中央运动和游戏区（在高密建成社区*每隔200m）按照相同的原则重复：每隔300m或200m必须有户外游戏的空间。
所有的运动/游戏空间应该：
-位于中心位置
-看得见家
-位于对环境无害的地方
-禁止在路边停车
-包括阳光和阴凉处。
3.至少在道路一侧，最好是阳光充足一侧，有一个可玩的人行道（3~5m宽）。

注1："障碍区"（Barrier blocks）是指地理障碍范围内的区域，如50km/h的道路（或更高）、水（河流、运河、池塘、湖泊）、铁路基础设施（有轨电车和铁路线）和商业公园。

注2："高密建成社区" densely built-up neighbourhoods指建筑密度为75户/hm^{2}的社区。

（3）校园

荷兰的校园在课余时间向公众开放。鹿特丹通过其儿童友好倡议，鼓励公众更多地使用校园。这些措施支持了重新设计，并为学校提供了激励措施，以改善公众获得教育的机会。

（4）城市休息室

鹿特丹内城是一个典型按照美国模式建造的现代主义城市——宽阔的林荫大道、独立的功能分区。2008年，鹿特丹政府为将城市中心发展成为居民、企业和游客聚会、住宿和娱乐的优质场所，减少市中心的汽车数量，提出“城市中心就是城市休息室”（Binnenstad als City Lounge）政策，把以前的现代主义城市中心（包括其居住、消费和生产的分离）转变为消费和娱乐的空间，混合城市功能，通过住房、更多更好的公共空间以及汽车、自行车和行人之间的新平衡使内城更加密集，重点为行人提供更多的公共空间享受。

· 用新的十字路口连接社区

· 减少街头停车位，在城市郊区建造大型停车场

· 开发更舒适、安全的绿地

· 投资积极的街道立面、露台、照明、座位和节日空间等等

Coolsingel 改造项目

——从以车辆为主的林荫大道转变为行人和骑自行车者的舒适区域

“城市中心就是城市休息室”计划的一部分，2018年4月开工建设，2021年向公众开放，预算5810万欧元。

——街道的西侧为一个宽敞的步行和自行车长廊，为缓慢的交通创造更多的空间

——现有的有轨电车和地下基础设施将保持原状，从而突出公共空间的质量和形象，包括许多细节，如优质铺装、装饰家具、装饰地铁站、照明和许多额外的绿化，包括“口袋公园”。

——车辆交通将沿街道东侧改道为双向车道，车速由50km/h降为30km/h。

——十个改进的交叉路口将确保鹿特丹的主要街道与 Coolsingel 完美融合。

资料来源：https://www.west8.com/coolsingel_a_boulevard_for_all_rotterdammers/

https://www.west8.com/projects/revitalization_of_the_coolsingel/

（结合文献[223][224] [225][226]整理）

参考文献

[1] UNICEF.城市化世界中的儿童[R].UNICEF，2012.
[2] UNICEF.2015年中国儿童人口状况：事实与数据[R].UNICEF，2015.
[3] 冯雷.当代空间批判理论的四个主题：对后现代空间论的批判性重构[J].中国社会科学，2008（3）：40-51，204.
[4] 刘磊，雷越昌，吴晓莉，魏立华.现代主义城市中的儿童与儿童友好型空间[J].上海城市规划，2020（3）：1-7.
[5] White R. No-Go In Fortress City：Young People，Inequality And Space[J]. Urban Policy And Research，1996，14（1）：37-50.
[6] 黄进.儿童的空间和空间中的儿童：多学科的研究及启示[J].教育研究与实验，2016（3）：22-26.
[7] 郭强.现代社会的漂浮：无根的现代性及其呈现[J].社会，2006（4）：1-22，206.
[8] UNICEF. 联合国儿童基金会构建儿童友好型城市和社区手册[R]. 2019.
[9] Tim Gill .Building Cities Fit for Children：Case studies of child-friendly urban planning and design in Europe and Canada[R]. Churchill Fellow，2017.
[10] 国务院.中国儿童发展纲要（2021—2030年）[R]. 2021.
[11] 国家统计局.第七次全国人口普查公报.[EB/OL]. [2021-05-11]. http：//www.stats.gov.cn/tjsj/tjgb/rkpcgb/qgrkpcgb/202106/t20210628_1818820.html.
[12] 深圳女声.六一国际儿童节的大礼包来啦！[EB/OL]. 晶报社，（2021-05-30）. https：//mp.weixin.qq.com/s/76cqoxqBVESwT-UkRzEhTg.
[13] 高亚琼，王慧芳.长沙建设儿童友好型城市的规划策略与实施路径探索[J].北京规划建设，2020（3）：54-57.
[14] 祝闯.成都，建设"儿童友好型城市"[EB/OL]. [2021-06-24]. http：//www.mca.gov.cn/article/xw/mtbd/202106/20210600034810.shtml.
[15] 朱琳彦，谭琲珺，李树文.国内建设儿童友好型城市的实践探索：以深圳市、成都市和长沙市为例[J].社会与公益，2020，11（12）：8-10+17.
[16] 南京市妇联.莫愁湖西路儿童 · 家庭友好国际街区三年行动计划[R]. 2019.
[17] 新华网.习近平寄语广大少年儿童 致以节日祝贺. [EB/OL]. [2020-05-31]. https：//baijiahao.baidu.com/s?id=1668208796075665498&wfr=spider&for=pc.
[18] 政研室. 国家发展改革委新闻发布会 介绍关于推进儿童友好城市建设有关情况.[EB/OL].

[2021-10-14]. https：//www.ndrc.gov.cn/xwdt/wszb/tjetyhcsjs/wap_index.html.

[19] 宗丽娜，文爱平.儿童友好型城市的中国特色之路[J].北京规划建设，2020（3）：193-196.

[20] UNICEF.儿童友好型城市规划手册：为孩子营造美好城市[R]. 2019.

[21] 布伦丹·格利森，尼尔·西普.创建儿童友好型城市[M].丁宇，译. 北京：中国建筑工业出版社，2014.

[22] 刘磊，任泳东，雷越昌."儿童友好型城市"的认知与深圳探索[J].理想空间，2018（80）：4-9.

[23] Amt für kommunale Jugendarbeit. Spielleitplanung：Eine kinder-，jugend- und familienfreundliche Konzeption für die Stadt Regensburg[R]. Stadt Regensburg：Amt für kommunale Jugendarbeit，2016.

[24] 孟雪，李玲玲，付本臣.国外儿童友好城市规划实践经验及启示[J].城市问题，2020（3）：95-103.

[25] Chipeniuk R. Childhood foraging as a means of acquiring competent human cognition about biodiversity[J]. Environment and Behavior，1995，27（4）：490-512.

[26] Fjortoft，I. A. The Natural Environment as a Playground for Children：Landscape Description and Analysis of a Natural Landscape[J]. Landscape and Urban Planning，2000，48（1-2）：83-97.

[27] Richard Louv. The more high-tech our schools become，the more they need nature. [EB/OL]. [2011-09-07].http：//richardlouv.com/blog/.

[28] Faber Taylor，A. K. Views of Nature and Self-Discipline：Evidence from Inner City Children[J].Journal of Environmental Psychology，2002，22（1-2）：49-63.

[29] Wells，N. M. At Home with Nature，Effects of "Greenness" on Children's Cognitive Functioning[J]. Environment and Behavior，2000，32（6）：775-795.

[30] CoffeyAnn. Transforming School Grounds，in Greening School Grounds：Creating Habitats for Learning [M].Toronto：BC：New Society Publishers，2001.

[31] Malone，K.，& Tranter，P. Children's environmental learning and the use，design and management of schoolgrounds [J]. Children，Youth and Environments，2003，13（2）：87-137.

[32] CrainWilliam. How Nature Helps Children Develop[J]. Montessori Life，1997，9（2）：41-43.

[33] Faber TaylorKuo，F.E. & Sullivan，W.C.A. Coping with ADD：The surprising connection to green play settings [J]. Environment & Behavior，2001，33（1），54-77.

[34] KuoE.&Taylor，A.F.F.A potential natural treatment for attention-deficit/hyperactivity disorder：Evidence from a national study[J]. American Journal of Public Health，2004，94（9）：1580-1586.

[35] Wilson，E. O. Biophilia[M]. Cambridge，Massachusetts：Harvard University Press，1984.
[36] 深圳市城市管理和综合执法局. 2019年工作总结及2020年工作计划[R].深圳市，2020.
[37] 国家林业局. 生态露营地建设与管理规范 LY/T2791—2017 [S].北京：中国标准出版社，2017.
[38] Jill（Petrick）Wuertz. Planning，Design +Construction Standards：Denver Parks & Recreation [S].2006.
[39] LEDUC COUNTY. Leduc County Parks & Recreation-Parks Design Standards [S].2009.
[40] Department of Parks and Recreation，Planning & Development Agency.County of Los Angeles Park Design Guidelines and Standards[S].2017.
[41] 上海市规划和国土资源管理局，上海市城市规划设计研究院.上海郊野公园规划探索和实践[M].上海：同济大学出版社，2015.
[42] 路易斯 · 保罗 · 法利亚 · 里贝罗.郊野公园[M].桂林：广西师范大学出版社，2015.
[43] Kurt Repanshek. Frommer's National Parks with Kids[M]. Hoboken，New Jersey：Wiley Publishing，Inc，2006.
[44] Aileen Shackell，Nicola Butler，Phil Doyle，et al. Design for Play：A guide to creating successful play spaces[R]. London：The Department for Children，Schools and Families，The Department for Culture，Media and Sport（DCMS），2008.
[45] Nicholson M，Thorn L，Keegan R J，et al. How Play Streets supports the development of physical literacy in children：A research review[R]. Melbourne：La Trobe University，2020.
[46] Thomas Farley，M.D.，M.P.H. Summer Camp Safety Plan Guideline[R].New York City Department of Health and Mental Hygiene，2012.
[47] 长沙市自然资源和规划局.自然之歌：自然资源与长沙[R].长沙：长沙市自然资源和规划局，2019.
[48] Karen Malone，Carol Birrell，Ian Boyle，Tonia Gray. Wild nature play：Researching OOSH in the Bush[R]. Penrith：University of Western Sydney，2015.
[49] Cleland V，Crawford D，Baur L A，et al. A prospective examination of children's time spent outdoors，objectively measured physical activity and overweight[J]. International journal of obesity，2008，32（11）：1685-1693.
[50] Lester S，Maudsley M. Play，naturally. A Review of Children's Natural Play[J]. London：Play England，NCB，2007.
[51] Bijnens EM，Derom C，Thiery E，Weyers S，Nawrot，TS. Residential green space and child intelligence and behavior across urban，suburban，and rural areas in Belgium：A longitudinal birth cohort study of twins[J]. PLOS MEDICINE，2020，17（8）：e1003213.
[52] Planning Department. Green and Blue Space Conceptual Framework[R]. Hong

Kong SAR，2016.

[53] Mohamed Mahmoud Aly Amer. Designing Playgrounds For All Children：All-Inclusive Adventure Playground for the City of Arlington，Texas[D]. Arlington：University of Texas at Arlington，2019.

[54] 渔农自然护理署.Enhancing the Recreation and Education Potential of Country Parks and Special Areas in Hong Kong[R].香港：渔农自然护理署，2019.

[55] 孙瑶，马航，宋聚生.深圳、香港郊野公园开发策略比较研究[J].风景园林，2015（7）：118-124.

[56] 李信仕，于静，张志伟，蔡文婷.基于港深郊野公园建设比较的城市郊野公园规划研究[J].城市发展研究，2011，18（12）：32-36，61.

[57] Michigan Department of Natural Resources. Guidelines For The Development Of Community Park And Recreation Plans[EB/OL]. [2021-04-26]. http：// www.michigan. gov/dnr.

[58] ERF. Handbook on Best Practices for the Planning，Design and Operation of Wetland Education Centre[EB/OL]. [2014-09-01]. https：//www.ramsar.org/news/handbook-on-best-practices-for-the-design-and-operation-of-wetland-education-centres.

[59] 深圳市城市管理和综合执法局.自然教育中心建设指引（试行）[EB/OL]. [2020-06-10]. http：//www.sz.gov.cn/szzt2010/wgkzl/jcgk/jcygk/zyggfa/content/post_8322409.html.

[60] 中国林学会. T/CSF 010-2019 森林类自然教育基地建设导则[EB/OL]. [2019-10-26]. http：//www.csf.org.cn/News/newsDetail.aspx?aid=48110.

[61] Valley of the Giants，Department of Parks and Wildlife.Construction Of The Tree Top Walk [EB/OL]. [2021-08-11]. http：//parks.dpaw.wa.gov.au/.

[62] 攻略全深圳. 深圳首条手作步道来了，这里也太太太适合登山了吧！ [EB/OL]. [2021-01-24]. https：//www.sohu.com/a/446467375_653677.

[63] 深圳市生态环境局. 深圳市生态环境局关于2020年深圳市自然学校的公示 [EB/OL]. [2020-05-29]. http：//meeb.sz.gov.cn/xxgk/qt/tzgg/content/post_7671356.html.

[64] 晶报. 想亲近大自然？17家自然学校等你来 [EB/OL]. [2021-07-13]. http：//jb.sznews.com/MB/content/202107/13/content_1061272.html.

[65] 广东梧桐山国家森林公园管理处. 春节留深必备！ 这些省市国家级自然学校，通通安排上~ [EB/OL]. [2021-02-09]. https：//mp.weixin.qq.com/s/rGfGbZ7oed M43za8e3b-TnA.

[66] 深圳市铭基金公益基金会. 4月预告丨铭基金自然教育基地全新升级开放啦！ [EB/OL]. [2021-04-07]. https：//mp.weixin.qq.com/s/2osNsmHa 7JXzeudtTbeRkA.

[67] 深圳发布. 我在深圳过大年丨收下这份深圳绿道指南，和大自然来一场亲密拥抱！ [EB/OL]. [2021-02-10]. https：//mp.weixin.qq.com/s/hYudAbQmpHsuKv_HqeNwsg.

[68] Lester，S. and Russell，W. Children s right to play：An examination of the

importance of play in the lives of children worldwide [R]. The Hague，The Netherlands：Bernard van Leer Foundation，2010.

[69] Gary W. Evans . The Built Environment and Mental Health [J]. Journal of Urban Health：Bulletin of the New York Academy of Medicine，2003，80（4）：536-549.

[70] SINGER W. Epigenesisand brain plasticity in education [M]. NewYork：Cambridge University Press，2008.

[71] Erikson，E.H. Childhood and Society[M]. W.W. Norton & Company，1993.

[72] 郗浩丽.儿童攻击性的精神分析式解读：温尼科特的攻击性理论[J].南京师大学报：社会科学版，2007（5）：111-115.

[73] 陈鸣谊.不只公园绿地要Greening Master Plan，游戏场也要“Playing”Master Plan [EB/OL]. 经典工程顾问有限公司，2020 [2021-08-15]. https：//eyesonplace. net/2020/08/31/ 15184/?doing_wp_cron=1620457443.0769948959350585937500.

[74] Joe Frost. Evolution of American Playgrounds[J]. Scholarpedia，2012，7（12）：30423.

[75] Pia Björklid，Maria Nordström. Environmental Child-Friendliness：Collaboration and Future Research[J].Children，Youth and Environments，2007，17（4）：388-401.

[76] Douwe Jongeneel，Rob Withagen，Frank T.J.M.Zaal. Do children create standardized playgrounds? A study on the gapcrossing affordances of jumping stones 2015[J]. Journal of Environmental Psychology，2015，44：45-52.

[77] Magdalena Czalczynska-Podolska .The impact of playground spatial features on children's play and activity forms：An evaluation of contemporary playgrounds, play and social value [J]. Journal of Environmental Psychology，2014，38：132-142.

[78] DIN18034. Spielplätze und Freiräume zum Spielen-Anforderungen für Planung，Bau und Betrieb [R].DIN，2012.

[79] 沈瑶，刘赛，赵苗萱.冒险游戏场的起源、实例与启示[J].国际城市规划，2021，36（1）：30-39.

[80] Greater London Authority. Shaping Neighbourhoods：Play And Informal Recreation Supplementary Planning Guidance[R]. Greater London Authority，2012.

[81] The Scottish Government. Play Strategy For Scotland：Our Action Plan[R]. October 2013.

[82] Dr Susan Elsley. Progress review of Scotland’s Play Strategy 2021[D]. Play Scotland and Scotland’s Play Council and Strategy Group，2021.

[83] Inspiring Scotland. Scotland’s Play Ranger Toolkit：guide to setting up and running an effective Play Ranger Service in Scotland[R]. Scotland，2014.

[84] Greater London Authority. The London Plan：the Spatial Development strategy For Greater London[R]. Greater London Authority，2021.

[85] Masarrah M. Ismail. Play-scapes in Karlskrona City：Guidelines for better

playground design and playing experience[R]. Blekinge Institute of Technology，2016.

[86] Ball D，Gill T and Spiegal B. Managing Risk in Play Provision：Implementation guide [R].London：Play England，Department for Children，Schools and Families and Department for Culture，Media and Sport，2008，54.

[87] Scotland .Scotland's Play Ranger Toolkit：A guide to setting up and running an effective Play Ranger Service in Scotland[R]. Scotland，2014.

[88] 王霞，陈甜甜，林广思.自然元素在中国城市公园儿童游戏空间设计中的应用调查研究[J].国际城市规划，2021，36（1）：40-46.

[89] 罗雨雁，王霞. 景观感知下的城市户外空间自然式儿童游戏场认知研究[J]. 风景园林，2017（3）：73-78.

[90] 谷德设计网.云朵乐园，成都/张唐景观[EB/OL]. [2018-08-16]. https：//www.gooood.cn/ cloud- paradise-park-china-by-z-t-studio.htm.

[91] 景观中国.张唐作品|成都麓湖云朵乐园景观设计[EB/OL]. [2018-07-06]. http：//www.landscape.cn/landscape/9533.html.

[92] 搜 狐 网.麓 湖 · 云 朵 乐 园[EB/OL].2017[2021-09-15]，https：//www.sohu.com/a/197550120_ 176064.

[93] 谷德设计网.伊恩波特儿童野趣游乐公园[EB/OL].[2017-12-28]. https：//www.gooood.cn/wild-play-sydney-by-aspect-studios.htm.

[94] AtelierMi. 儿童场所|用一座野生花园疗愈城市儿童的“自然缺陷症”[EB/OL]. [2019-12-05]. https：//mp.weixin.qq.com/s/JKCWtY1lihet03vB2jKY2A.

[95] Expat-Info. Childcare-germany [EB/OL]. [2021-08-10]. https：//www.iamexpat.de/expat-info/family-kids/childcare-germany-kita-kindertagesstaette.

[96] Senatsverwaltung für Stadtentwicklung und Wohnen Berlin. Übersicht zu Richt-und Orientierungswerten zur quantitativen Versorgung mit öffentlichen Einrichtungen der sozialen und grü nen Infrastruktur in Berlin[EB/OL].2021[2021-08-10]. https：//www.stadtentwicklung.berlin.de/planen/siko/download/uebersicht_richt-und_orientierungswerte_sozinfra.pdf.

[97] Greater London Authority. Social Infrastructure Supplementary Planning Guidance[R]. Greater London Authority，2015.

[98] 沈瑶，刘赛，云华杰，赵苗萱，郭应龙.“育儿友好”视角下城市竞争力提升启示：以日本流山市为例[J].城市发展研究，2020，27（4）：72-81.

[99] 美国博物馆与图书馆管理服务协会 [EB/OL]. [2021-08-10].https：//www.imls.gov/.

[100] 王春法.中国博物馆发展研究报告[R].北京：中国博物馆，2018.

[101] Jo Birch. Museum spaces and experiences for children：ambiguity and uncertainty in defining the space，the child and the experience [J]. Children's Geographies，2018.

[102] Abigail Hackett et. Young children's museum geographies：spatial，material and

bodily ways of knowing[J]. Children s Geographies，2018，16（5）：481-488.
[103] 中国科协计财部.中国科协2017年度事业发展统计公报[EB/OL]. [2018-07-01]. https：//www.cast.org.cn/art/2018/7/1/art_97_317.html.
[104] 国务院.中国儿童发展纲要（2011—2020年）[EB/OL]. [2011-07-30]. http：//www.gov.cn/gongbao/content/2011/content_1927200.htm.
[105] 国家统计局.《中国妇女发展纲要（2011—2020年）》统计监测报告[EB/OL]. [2020-12-18]. http：//www.stats.gov.cn/tjsj/zxfb/202012/t20201218_1810126.html.
[106] 浦东发布.这里多了个五彩缤纷的小屋：唐镇儿童服务中心现已开放[EB/OL]. [2020-12-24]. http：//sh.sina.com.cn/zw/q/2020-12-24/detailiiiznctke8210536. shtml.
[107] Fatma Çobanoğlu，Zeynep Ayvaz-Tuncel，Aydan Ordu. Child-friendly Schools：An Assessment of Secondary Schools [J]. Universal Journal of Educational Research2018，6（3）：466-477.
[108] 幸福福田：满“园”秋色，“岭”上花开！园岭百花儿童友好街区开街仪式正式启动[EB/OL]. [2020-09-04].https：//mp.weixin.qq.com/s/6s1VnhyPWNXep 4P8zAa_yA.
[109] 李博超.新沙小学：高密度都市中的童趣校园 / 一十一建筑[EB/OL].2021 [2021-04-16]. http：//www.archiposition.com/items/20210416102138.
[110] 苏笑悦. 适应教育变革的中小学教学空间设计研究[D]. 广州：华南理工大学，2020.
[111] OPEN建筑事务所.谷德设计：北京四中房山校区，北京 / OPEN建筑事务所[EB/OL]. [2014-10-14].https：//www.gooood.cn/beijing-4-high-school-by-open.htm
[112] Scottish Government .The good school playground guide-- Developing school playgrounds to support the curriculum and nurture happy，healthy children[EB/OL]. [2021-09-15]. https：//www.ltl.org.uk/resources/the-good-school-playground-guide/.
[113] 源计划建筑师事务所. 红岭实验小学：高密度的南中国小学.[EB/OL]. [2019-09-15]. https：//www.gooood.cn/hongling-experimental-primary-school-china-by-o-office-architects. htm
[114] 张瑞. 北京日报：北京6个月内婴儿母乳喂养率超92%，母婴室有2200余家[EB/OL]. [2020-08-03]. http：//www.zgcsjs.org.cn/news-news_list-id-21921.aspx.
[115] 北京市规划和国土资源管理委员会.母婴室设计指导性图集.[EB/OL]. [2021-09-15]. http：//yewu.ghzrzyw.beijing.gov.cn/fwcms_index/video/flash/0/tuji_myssj.swf.
[116] 石蓓.美国博物馆文化与博物馆经济[EB/OL]. [2020-01-10]. https：//mp.weixin.qq.com/s/NKJpTi_49Am9Lj0HTpeg9Q.
[117] 周婧景. 博物馆家族中个性鲜明的另类成员：美国的儿童博物馆及其展览初探[C]//中国博物馆协会博物馆学专业委员会，中国博物馆协会博物馆学专业委员会. 2014年“博物馆个性化研究”学术研讨会论文集. 中国博物馆协会博物馆学专业委员会，2014：11.
[118] 王微，钟玲.以“家庭学习”理念贯穿陈展策划与设计：美国印第安纳波利斯儿童博物馆陈展工作模式探析[J].文物天地，2016（1）：43-45.
[119] 厚生劳动省官网.关于儿童之家[EB/OL]. [2021-08-10]. https：//www.mhlw.go.jp/

bunya/ kodomo/jidoukan.html.

[120] S-pace事务所官网. 六甲堂儿童中心[EB/OL]. [2021-08-10]. https://npo-pace.com/list/ rokkoumichijidoukan.

[121] 赵静.日本4300家儿童馆，全世界孩子可随便免费玩.[EB/OL]. [2016-03-13]. https://mp.weixin.qq.com/s/DxjeZEGtfQOr9OmUJpQnSA.

[122] Meyer，M.R.U.，Bridges，C.N.，Schmid，T.L.，Hecht，A.A. and Porter，K.M.P. How Play Streets supports the development of physical literacy in children：A research review. Systematic review of how Play Streets impact opportunities for active play，physical activity，neighbourhoods，and communities [J]. BMC public health，2019，19（1）：335.

[123] Project for Public Spaces. 78th Street Play Street [EB/OL]. [2015-08-13]. https://www.pps.org/places/78th-street-play-street.

[124] Page A，Cooper A，Hampton L，et al. Why temporary street closures for play make sense for public health[R]. London：Play England，2017.

[125] Mobilitätsagentur Wien GmbH Vienn Mobility Report 2019[R].Vienna：Mobilitätsagentur Wien GmbH.2019.

[126] World Health Organization. World health statistics 2020：monitoring health for the SDGs，sustainable development goals[R]. Geneva：2020.

[127] 北京市规划和国土资源管理委员会，北京市城市规划设计研究院.北京街道更新治理城市设计导则[Z].2018.

[128] Island Press，NACTO，Global Designing Cities Initiative. Designing Streets for Kids [R].New York：National Association of City，2019.

[129] New York City Department of Transportation.Street Design Manual[R]. USA：Vanguard Direct，2020.

[130] 交通与发展政策研究所.中国儿童友好城市蓝皮书：公共空间与交通篇[R].中国：交通与发展政策研究所，2020.

[131] Frank Wassenberg，Jody Milder. Evaluatie van het project Kindlint in Amsterdam[M]. Delft：Onderzoeksinstituut OTB，2008.

[132] SUL Jaehoon. Korea’s 95% Reduction in Child Traffic Fatalities：Policies and Achievements[M]. Korea：The Korea Transport Institute，2014.

[133] The Korea Transport Institute. Toward an Integrated Green Transportation System in Korea（IV）[M].Korea：The Korea Transport Institute，2013.

[134] Cleland V.，Crawford D.，Baur L.A.，et al. A prospective examination of children’s time spent outdoors，objectively measured physical activity and overweight[J]. International Journal of Obesity 2008；32（11）：1685- 1693.

[135] Cai Liangwa. The Research on Safety Children's Travel Route on Child-Friendly City of Netherlands[J].International Journal of Environmental Protection and Policy. 2017，5（6）：94-98.

[136] Instituto Distrital de Recreación y Deporte. Ciclovia [EB/OL]. [2021-04-28]. https://www.idrd.gov.co/ciclovia-bogotana.

[137] 李圆圆，吴珺珺.通过幼儿步行巴士提高社区儿童友好度的研究[J].西南大学学报（自然科学版），2018，40（9）：171-180.

[138] 中国时报. 改善通学步道竹市5国小受惠 [EB/OL]. [2020-11-23]. https://www.chinatimes.com/cn/realtimenews/20201123000520-263201?chdtv.

[139] 中时. 台南全新打造10条通学步道 [EB/OL]. [2019-08-29]. https://www.chinatimes.com/realtimenews/20190829002225-260405?chdtv.

[140] 林钦荣. 城市空间治理的创新策略：三个台湾城市案例评析：台北 · 新竹 · 高雄[M]. 台北：新自然主义股份有限公司出版，2006.

[141] 台北市都市发展局都市计划整合查询系统[EB/OL]. [2021-09-15]. http://www.budwebgis.tcg.gov.tw/cdc/Content/threemain.asp .

[142] 高雄市政府工务局养护工程处. 阳光、城市、通学趣：高雄市社区通学道系列工程[M]. 高雄：高雄市政府工务局养护工程处，2004.

[143] 深圳女声. 和“小猪佩奇”一起过马路、步行巴士……让孩子们的上学之路更安全！ [EB/OL]. [2019-11-28]. https://mp.weixin.qq.com/s/IC53Gz_S19vD_YwCPqWfoQ.

[144] 肖文明，张剑锋，叶青，曹洪洛，程铮. 儿童友好型学校周边交通改善策略研究[C]//中国城市规划学会城市交通规划学术委员会.创新驱动与智慧发展：2018年中国城市交通规划年会论文集. 2018：12.

[145] 珠海金湾. 从一米高的角度看金湾，竟如此温暖... [EB/OL]. [2019-11-19]. https://mp.weixin.qq.com/s/Ncm6ifVBhe4DVdQXbQ4Ghg.

[146] 四川日报. 遛娃新去处！成都首个“儿童交通友好社区”建成，快去体验吧！[EB/OL]. [2018-12-06]. https://mp.weixin.qq.com/s/cxtjhSKYVS0d-6wcL1lyNQ.

[147] 江北区综合行政执法局. 实探vlog | 江北区12条“儿童上学道”究竟长啥样？来看！[EB/OL]. [2020-11-03]. https://mp.weixin.qq.com/s/L7rDkTyGVi_S5oFyR2ElNg.

[148] The Western Jackson Heights Alliance.78TH Street Summer Sundays Project [R]. New York：NYC Department of Transportation.2011.

[149] 南京妇联. 关注儿童安全 心系儿童友好 南京这一波做法值得称道[EB/OL]. [2020-06-04]. https://mp.weixin.qq.com/s/Mk_56WBbR7pLJx9Rqp3C8g.

[150] NYC.NYC DOT Announces 12th Annual “Summer Streets” Along Park Avenue，Connecting Streets from Central Park to Brooklyn Bridge. [EB/OL]. [2019-08-03]. https://www1.nyc.gov/html/dot/html/pr2019/pr19-043.shtml

[151] United Kingdom. London Planning Department. Shaping Neighbourhoods：Children and Young People’s Play and Informal Recreation[M]. London：Greater London Authority，2012.

[152] Architectenweb. Antwerpen’t Groen Kwartier [EB/OL]. [2017-06-22]. https://architectenweb.nl/projecten/project.aspx?ID=34199.

[153] Janooms. Antwerpen Groenkwartier [EB/OL]. [2021-05-19]. https://

studiojanooms.nl/projecten/spelen-in-de-stad/61/antwerpen-groenkwartier.html.

[154] Krysiak N. Designing Child-Friendly High Density Neighbourhoods[R]. Churchill Trust，2020：48-49.

[155] Housing & Development Board. Your Community Spaces [EB/OL]. 2020 [2021-05-20]. https：//www.hdb.gov.sg/cs/infoweb/community/creating-vibrant-places/your-community-spaces.

[156] National Heritage Board. Community Heritage Series III：Void Decks[M]. National Heritage Board，2013：2-31.

[157] Metamorphosis Project. Factsheets Zurich [EB/OL].（2020-05-15）[2021-05-24]. https：//www.metamorphosis-project.eu/sites/default/files/downloads/Fact%20Sheets%20Zurich.pdf.

[158] Anna Solderer. New "neighbourhood treasure game" in Zurich，Friesenberg [EB/OL]. [2020-04-09].https：//www.metamorphosis-project.eu/news/new-%e2%80% 9cneighbourhood-treasure-game%e2%80%9d-zurich-friesenberg.html.

[159] Better Beginnings Sudbury. Better Beginnings Better Futures [EB/OL]. [2021-06-09]. https：//betterbeginningssudbury.ca/.

[160] Better Beginnings Sudbury. Promo Booklet 2020 [EB/OL]. [2021-06-09]. http：//betterbeginningssudbury.ca/magazines/Promo_2020/.

[161] Humara Bachpan. Genesis [EB/OL]. [2021-07-08]. https：//www.humarabachpan.org/genesis/.

[162] Humara Bachpan.Turning Dreams Into Reality Transforming HAIRANAPUR into a child friendly neighborhood[EB/OL]. [2021-07-08]. https：//secureservercdn.net/160.153.138.163/8x6.89c.myftpupload.com/wp-content/uploads/2020/09/HAIRANAPUR-NEIGHBOURHOOD-PLANNING.pdf.

[163] 880 Cities. Building Better Cities with Young Children and Families[M]. Bernard van Leer Foundation，2017.

[164] Sam Sturgis. Kids in India are Sparking Urban Planning Changes By Mapping Slums [EB/OL]. [2016-02-03].https：//vikalpsangam.org/article/kids-in-india-are-sparking-urban-planning-changes-by-mapping-slums/.

[165] Anouksha Gupta. Learnings from the "Small Children，Big Cities" [EB/OL]. [2015-01-28]. https：//humarabachpan.wordpress.com/tag/humara-bachpan/.

[166] Beauvais C，Jenson J. The Well-being of Children：Are There "neighbourhood Effects"?[M]. Canadian Policy Research Networks Incorporated，2003.

[167] 刘悦来，范浩阳，魏闽，尹科娈，严建雯.从可食景观到活力社区：四叶草堂上海社区花园系列实践[J].景观设计学，2017，5（3）：72-83.

[168] 刘悦来，尹科娈.从空间营建到社区营造：上海社区花园实践探索[J].城市建筑，2018（25）：43-46.

[169] 刘悦来，赵洋.打开联合，协力共创：上海创智农园片区社区规划参与行动探索[J].建筑技艺，2019（11）：76-81.

[170] 刘悦来，魏闽 等."公""私"比较视野下社区营造的策略及其经验反思：基于上海社区花园实践案例的考察[J].复旦城市治理评论，2019（1）：1-25.

[171] 刘悦来 等. 五种不同的社区花园实施机制 || 从空间营造到社区营造：上海社区花园系列空间微更新微治理实验（中）[EB/OL]. [2021-07-12]. https：//mp.weixin.qq.com/s/TVlw7DtuEbLm4Ap2nUzmIg.

[172] 四叶草堂. 共创美好时光 | 社区互助夏令营火热招募 [EB/OL]. 2018 [2021-05-08]. https：//mp.weixin.qq.com/s/qB71z7yhvMaQUMJqbBOOSg.

[173] 四叶草堂. 2019创智社区花园节&睦邻节回顾 [EB/OL]. 2019 [2021-05-08]. https：//mp.weixin.qq.com/s/9PROsyua3YJN2lpMG0muig.

[174] 海淀街道之声. 海淀街道又一处小微空间即将改造升级，一起来了解一下~ [EB/OL]. 2021 [2021-08-16]. https：//www.sohu.com/a/466027148_121106842.

[175] 北京规划自然资源. 北京市海淀区小南庄社区小微空间改造，打造了一个属于孩子的乐园 [EB/OL]. 2021 [2021-08-16]. https：//baijiahao.baidu.com/s?id=16908 49009317 494467&wfr=spider&for=pc.

[176] 上海黄浦. 全市首批！黄浦区四街道获评"创建儿童友好社区示范点"[EB/OL]. 2021 [2021-08-16]. https：//mp.weixin.qq.com/s/T39GnOcCm8cWykTWtzlLyw.

[177] 打浦桥.【喜报】打浦桥街道被评为上海市儿童友好社区示范点！ [EB/OL]. 2021[2021-08-16]. https：//mp.weixin.qq.com/s/tCFcMbPQUb ZKOTIxmKmtaQ.

[178] 黄浦女性. 儿童友好社区丨邻里童友汇 · 童友汇邻里：打浦桥街道儿童友好社区 [EB/OL]. 搜狐网，2020[2021-08-17]. https：//www.sohu.com/a/437 070150_120209938.

[179] 上海市黄浦区妇联. 儿童友好社区：收获归属与幸福的小天地[EB/OL].[2021-03-11]. http：//www.womenofchina.com/flsy/2021/0311/4021.html.

[180] 千禾社区基金会. 小禾的家，一场探索共建"可持续社区"的民间实验 [EB/OL]. [2021-08-13]. https：//www.163.com/dy/article/GH9QJ7360525D88B.html.

[181] 南方都市报. 广州这些案例获联合国点赞！我们回访了建流动儿童之家的他们 [EB/OL]. [2021-08-11]. https：//m.mp.oeeee.com/a/BAAFRD 000020 210810531296.html ?layer=2&share=chat&isndappinstalled=0.

[182] 荒岛社区."小禾的家"活动招募 | 柯木塱菜市场里的经济学 [EB/OL]. [2020-05-14]. https：//mp.weixin.qq.com/s?src=11×tamp=1629348962&ver=3261&signature=a2pbGLiN1Lw3ZibjTUpuT8CzcU03nLAwox8*3HyMC436w9bL-jd8cF1bNcKHNmQldTHpLS7v7Tf7H*PsfuA3ofXDT3Hnosd*ODxB3V7ET7DcL1PfZEhbGExvU9eWQEn4&new=1.

[183] 荒岛书店、千禾社区基金会. 荒岛广州 · 小禾的家 | 我们准备为一个孩子打一场群架 | 月捐计划 [EB/OL]. [2020-04-29]. https：//mp.weixin.qq.com/s?src=11×tamp=1629355030&ver=3261&signature=SQ1XwQJUZ2srkWxep--AHsg4-kuZJDnIce0IodfitzHG6O0V-8ZA3xRowD3syDPVVHodpG2AGCviJrJ0GBPAz-

SRa1ZxLilR8jDcEkTGLYROosOtZb0TJ1qeBbr5gZS*&new=1.

[184] 陈怡竹，许文胜，胡庆平.论公民城乡规划参与权及实现[J].城市规划，2015，39（7）：95-99.

[185] Barbara Bennett Woodhouse. Enhancing Children s Participation in Policy Formation [J]. Arizona Law Review，2003（3）：751.

[186] Gro Sandkjaer Hanssen . The Social Sustainable City：How to Involve Children in Designing and Planning for Urban Childhoods? [J].Urban Planning，2019，4（1）：53-66.

[187] 孙艳艳. 儿童与权利：理论建构与反思[D]. 济南：山东大学，2014.

[188] Laurie Day & Barry Percy-Smith，et. Evaluation of legislation，policy and practice on child participation in the European Union（Final Report）[R]. Luxembourg：Publications Office of the European Union，2015.

[189] Deirdre Horgan & Catherine Forde，et. Children s participation：moving from the performative to the social [J]. Children's Geographies，2017，15（3）：274-288.

[190] Raby，R. Children's Participation as Neo-liberal Governance? [J]. Discourse：Studies in the Cultural Politics of Education，2014，35（1）：77-89.

[191] UNICEF. Child and Youth Participation-Options for Action[D].UNICEF，2019.

[192] Angela Million&Anna Juliane Heinrich. Linking Participation and Built Environment Education in Urban Planning Processes [J]. Current Urban Studies，2014（2）：335-349.

[193] Judith Wilks&Julie Rudner. Children's Citizenship：Participation Through Planning and Urban Design [C]. Melbourne：State of Australian Cities National Conference，2011.

[194] 北京市人民政府官网.我们的城市——北京儿童城市规划宣传教育计划[EB/OL]. [2021-08-01].http：//www.beijing.gov.cn/renwen/zt/wmdcs/.

[195] 光明网.北京儿童城市规划宣传教育计划白皮书[EB/OL]. [2020-05-09]. https：//m.gmw.cn/baijia/2020-05/29/33872270.html.

[196] 我们的城市——北京儿童城市规划宣传教育计划 [EB/OL]. [2020-11-06]. http：//beijing.qianlong.com/zt/jcznl2020/zpzs/2020/1106/4963632.shtml.

[197] Amt für kommunale Jugendarbeit. Kinderfreundliche Kommune：Aktionsplan Stadt Regensburg [R]. Stadt Regensburg：Amt für kommunale Jugendarbeit，2014.

[198] UNICEF & Deutshes Kinderhilfswerk. Kinderfreundliche Kommunen：UN-Kinderrechtskonvention lokal umsetzen [R]. Verein zur Förderung der Kinderrechte in den Städten und Gemeinden Deutschlands，2013.

[199] Professor Peter Kraftl，Dr. Sophie Hadfield-Hill. Build A Community In A Day：Resource Pack For Engaging Children And Young People In Planning And Design[R]. University of Birmingham，2019. https：//www.planning4cyp.com/，University of Birmingham，UK.

[200] 雷越昌，魏立华，刘磊.城市规划“儿童参与”的机制探索：以雷根斯堡市和深圳市为例[J].城市发展研究，2021，28（5）：52-59.

[201] 沈瑶，廖堉珲，晋然然，叶强.儿童参与视角下“校社共建”社区花园营造模式研究[J].中国园林，2021，37（5）：92-97.

[202] 深圳市妇女儿童工作委员会. 深圳市建设儿童友好型城市战略规划（2018-2035年）和深圳市建设儿童友好型城市行动计划（2018—2020年）[R]. 深圳：深圳市妇女儿童工作委员会，2018.

[203] 高亚琼，王慧芳.长沙建设儿童友好型城市的规划策略与实施路径探索[J]. 北京规划建设，2020（3）：54-57.

[204] Amt für kommunale Jugendarbeit. Kinder-und Jugendpartizipation：Konzeptionelle Weiterentwicklung der Kinder-und Jugendbeteiligung in Regensburg [R].Stadt Regensburg Amt für kommunale Jugendarbeit，2015.

[205] Amt für kommunale Jugendarbeit. Kinderfreundliche Kommune Aktionsplan Stadt Regensburg-Zwischenbericht zur Umsetzung [R]. Stadt Regensburg Amt für kommunale Jugendarbeit，2017.

[206] UNICEF & Deutshes Kinderhilfswerk. Kinderfreundliche Kommunen：UN-Kinderrechtskonvention lokal umsetzen [R]. Verein zur Förderung der Kinderrechte in den Städten und Gemeinden Deutschlands，2013.

[207] 木下勇，沈瑶，刘赛，郭小康.日本儿童友好城市发展进程综述[J].国际城市规划，2021，36（1）：8-16.

[208] 奈良市儿童未来部儿童政策课. 第二版奈良市儿童育儿支援事业计划（奈良市儿童友好城市建设计划）[EB/OL]. [2020-03-31]. https：//www.city.nara.lg.jp/site/keikaku/7502.html.

[209] 奈良市.奈良市儿童友好城镇建设条例.[EB/OL]. [2015-03-31]. https：//www.city.nara.lg.jp/site/ordinance/3033.html.

[210] Roland Roth，Friderike Csaki et. Good Practice in Child Friendly Cities[D]. Kinderfreundliche Kommunen e.V.，2019.

[211] Toronto City Planning Division. Final Recommendation Report：Growing Up--Planning for children in new wertical communities urban design guidelines. [EB/OL]. [2021-08-05]. https：//www.toronto.ca/city-government/planning-development/planning-studies-initiatives/ growing-up-planning-for-children-in-new-vertical-communities/.

[212] 卞一之，朱文一.基于儿童成长的新型垂直社区计划：多伦多市城市设计导则草案解读[J].城市设计，2019（2）：50-63.

[213] 张际.多伦多《高密度社区儿童友好设计导则》要点与启示[J].城市建设理论研究（电子版），2019（4）：186-187，152.

[214] 崔嘉慧. 巴塞罗那超级街区对中国街区制的经验启示[C]//中国城市规划学会，重庆市人民政府.活力城乡 美好人居——2019中国城市规划年会论文集（07城市设计）.中国城市规

划学会、重庆市人民政府，2019：12.

[215] 崔嘉慧，陈天，臧鑫宇.基于健康导向的街区修补方法研究：以巴塞罗那超级街区计划为例[J].西部人居环境学刊，2020，35（2）：43-51.

[216] Barcelona. Poblenou's Superblock 总平面 [EB/OL]. [2021-08-05]. https：//ajuntament.barcelona.cat/superilles/sites/default/files/Comissio_de_Seguiment_12_gener_2016.pdf.

[217] Barcelona. OMPLIM DE VIDA ELS CARRERS：Implantcaió de les Superilles a Barcelona. [EB/OL]. [2021-08-05]. https：//ajuntament.barcelona.cat/superilles/sites/default/ files/20161025_Sessio_treball_Comissio_0.pdf.

[218] Barcelona .Comissió de Treball Poblenou amb veïns [EB/OL]. [2021-08-05]. https：//ajuntament.barcelona.cat/superilles/sites/default/files/20180124_Presentaci%C3%B3_CdT_Superilla_P9.pdf.

[219] UNICEF官网. UNICEF Colombia [EB/OL]. [2021-08-05]. https：//childfriendlycities.org/colombia/.

[220] Bernardvanleer.The children s priority zone debuts in Bogotá. [EB/OL]. [2021-08-05]. https：//bernardvanleer.org/cases/the-childrens-priority-zone-debuts-in-bogota/.

[221] Bernardvanleer.Walking the city at 95cm high. [EB/OL]. [2021-08-05]. https：//bernardvanleer.org/blog/walking-the-city-at-95cm-high/.

[222] 卞一之，朱文一.95cm高的城市：伯纳德 · 范 · 里尔基金会及其城市95计划解读[J].城市设计，2019（6）：38-47.

[223] Gill Till. Urban playground: how child-friendly planning and design can save cities [M]. London：RIBA Publishing，2021.

[224] Rekenkamer. kind van de rekening：onderzoek naar borging beleid kindvriendelijke wijken [R]. Rotterdam，Rekenkamer，2014.

[225] Gemeente Rotterdam，Onderzoek en Business Intelligence，Risbo. Ontwikkelingen in de kansrijke wijken：een synthese [R]. Gemeente Rotterdam，2018.

[226] Afke Weltevrede ea. NIEUWE BUREN：Een onderzoek naar de veranderende sociale compositie in drie Rotterdamse wijken [R]. Erasmus Universiteit Rotterdam/Risbo，2018.

后记

2016年9月，马宏主席（时任深圳市妇联主席）通过薛峰副主任（时任深圳市规划国土委员会副主任）的推荐，与吴晓莉（时任深圳市城市规划设计研究院总规划师）及笔者带领的团队建立了联系，共同探讨如何在几乎没有任何国内经验可以参照的基础上开展深圳儿童友好型城市建设工作。经过多次研讨，大家一致决定从零开始，编制《深圳市建设儿童友好型城市战略规划（2018—2035年）》，笔者及团队由此开启了儿童友好型城市建设的探索研究，并与“儿童友好城市”结下了不解之缘。

深圳儿童友好城市建设经过五年实践，经历了从“知”到“行”的完整过程，为儿童友好城市在全国的推进做出了重要的示范。2021年10月，国家发改委《关于推进儿童友好城市建设的指导意见》的发布，标志着儿童友好城市从初期几个城市的探索阶段，正式走向全国推进阶段。能在五年时间就把几个城市的探索经验推向全国，这不是偶然的巧合，而是新时代、新征程、新使命赋予的使命，是国家和民族复兴的需要，是人民的真实需求。

本书的宗旨，一方面是对过往经验的总结和延展，更重要的是面向未来，以期能够对全国儿童友好城市建设工作给予有益的助力。当儿童友好城市走向全国，它将面临的是不同文化、不同经济发展水平、不同城市建设管理水平、不同地域、不同民族、不同儿童需求等巨大的差异化基础条件。本书写作到此，笔者自问，未来全国各城市开展儿童友好城市建设最应该关注的是什么？笔者认为，应该是针对儿童友好城市“认知”与“行动”的统合。

任何一个城市和地区的儿童友好城市建设都势必从对儿童友好的认知起步。多年来，笔者曾经多次于各种场合，面对不同领域的听众讲述儿童友好的基本理念，尽管近乎每一次都是同样的内容，但没有一次是重复的听众，而每一次讲座后，听众的反馈几乎都是“原来儿童友好是这样的啊！”这使笔者深刻地认识到，儿童友好的认知在广大社会中太过缺乏，所以，尽管儿童友好城市建设的宣传力度很大，但仍然不足以覆盖大多数人。因此，儿童友好城市的认知首先存在的是广度问题。要顺利推进儿童友好城市建设工作，需要以各种方式加大全社会各领域直至家庭的认知度，并以正确的理念和解读，最大限度地达成社会群体的基本共识。从主管领导到相关的各部门负责人，从决策层到基层社区干部，从学校教师到家庭成员，广泛的认知是儿童友好城市起步的基础。

其次，对儿童友好城市的认知还包含“深度”的延展。认知本身随着工作的逐步推进和反馈，应不断修正和调整。在这一过程中，对儿童友好的认知将不断深化和细化。这一深化的过程同时还与儿童友好的在地化密不可分。认知深化的根本点在于对儿童人格发展规律的了解，在于对尊重儿童需求意义的共情。而这些往往在儿童友好城市建设提出之前被非儿童专业工作者忽视。这一深化过程是儿童友好工作从初期启动走向持续发展的基础。

本书的写作是在对于认知的广度和深度延展探索后完成的，通过本书，读者可以获得对儿童友好及儿童友好城市较为全面和深入的认识，以此为基础，再结合所在城市的特征需求，会极大地帮助未来儿童友好城市的建设实践。

“行动”，是在广泛的正确“认知”基础上开展的各类满足儿童需求的事项工作。在全国先行城市的经验基础上，“行动”与“认知”可以同步推进，从而提高工作效能。“行动”也存在着广度和深度的特征。

儿童友好城市可分为儿童参与、公共服务和空间建设三大部分，这三大部分内容涵盖了儿童从未出生到成人的全龄段，涉及全社会的各个领域、各个部门的工作，包括了从城市公共政策到社区乃至家庭服务的细枝末节。由此可见，儿童虽小，涉及却极广。国家发改委出台的《关于推进儿童友好城市建设的指导意见》涵盖了儿童友好城市建设的方方面面，是一个体系完整的指导依据。深圳也是全国第一个全体系推进儿童友好城市建设的城市。在未来的工作中，有条件的城市可以根据指导意见并参照深圳经验，全面开展各个领域的儿童友好城市建设工作。

但当一个城市没有条件开展全面工作时，完全可以根据自身城市的儿童需求特征，开展某一细分领域具有针对性的行动。这与国际经验和国内经验都相符合，也更容易因地制宜完成相关目标。

在深度行动层面，全体系推进的城市应注意广度和深度的结合，在完成第一阶段全面行动后，应通过评估和反馈机制，进一步在深度上推进相关细分领域的进程。而针对特定领域开展工作的城市，应更加注重对儿童需求的深度回应、对具体行动的实效评估，以及对该领域的持续行动跟进。

除此之外，儿童友好城市建设工作时刻应以儿童的真实需求为基准点，避免流于形式和表面化，应真切地以有效行动回应需求。儿童的需求和所在城市固然存在差异，但儿童基本需求具有很大的相似性，譬如对安全和关爱的渴望，对社会交往和游戏的热忱。因此不应以城市之间的绝对特色比较为执念，不应过分强调特色的与众不同，而忽略了儿童需求的共同问题，儿童友好城市建设的初心是尊重儿童需求，促进儿童在城市中身心健康、快乐成长；比较特征只是因城市差异而呈现出的不同图像，并非初心目标，不能本末倒置。

本书是在大量行动经验和研究基础上的归纳总结，书中的行动策略、指引和案例，可以为儿童友好城市建设相关同仁提供多角度的参考。由于经验和篇幅的限制，本书侧重于突出空间建设领域的总结，这也是探索阶段国内儿童友好城市实践的重点方向。对于政府而言，应该着眼于儿童的权利与福祉，致力于家庭的幸福以及孩子的可持续发展。国内外的先行实践表明，儿童友好城市建设是一个涉及家庭-社区-学校-城市（国家）多尺度的系统工程，不只是空间与设施供给的问题；但一个现代化的城市，从经济意义上来说，空间是很贵的，儿童友好城市首先应在“空间与设施”层面补短板，这符合我国城市的基本情况，这个做不到，其他更是空谈。

踏踏实实地从儿童的视野与生活方式来反思现代城市的空间到底哪里出现了问题，做全域尺度的城市重构性的转型：社区里的沙池，街道上的学径，郊外的自然保留地，城市的博物馆、图书馆、医院等设施……这些本被忽视的空间，因儿童友好的理念而被重新划定，这一“空间划定”的行为本身，是极为重要的，它把现代主义城市所“抢走”的空间，重新还给孩子们，让这些空间重新回归“儿童”这个权利和使用主体。这不只是一个规划设计视角，它需要在全流程儿童参与的基础上，让儿童自身来定义和创造其生活的环境。

诚然，儿童友好公共服务体系至关重要，正如有学者所讲，缺少公共服务而只建设空间是缺乏灵魂的，笔者认同两者具有同等重要的意义，并认为不必非此即彼地去看待这个问题，服务和空间本就是一体的，但可以在儿童友好城市建设的阶段性上给予不同的侧重，或同时推进，具体如何决策则应从城市的实际问题和儿童需求出发综合考量。

“十四五”期间，全国将建设100个儿童友好城市（区）示范，期望本书的出版能为即将到来的全国儿童友好城市建设工作以微薄的助力，期待在不远的将来，全国所有城市都能成为儿童友好的城市，到那时，人们将忘记“儿童友好城市”这个名词的存在，因为对儿童的真实友好已深入千家万户，对儿童权利的尊重已与呼吸一样平常，到那时，本书将只能在图书馆尘封的仓库中找到，笔者及团队的所有研究者将陶醉在全国儿童的欢声笑语之中。

本书导言、第一章、第二章主要由刘磊完成，第五章、第六章、第九章、第十章、附录主要由雷越昌、任泳东完成，第三章、第四章、第七章、第八章主要由任泳东、雷越昌完成，结语由刘磊、魏立华（华南理工大学）完成，由刘磊负责编写总体统筹和指导。

本书的出版首先要特别感谢马宏主席和市妇联、妇儿工委办的全体同仁，马主席的坚韧毅力，久久为功，创新突破的精神和广泛协调的能力是儿童友好城市在深圳得以开花结果的重要原因。

本书的出版还要感谢深圳市城市规划设计研究院司马晓院长和院领导们的大力支持；感谢吴晓莉总规划师在儿童友好城市研究过程中的深入指导和在本书编写过程中提出的宝贵意见；感谢儿童友好城市研究中心同事们的全力付出，感谢你们随时随地都以公益之心支持着儿童友好城市建设的研究工作；感谢魏立华副教授对全文框架和内容提出的宝贵修改意见。

感谢中国建筑工业出版社的大力支持，特别感谢陆新之编审从本书策划到出版，全程深入细致的指导，并在百忙之中给予的帮助；感谢毋婷娴副编审细致入微地提出宝贵意见和对本书出版付出的辛苦工作。

本书的出版还要特别感谢笔者的孩子以及全国所有儿童，笔者是在与你们相伴的过程中才逐步领悟到儿童友好的真实意义，你们发自内心的欢声笑语就是我们为之努力的动力，愿你们拥有健康、快乐的童年，远离疾病和灾害，有爱相伴，所有需求都能获得尊重。我们愿为此永守初心，砥砺前行！

最后，要感恩这个伟大的时代，因为有习近平总书记对儿童的关爱，有党和国家的高度重视，儿童友好城市建设才能够写入“十四五”规划，进而推向全国。立德树人，我们希望儿童友好城市建设能为第二个百年奋斗目标的实现和中华民族的伟大复兴持续助力培养更多优秀人才！

图书在版编目（CIP）数据

儿童友好城市的中国实践 = Chinese Practice of Child-friendly City / 刘磊等编著 . — 北京：中国建筑工业出版社，2022.5（2023.12重印）
ISBN 978-7-112-27507-6

Ⅰ.①儿… Ⅱ.①刘… Ⅲ.①城市规划—研究—中国 Ⅳ.① TU984.2

中国版本图书馆 CIP 数据核字（2022）第 100758 号

"让孩子们成长得更好，是我们最大的心愿。"国家发改委联合22部委出台的《关于推进儿童友好城市建设的指导意见》，意味着国内社会经济转型、人口政策调整以及城市发展模式的转变。儿童友好城市建设本质上不是在建设城市，而是针对当下所面临的问题开出的一剂良药。

本书以"儿童友好城市的中国实践"为标题，意在突出"中国特色"和"实践行动"两个含义。全文共分十章，翔实系统地讲述了儿童友好城市的理念、目标以及在中国的实践历程；着力于中国特色儿童友好城市的实践，并放眼国际先进经验，以空间为重点，构建了儿童友好城市的空间建设体系；同时，突出实用特征，为儿童友好城市建设提供切实有用的操作指引，以期助力社会各领域参与儿童友好城市建设，促进全国儿童身心健康成长。

责任编辑：毋婷娴　陆新之
书籍设计：康羽
责任校对：王烨

儿童友好城市的中国实践
Chinese Practice of Child-friendly City
刘磊　雷越昌　任泳东　司马晓　吴晓莉
深圳市城市规划设计研究院有限公司　编著
*
中国建筑工业出版社出版、发行（北京海淀三里河路9号）
各地新华书店、建筑书店经销
北京雅盈中佳图文设计公司制版
北京富诚彩色印刷有限公司印刷
*
开本：787毫米×1092毫米　1/16　印张：19　字数：371千字
2022年9月第一版　2023年12月第二次印刷
定价：**198.00**元
ISBN 978-7-112-27507-6
（39096）